河南省“十四五”普通高等教育规划教材

普通高等教育机电类系列教材

控制工程基础

主　编　仲志丹

副主编　庞晓旭　杨　芳

参　编　何　奎　张壮雅

主　审　孔祥东

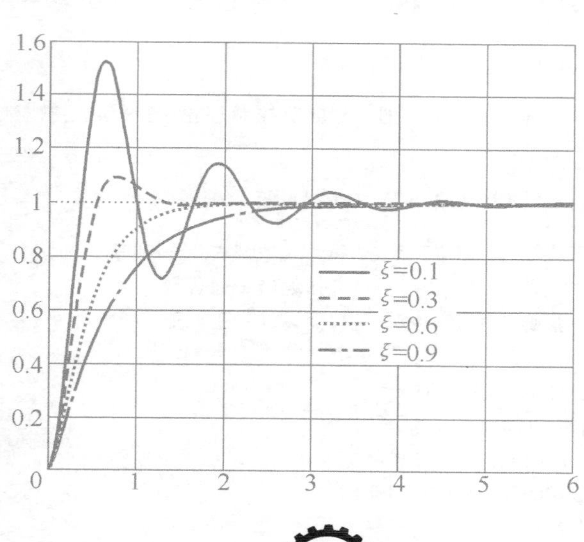

机械工业出版社

本书相对传统教材，从知识体系到组织方式，均有较大改变。力求做到“缩减知识宽度，增加应用深度”，对知识点进行了取舍。全书共分四章，包括绪论、数学模型、时域分析与设计、频域分析与设计，并以一个垂直起降系统项目从始至终贯穿整个知识体系。本书将系统设计校正内容分别直接融入时域和频域部分，在性能指标分析基础上直接应用所学知识点进行系统的设计与校正，强化系统分析与系统设计的内在逻辑关系。

本书适合作为本科院校机械类、测控技术与仪器等相关专业的“控制工程基础”等课程的教材，也可作为高职高专等相关专业课程的教材，还可供有关工程技术人员参考。

图书在版编目（CIP）数据

控制工程基础/仲志丹主编. —北京：机械工业出版社，2023. 12
普通高等教育机电类系列教材　河南省“十四五”普通高等教育规划教材
ISBN 978-7-111-74713-0

Ⅰ. ①控…　Ⅱ. ①仲…　Ⅲ. ①自动控制理论-高等学校-教材　Ⅳ. ①TP13

中国国家版本馆 CIP 数据核字（2023）第 240599 号

机械工业出版社（北京市百万庄大街 22 号　邮政编码 100037）
策划编辑：徐鲁融　　责任编辑：徐鲁融
责任校对：张婉茹　李　婷　　封面设计：王　旭
责任印制：常天培
固安县铭成印刷有限公司印刷
2024 年 2 月第 1 版第 1 次印刷
184mm×260mm · 10 印张 · 243 千字
标准书号：ISBN 978-7-111-74713-0
定价：35.00 元

电话服务　　网络服务
客服电话：010-88361066　　机　工　官　网：www.cmpbook.com
010-88379833　　机　工　官　博：weibo.com/cmp1952
010-68326294　　金　书　网：www.golden-book.com

机工教育服务网：www.cmpedu.com

前言

“控制工程基础”是机械类专业的学科基础课，目标是培养学生使用控制理论解决实际复杂机电控制工程问题的能力。但是本课程长期存在着的突出问题是理论与实践脱节，学生上课之前以为是工程学，上课一翻书发现全是数学，理解以后觉得像哲学，真用的时候发现其实是玄学。大部分学生把本课程当作数学课学习，最终停留在会做题、能考试的水平上，几乎没有学生能够从系统层面理解并进一步使用控制理论解决实际机电控制问题。

近年来受建构主义学习理论、以学生为中心理念等的影响，国际工程科技人才培养的教学方法发生了根本性的转变。本书编写团队长期坚持项目制教学改革与实践，借鉴欧林工学院、麻省理工学院、燕山大学、粤港机器人学院等国内外高校的新工科改革经验，全面践行“以主动学习为根本、以目标为导向、以真实问题为基础”的理念，转换教学方式，强调以学生为本，关注学生的学习方式和学习内容，把学生真正置于工程教育活动的中心。本书编写团队主讲的“控制工程基础”课程先后获得国家级一流本科课程，以及河南省专创融合特色示范课程、课程思政样板课程等荣誉。

本书相对传统教材，从知识体系到组织方式均有较大改变。本书共四章，包括绪论、数学模型、时域分析与设计、频域分析与设计，并以一个垂直起降系统项目从始至终贯穿整个知识体系。本书将系统设计校正内容分别直接融入时域和频域部分，在性能指标分析的基础上直接应用所学知识点进行系统的设计与校正，强化系统分析与系统设计的内在逻辑关系。

传统《控制工程基础》教材是在前人探索的基础上，对控制理论进行体系化的综合凝练，目标是在较短时间内让学生掌握完备的控制理论学科知识体系。它们大多在使学生完成时域分析和频域分析学习之后再进行系统综合设计与校正的学习，割裂了系统分析与系统设计的关系。传统教材的教授方法是一个从部分到整体的逻辑，开始是给定一个局部的高度抽象的数学模型，要求学生分析某一个性能指标，直到最后才进行系统层面的综合设计。如此学习，学生往往只见树木不见森林，不知道怎么应用控制理论解决实际问题，从学生到老师，整个教学过程有时存在虎头蛇尾的问题。而实际问题往往是一个从整体再到部分的设计顺序，学生一开始就要有系统思维，从头开始构思、设计、实施、运行一个由机械、电子、计算机、控制理论等多学科知识综合起来的完整控制系统。因此传统教材的知识体系和教授顺序并不符合解决实际问题的要求，导致学生面对实际工程问题时摸不着头绪，不知如何下手解决。

本书的目标是培养学生解决复杂机电控制工程问题的综合能力和系统思维，给学生赋能，实现知识、能力、素质的有机融合，不追求理论体系的完备性，而是力求“缩减知识宽度，增加应用深度”，对知识点进行了取舍。本书从学生主体认知特点出发，紧密围绕垂直起降控制系统这一具体的项目设计，系统梳理知识体系逻辑，围绕真实的工程实践场景优化知识体系、工具方法，把课程内容集中在典型对象、典型系统、典型方法、典型软件上，构建以实际项目为链条的节点化、关联化的教材知识结构体系，形成一个有机整体。课程使用单一项目贯穿授课过程，并将其从简单到复杂分解为 4 个阶段性子项目，既有效降低了学生认知负荷，又使学生能够深入掌握解决实际问题的能力。

教师和学生围绕项目实践进行以学生为中心的教学方法改革。干中学、学中干，学以致用，用以促学，学用相长，把知识、能力、素养、思政元素等内容切实融合落地。学生聚焦一个精心设计的具体项目，综合应用机械、电子、计算机、控制等多学科知识进行一种创造性的课程学习，在解决实际控制工程问题的过程中建立自信，并获得能毫无畏惧地面临未来新的挑战的能力。

本书在组织方式上，从整体到每一个章节，均是一种翻转式的学习过程。以整本书为例，在第 1 章绪论就指导学生实现一个完整的实现垂直起降功能的负反馈比例控制系统，学生虽然不知道如何进行量化分析和设计一个控制系统，但是能够建立系统层面的整体认知，在实践中建立控制系统的初步印象，然后带着明确的问题进行后续的知识学习。在各章节具体内容的设置上，也是首先通过“问题引入”一节提出实际工程问题及本章相关知识要点，使学生在学习过程中带着问题学习。在学习完本章理论知识之后，学生能够通过“项目”一节将相关知识及时应用起来。从提出问题到解决问题，形成一个知识学习闭环，有利于理论知识的消化吸收和工程能力的培养。

本书第 1 章绪论部分结合四旋翼无人机项目介绍控制系统组成和工作原理等，并搭建项目实验平台。在第 2 章学习数学建模方法和工具之后，结合项目进行具体理论建模。在第 3 章学习时域分析方法、时域指标和时域设计方法后，结合项目学习参数辨识方法和时域分析设计流程。在第 4 章学习频域分析相关知识和工具之后，结合项目在时域和频域进行综合设计与校正。

本书的课程项目是从具体工程项目中简化提炼而形成的，实践难度大大降低，但能够体现控制工程的几乎全部理论知识，并能培养 MATLAB、EDA 等先进工具的应用能力，还能将学生前期学习的数学、机械、电子电路、程序设计等知识应用起来。课程项目作为课程实践环节，由负反馈控制、数学模型、基本控制规律、综合与校正四个部分组成，配合全书的四个章节，在教学安排上可以采用课内课外相结合的形式进行。课内实践学时主要讲解项目内容与要求，课外实践可以以小组形式进行项目实施，并可以组织项目答辩。学时安排建议：在总学时 32 学时情况下，理论学时 26 学时，实践学时 6 学时；在总学时 64 学时情况下，理论学时 48 学时，实践学时 16 学时。

本书由河南科技大学仲志丹担任主编，庞晓旭和杨芳担任副主编，何奎和张壮雅参与编写。具体分工如下：第 1 章由仲志丹、何奎编写，第 2 章由仲志丹、杨芳编写，第 3 章由仲志丹、张壮雅编写，第 4 章由仲志丹、庞晓旭编写，项目案例全部由何奎编写。

燕山大学孔祥东教授为本书主审，在此对孔教授的支持和帮助表示由衷的感谢！同时，在编写过程中，编者参考和引用了一些文献内容，在此也谨向这些文献作者表示谢意。

由于编者水平有限，书中难免有疏漏和不妥之处，敬请广大读者批评指正。

编　者

目录

第1章 绪论

控制工程是一门将控制理论应用于工程技术领域的学科，应用控制理论来设计和分析控制系统，是自动控制、电子技术、计算机科学等多种学科相互渗透的产物。控制工程所研究的控制系统可以是一个执行部件，如电动机、液压缸等，也可以是一个复杂系统，如数控机床、智能产线等，按系统类别也可以是机械系统、液压系统或电气系统等。控制工程的主要任务是研究控制系统的性能，包括静态性能和动态性能，也就是研究控制系统的稳定性、准确性和快速性。

本章首先从一个实际项目实例引入控制工程所要解决的问题，进一步介绍反馈的基本概念和控制工程的发展历程，然后重点讲解反馈控制系统的结构和基本工作原理，最后介绍反馈控制系统的分类、性能要求和设计步骤等内容，并对全书内容体系进行总结。

本章学习要点：了解控制工程的发展历史，理解反馈的基本概念，熟练掌握控制系统的结构和工作原理，能够描述控制系统的分类和主要性能指标。

通过项目一——垂直起降系统搭建，完成系统硬件搭建，掌握反馈系统的构成、工作原理、实现方法。

1.1 问题引入

四旋翼无人机是一种多旋翼垂直起降无人飞行器，与传统的直升机不同，四个旋翼在布局形式上采用十字形对称分布，如图 1-1 所示。四旋翼无人机通过控制四个旋翼的转速来调整飞行器姿态，实现平移、翻滚等运动形式，也能够原地垂直起降，可以在空中可以实现定点悬停和沿任意航迹飞行。四旋翼无人机具有体积小、带载能力强、结构简单、操作灵活等优点，具有广泛的应用前景及研究价值。目前我国的四旋翼无人机产品和关键技术在世界上处于领先水平。

图 1-1　四旋翼无人机

四旋翼无人机本质上是一个移动机器人，主要包括运动、感知、定位、导航等方面的内容，涉及机械、电气、模型、控制等多个方面，是一个跨学科的复杂系统。

1）运动：主要包括运动学模型和动力学模型。运动学模型描述惯性坐标系中各螺旋桨运动与四旋翼无人机整体运动之间的关系，其中涉及无人机机械结构和螺旋桨布局情况。动力学模型描述电动机驱动力、加速度、速度及位置之间的关系，其中涉及无人机的质量、转动惯量、空气阻力、向心力等。研究运动学和动力学的目的是为四旋翼无人机设计提供参考，为四旋翼无人机运动控制提供基础。

2）感知：四旋翼无人机通过各种传感器获取物理世界信息的过程称为感知。传感器分为本体感受传感器和外感受传感器，常用的本体感受传感器有编码器、电流传感器、陀螺仪等，常用的外感受传感器有电子罗盘、GPS、超声波传感器、激光测距仪、摄像头等。

3）定位：无人机通过收集传感器数据，在环境地图中更新并确定自己的位置和姿态，包含地图和定位两部分内容。四旋翼无人机通过单一传感器很难实现精确定位，因此在实际中要利用多个或多种传感器进行传感器融合定位。

4）导航：包括路径规划和轨迹追踪两部分内容。路径规划是指在具有障碍物的环境中，按照一定的评价标准，寻找一条从起始状态到目标状态的无碰撞路径，一般划分为两个子问题：全局路径规划问题和局部避障问题。轨迹追踪是给定一个与时间有关的轨迹曲线，要求无人机紧密跟踪这条轨迹，其中涉及运动控制内容。

四旋翼无人机在其执行任务过程中（悬停或轨迹追踪）对飞行状态有很高的要求，如稳定性、机动性、定位准确性、抗干扰性等。针对机械结构和电气系统已经确定的无人机，仅依靠逻辑控制或开环控制很难满足性能要求，必须将控制理论的有关知识应用于实际的飞行控制任务。本书围绕四旋翼无人机这类复杂机电系统，由浅入深地介绍控制工程中的系统分析和综合校正问题，具体包括数学模型、时域分析与校正、频域分析与校正等。

《控制工程基础》这门课程内容抽象、理论性强，为突破将控制理论与工程实际问题结合起来的教学难点，经过长期探索，本书从“控制工程基础”课程的项目实践需求出发，根据四旋翼无人机的特点，以四旋翼无人机的一个悬臂为基础构建了一个简易的垂直起降系统。整个垂直起降系统由机械系统和电路控制系统组成完整的闭环系统。机械结构方面，螺旋桨带动悬臂绕固定轴在一定范围内上下摆动，电路控制系统包括角度传感器、控制器和驱动器，如图 1-2 所示。该系统可以与控制理论的相关知识（数学模型、时域分析、频域分析、综

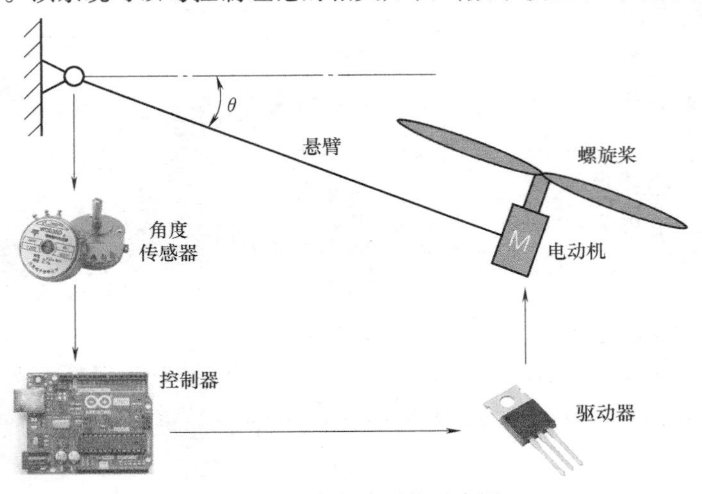

图 1-2 垂直起降系统示意图

合校正等）很好地结合起来，开展各种验证试验，是理论教学的重要支撑。

典型控制系统的工作原理是什么？有哪些结构组成？评价指标又是什么？本章将结合垂直起降控制系统对这些内容一一进行说明。在介绍这些内容之前需要先了解一下反馈控制系统的基本概念和发展历程。

1.2 反馈控制的基本概念及发展历程

1.2.1 “控制”在人类社会中的存在

自古以来，“控制”就存在于人类社会的各个方面。人们总是利用眼睛等感觉器官将得到的信息反馈给大脑，从而指导（控制）手、腿等执行器官完成计划的动作。使用各种能量对人类社会是至关重要的，但只有受控制的能量才能为人所用。例如，洪水是自然灾害，但是我们修建了三峡大坝就能在汛期积蓄洪峰，平时缓慢发电。而海啸、地震、核聚变等蕴含了巨大能量，但瞬间爆发出来只能毁天灭地，还有待我们去研究驯服的方法。

以对火的使用为例，古希腊神话中有普罗米修斯盗火，中国有燧人氏取火的故事，使用火是人类进入文明的关键。人类并不是最早会使用天然火的物种，但是，能够产生、控制和储存火则为人类带来了光明、温暖，使人类摆脱了对自然环境的依赖，是促使人类登上地球生命之巅的关键。

图 1-3　芜湖博物馆中古代冶金活动复原场景

图 1-3 所示为芜湖博物馆中古代冶金活动复原场景照片，为了冶炼出金属需要对火势进行控制，也就是希望火势为某个大小。如果现在火有点小了，希望火烧得猛一些，就要增大炉子进气量，增加氧气供应，提高燃烧速度；反之，如果火太大了，希望火烧得小一点，则可以减少氧气供应，降低燃烧速度。

这样的冶金工作系统就是一个闭环的控制系统，由于人在这个过程中要想使火势达到期望的状态，就要不断地观察火势的大小，然后根据经验调整炉子进风量，因此该闭环系统是一个人工控制系统。这个系统结构如图 1-4 所示，由人、风箱、炉子等部分组成，共同控制燃料中能量的释放速度，各个部分互相影响，最终决定系统的运行情况。

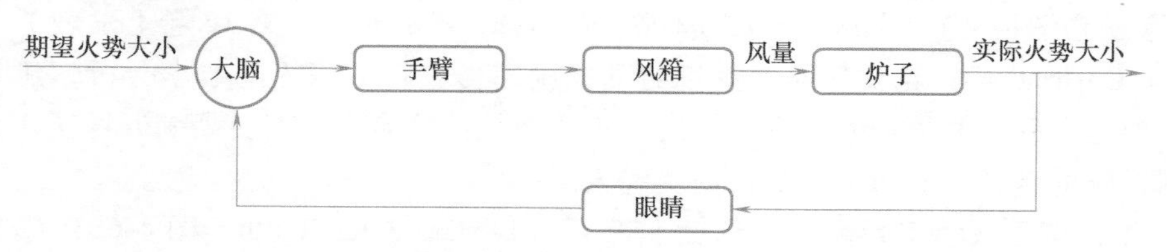

图 1-4　人工冶金闭环控制系统结构示意图

在图 1-4 所示的人工冶金闭环控制系统中，如果用某种装置替换人完成人的功能，自动根据火势调整进风量，就会形成一个自动控制系统。随着人类社会的发展，控制系统中开始使用各种各样的传感器来替代人的感觉器官，使用计算机来替代人的大脑，使用各种执行机构或机器代替人的手和脚。可以说，人类社会的进步实质上就是逐步用传感器、计算机、机器等将人从控制系统中解放出来。

虽然“控制”贯穿人类发展的整个历程，但早期的简单装置或系统大多是依靠经验和直觉实现的，控制理论和技术作为科学技术得到认识和发展是从 18 世纪伴随着第一次工业革命开始的。控制理论和技术的诞生源于解决工程问题的需要，实际生产需求和工业进步促进了控制理论和技术的发展，而控制理论和技术的发展反过来推动了工业的进步。控制理论和技术发展至今，大致经历了两个阶段：经典控制（20 世纪 50 年代之前）和现代控制（20 世纪 50 年代之后）。

1.2.2 经典控制（20 世纪 50 年代之前）

从 18 世纪末期第一次工业革命开始到 19 世纪末期，工业生产对自动化技术产生了巨大的需求，促使人们对控制系统进行分析和综合研究，引发了控制理论的诞生。从 20 世纪初开始，控制理论促进了自动化水平的巨大飞跃，工业、交通及国防的各个领域都广泛采用自动化技术。第二次世界大战期间，反馈控制被广泛用于飞机自动驾驶仪、火炮定位系统、雷达天线控制系统及其他军用系统。这些系统的复杂性和对快速跟踪、精确控制的高性能追求都迫切要求拓展已有的控制技术。在 20 世纪 40 年代—50 年代，逐渐形成了较为完善的经典控制理论。这一阶段的典型人物和事件介绍如下。

1769 年，英国发明家詹姆斯·瓦特（James Watt）为蒸汽机设计了飞球调节器（又称为瓦特调速器或离心式调速器），如图 1-5 所示，利用负反馈的原理控制蒸汽机的运行速度，被认为是第一个自动控制系统。

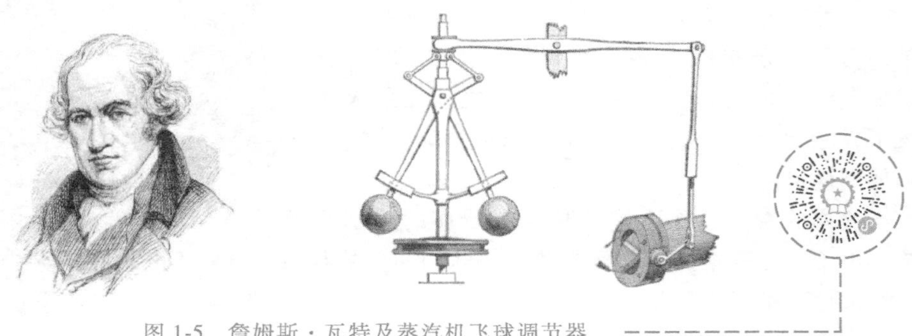

图 1-5 詹姆斯·瓦特及蒸汽机飞球调节器

1867 年，英国科学家詹姆斯·克拉克·麦克斯韦（James Clerk Maxwell，图 1-6a）在《伦敦皇家学会学报》（*Proceedings of the Royal Society of London*）第 16 卷上发表了《论调速器》（“On Governors”）论文，对蒸汽机的飞球调速器进行了深入的数学分析，建立了飞球调节器的微分方程，并根据微分方程的解分析了系统的稳定性。麦克斯韦开辟了用数学方法研究控制系统的途径，成为控制理论的奠基人。

1877 年，英国数学家爱德华·约翰·劳斯（Edward John Routh，图 1-6b）提出了根据多项式的系数判断线性系统稳定性的方法，即劳斯（Routh）判据，开始建立动态稳定性的系统理论。

1892年，俄罗斯数学力学家亚历山大·米哈伊洛维奇·李雅普诺夫（Aleksandr Mikhailovich Lyapunov，图1-6c）发表了其具有深远历史意义的博士论文——《运动稳定性的一般问题》。在这篇论文中，他提出了为当今学术界广为应用且影响巨大的李雅普诺夫方法，定义了稳定、渐近稳定、不稳定等概念，奠定了稳定性理论的基础。

1895年，德国数学家阿道夫·赫尔维茨（Adolf Hurwitz，图1-6d）在不了解劳斯工作的情况下，独立给出了根据多项式的系数判断系统稳定性的类似方法，与劳斯判据本质上是一致的，因此这一判据也称为劳斯-赫尔维茨（Routh-Hurwitz）稳定性判据。

a) 麦克斯韦

b) 劳斯

c) 李雅普诺夫

d) 赫尔维茨

图1-6 代表人物（1）

1922年，俄裔美国科学家尼古拉斯·迈纳斯基（Nicholas Minorsky，图1-7a）在研究船舶航向控制器时，首次提出了经典的PID控制方法。

1927年，美国贝尔实验室工程师哈罗德·史蒂芬·布莱克（Harold Stephen Black，图1-7b）发明了高性能的负反馈放大器（Negative Feedback Amplifier），首次提出了负反馈控制这一重要思想。

1932年，美籍瑞典物理学家哈里·奈奎斯特（Harry Nyquist，图1-7c）提出了在频域内研究系统特性的频率响应法，建立了以频率特性为基础的稳定性判据，奠定了频率响应法的基础。

1938年，美国科学家亨德里克·韦德·伯德（Hendrik Wade Bode，图1-7d）对频率响应法进行了系统研究，提出了经典控制理论的频域分析法。

a) 迈纳斯基

b) 布莱克

c) 奈奎斯特

d) 伯德

图1-7 代表人物（2）

1948 年，美国应用数学家诺伯特 · 维纳（Norbert Wiener，图 1-8a）在其划时代著作《控制论》（*Cybernetics*）中系统地论述了控制理论的一般原理和方法，形成了完整的经典控制理论，标志着控制论学科的诞生。

1948 年，美国科学家沃尔特 · 理查德 · 伊文思（Walter Richard Evans，图 1-8b）创立了根轨迹分析方法，为分析系统性能随系统参数变化的规律性提供了有力工具，被广泛应用于反馈控制系统的分析、设计中。

a) 维纳

b) 伊文思

c) 钱学森

图 1-8　代表人物（3）

1954 年，我国著名科学家钱学森院士（图 1-8c）出版了《工程控制论》，将控制理论应用于工程实践，是控制论的一部经典著作，奠定了工程控制论这门技术科学的理论基础。

1.2.3　现代控制（20 世纪 50 年代之后）

20 世纪 50 年代中期，科学技术的发展，特别是空间技术的发展迫切需要解决更复杂的多变量系统、非线性系统的最优控制问题（如火箭和宇航器的导航、跟踪和着陆过程中的高精度、低消耗控制，到达目标控制时间最小化等问题）。实践的需求推动了控制理论的进步，计算机技术的发展也从计算手段上为控制理论的发展提供了条件。适合描述航天器运动规律又便于计算机求解的状态空间模型成为主要的模型形式。因此，20 世纪 60 年代产生的现代控制理论是以状态变量概念为基础，利用现代数学方法和计算机来分析、综合复杂控制系统的新理论，适用于多输入、多输出、时变的、非线性的控制系统。随着计算机技术的不断发展，各种复杂的问题通过数值方法得以解决，各种新的控制算法不断涌现，构成了所谓的智能控制理论。这一阶段的典型人物和事件介绍如下。

1960 年，美籍匈牙利数学家鲁道夫 · 埃米尔 · 卡尔曼（Rudolf Emil Kalman，图 1-9a）发表了“On the General Theory of Control Systems”等标志性论文，引入了状态空间法分析系统，提出能控性、能观性、最佳调节器和卡尔曼滤波等概念，奠定了现代控制理论的基础。

1967 年，瑞典隆德大学教授卡尔 · 约翰 · 奥斯特洛姆（Karl Johan Astrom，图 1-9b）提出了最小二乘辨识理论，解决了线性定常系统参数估计问题和定阶方法，提出了自启调节器，建立了自适应控制的理论基础。

1974 年，英国工程师曼达尼（E. H. Mamdani，图 1-9c）首次用模糊逻辑和模糊推理实现了实验性的蒸汽机控制，开辟了模糊控制的新领域。模糊控制应用于大时滞、非线性等难以建立精确数学模型的复杂系统时往往能取得很好的结果。

1981 年，加拿大麦吉尔大学教授乔治 · 赞姆斯（George Zames，图 1-9d）提出了 H-in-

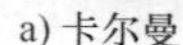
a) 卡尔曼

b) 奥斯特洛姆

c) 曼达尼

d) 费姆斯

图 1-9 代表人物（4）

finity Methods，开辟了鲁棒控制理论。

2000 年以后智能控制方法开始迅速发展，如神经网络控制、机器学习、深度学习、强化学习等。神经网络控制就是利用神经网络这种工具从机理上对人脑进行简单结构模拟的新型控制和辨识方法。神经网络控制起源较早，从 1943 神经元 MP 模型首次被提出开始，大概经历了三个阶段，2010 年以后在图像和语音识别领域取得突破性成果，神经网络控制再次快速发展。近年来随着计算机计算能力的迅速提升和大数据的出现，基于神经网络的深度学习、强化学习等开始迅猛发展并应用于物联网、金融、医疗、教育、工业等众多领域。智能控制领域涌现出一大批杰出人物：Warren McCulloch、Walter Pitts、Frank Rossenblatt、Marvin Minsky、Paul J. Werbos、Geoffrey Hinton 等。

1.3 反馈控制系统的结构及工作原理

控制系统已被广泛应用于人类社会的各个领域，有着各种各样的形式。在工业生产过程中的各种物理量，如温度、流量、压力、张力、速度、位置等，都有相应的控制系统对其进行调节。控制系统的目的是控制这些物理量保持恒定或按照给定的规律变化，减小或消除系统参数变化或外界扰动的影响。本节结合垂直起降系统对控制系统的结构及工作原理进行介绍。

1.3.1 垂直起降系统的结构组成

1. 垂直起降系统的机械结构

机械系统结构简单，主要包括电动机、螺旋桨、悬臂和基座。图 1-10 所示为本书教学团队设计的实验平台结构，风扇（包含电动机和螺旋桨）作为动力元件带动悬臂绕旋转轴在一定范围内上下摆动。在悬臂的另一端设有配重块，可以通过更换配重块或调节配重块位置改变机械系统的特性，获得不同的数学模型。此外，在基座支架上设计了限位结构（两个调节架），将悬臂摆动范围限制在一定范围内，在控制系统进入不稳定状态时保证系统安全，改变左、右调节架的高度可以调整悬臂摆动范围。悬臂旋转轴上安装有角度传感器，检测悬臂摆动角度。风扇和角度传感器的接线与后方的电路盒中的电路控制系统相连。

如果没有上述实验平台，也可以采用常见材料快速搭建垂直起降实验系统，图 1-11 所

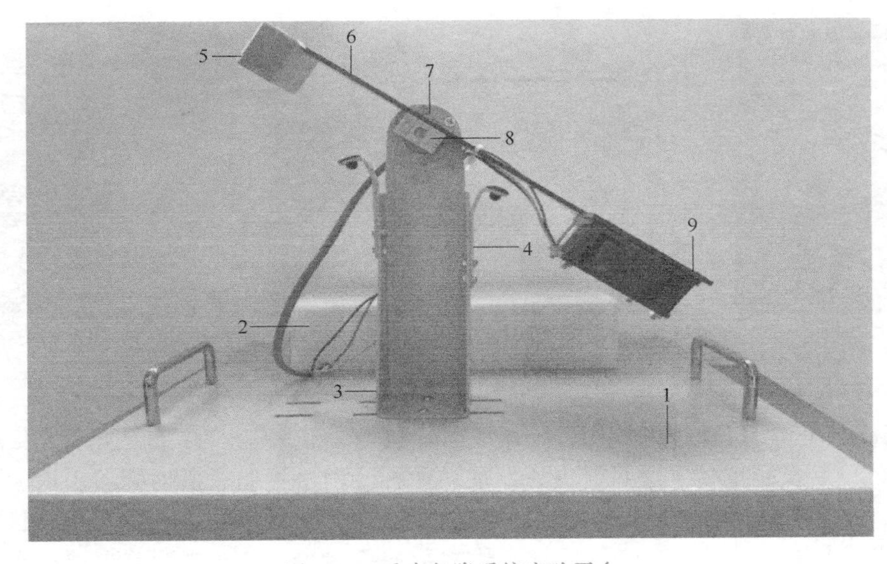

图 1-10 垂直起降系统实验平台

1—基座 2—电路盒 3—支架 4—调节架 5—配重块 6—悬臂 7—角度传感器 8—旋转轴 9—风扇

图 1-11 两种垂直起降系统简易实验平台

示为两种简易实验平台。

2. 垂直起降系统的电路结构组成

电路控制系统由控制器、驱动器和角度传感器组成，如图 1-12 所示。角度传感器检测悬臂的摆动角度，控制器对已转换为电压信号的角度信息进行处理，结合控制算法输出 PWM 信号，通过驱动器控制施加在直流电动机上的电压大小，进而控制直流电动机的转速。

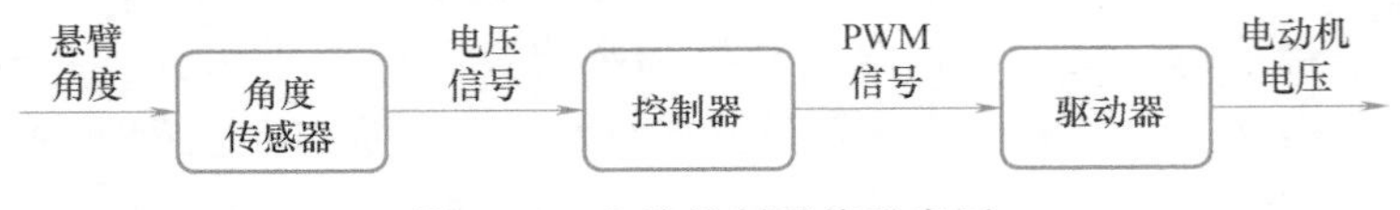

图 1-12 电路控制系统示意图

1）角度传感器：角度传感器用于测量悬臂的摆动角度，悬臂角度范围小于 360°，可以选用角位移传感器或旋转编码器。角位移传感器输出量为模拟量，精度主要取决于 AD 转换的精度，一般情况下可以获得较高的精度，价格较便宜。旋转编码器输出量为数字量，精度与线数有关，价格较高，并且一般精度越高，价格越贵。

2）控制器：控制器是控制系统的核心，是控制程序和控制算法的载体。可以根据实际情况选择合适的核心控制器，如 ARM、51 单片机、Arduino、树莓派等。

3）驱动器：驱动器将输入的 PWM 信号转换为有驱动能力（电流较大）的电压信号，可以选用直流电动机驱动模块，也可以直接用分立元件（MOSFET 元件等）搭建简易驱动电路。无论用哪种方式，都需要注意驱动器的驱动能力要与直流电动机匹配。

3. 典型反馈控制系统结构组成

在垂直起降自动控制系统中，设定角度为输入信号，并直接在控制器的程序中设定，反馈信号通过控制器进行 AD 转换后与输入信号进行比较运算后得到偏差信号，因此控制器等效于给定元件、比较元件、控制元件。驱动器是一个放大元件，将控制元件输出信号放大并转换为有带载能力的电压和电流。电动机和螺旋桨为执行元件，将电能转换为旋转运动并产生拉力。悬臂为控制对象，悬臂角度为被控对象的输出信号。角度传感器为反馈元件，将输出信号转换为反馈信号返回至输入端。此外，系统还会受到外部扰动信号的影响。对上述垂直起降系统进行归纳得到一般反馈控制系统的典型结构，如图 1-13 所示。

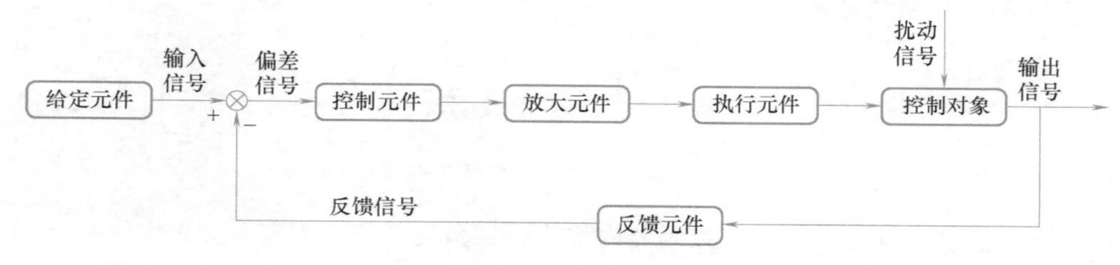

图 1-13　典型反馈控制系统框图

由图 1-13 可以看出，一般的控制系统包括如下部分。

1）给定元件：主要用于产生给定信号或输入信号。

2）反馈元件：测量被控量或输出量，产生反馈信号，并反馈到输入端。

3）比较元件：用于比较输入信号和反馈信号的大小，产生反映两者差值的偏差信号。

4）控制元件：对偏差信号按照一定的控制规律进行计算处理，得到控制信号。

5）放大元件：对较弱的控制信号进行放大，以推动执行元件动作。放大元件有电气的、液压的和机械的。

6）执行元件：用于驱动被控对象的元件。执行元件有电动机、液压马达、液压缸，以及减速器和调压器等。

7）控制对象：也称为被调对象。在控制系统中，运动规律或状态需要控制的装置称为控制对象。

由图 1-13 还可以看出，系统的作用信号和被控制信号有如下类型。

1）输入信号：又称为控制量或调节量，它通常由给定信号电压构成，或者在程序中设置。

2）输出信号：又称为输出量、被控制量或被调节量。它是被控制对象的输出信号，表征被控对象的运动规律或状态的物理量，如悬臂角度。

3）反馈信号：输出信号经过反馈元件变换后反馈到输入端的信号。若反馈信号的符号与输入信号相同，则称为正反馈；反之，则称为负反馈。控制系统中一般采用负反馈，以免系统失控。

4）偏差信号：它是系统输入信号与反馈信号叠加的结果，是比较环节的输出信号。

5）扰动信号：又称为干扰信号。扰动信号是指偶然出现的、无法施加人为控制的信号。扰动信号也是一种输入信号，通常对系统的输出产生不利的影响。

1.3.2 开环控制系统与闭环控制系统

根据有无反馈所用，控制系统可分为开环控制系统和闭环控制系统。

1. 开环控制系统工作原理及特点

系统输出量对系统没有控制作用的控制系统称为开环控制系统，开环系统中输入端和输出端之间只有前向通道，没有输出端到输入端的反馈回路，即不会将控制的结果反馈回来影响当前控制的系统。

图 1-13 所示的垂直起降系统中如果去掉或断开角度传感器，反馈回路断开，不能将实际角度反馈给输入端，则系统工作于开环状态，即为开环控制系统。进一步整理可以得到图 1-14 所示的开环系统框图。

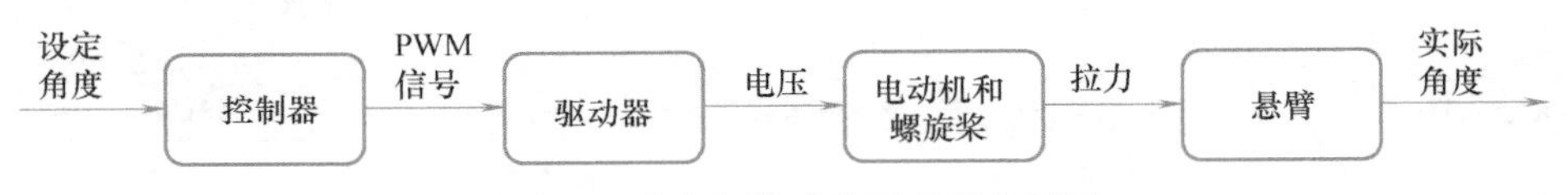

图 1-14 垂直起降系统开环系统框图

系统输入信号为设定角度，在控制器内部将设定角度转换为对应的 PWM 信号（角度值与 PWM 占空比之间有一个对应关系或对应表），经驱动器后控制施加在电动机上的等效电压，电动机带动螺旋桨以一定的转速运行，螺旋桨产生的拉力带动悬臂达到对应的角度，即实际角度。实际角度与期望角度是否一致取决于 PWM 信号的占空比与悬臂摆动角度的对应关系是否准确，还受到系统未知扰动和外界干扰因素的影响。

开环控制系统具有如下特点。

1）信号由输入到输出单方向传递，不对输出量进行检测。

2）在内部参数和外部条件不变情况下，输入量和输出量存在明确的对应关系，即一个确定的输入量总有对应的输出量。

3）系统稳定性不高，系统参数或外部扰动过大情况下，系统可能会失稳。

4）系统精度取决于系统参数和外部条件的稳定性，系统参数和外部条件变化，精度也会变化。

5）系统响应较慢，即快速性较差，系统从一个状态过渡到另一个状态时，响应速度仅与控制对象特性有关。

6）控制系统结构简单，成本较低，适合应用于系统参数稳定、外部扰动较少的场景中。

2. 闭环控制系统工作原理及特点

闭环控制系统是把系统输出量的一部分或全部，通过一定方法或装置反馈到系统的输入端，与给定值进行比较，将得到的偏差按照一定的控制规律对系统进行控制，逐步减小甚至消除偏差，从而实现要求的控制性能。闭环控制系统利用了反馈原理，由信号正向通道和反馈通道构成闭合回路，因此又称为反馈控制系统。

图 1-13 所示的垂直起降系统为闭环控制系统，机械部分和电路部分构成了完整的闭环，进一步整理可以得到图 1-15 所示的闭环控制系统框图。

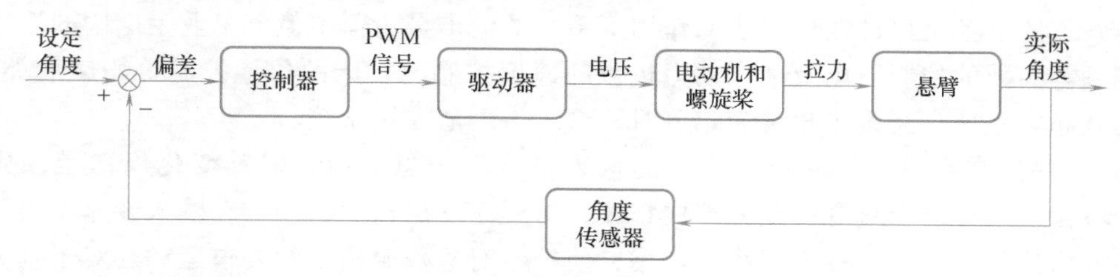

图 1-15　垂直起降系统闭环系统框图

系统工作时，角度传感器检测出悬臂的实际角度，与设定角度进行比较，得到角度偏差。该偏差作为控制器输入，结合一定的控制规律，产生 PWM 控制信号，经驱动器产生较大的电压和电流驱动电动机转动。电动机带动螺旋桨旋转产生拉力，使悬臂角度发生改变，趋于与设定角度一致（即偏差减小）的角度。角度传感器再次将悬臂实际角度检测出来反馈给输入端，进行下一循环的控制。系统如此一直循环工作。

需要注意，角度设定、比较环节实际上是在控制器中完成的，控制规律的实现也是在该控制器中完成的。常用的控制规律包括比例、微分、积分，或者它们的组合形式，其中最简单的是比例控制，也就是将偏差乘以比例系数得到 PWM 的占空比。

上述循环工作过程可归纳为：检测→求偏差→控制→纠正偏差→检测……，即“检测偏差用以纠正偏差”，这也是闭环控制系统的工作原理。

闭环控制系统具有如下特点。

1）闭环控制系统由前向通道和反馈通道组成，反馈通道将输出信号反馈给输入端，使输出信号也参与控制作用。

2）输出信号的反馈量与输入量相比较产生偏差信号，利用偏差信号实现对输出量的控制或调节，系统的输出量能够自动地跟踪输入量，减小跟踪误差，提高控制精度。

3）设计控制器的结构和参数可以改变闭环系统的特性，提高系统的稳定性，或者使不稳定的开环系统变稳定。

4）系统控制量是根据设定值与反馈量的偏差产生的，基于偏差和控制规律可以得到较大的控制量，加速响应过程，提高响应快速性。

5）反馈控制使系统输出量能够自动跟踪输入量，控制系统对系统参数变化和外部干扰因素变得不敏感，系统抗干扰性提高，也降低系统对元器件的精度要求。

6）引入反馈控制增加了系统的复杂性，如果闭环系统参数选取不当，系统可能会产生振荡，甚至失稳无法工作。

1.4　反馈控制系统的分类与基本性能要求

1.4.1　反馈控制系统分类

控制系统的种类很多，按照实际应用情况和分类方法的不同，可对控制系统做如下分类。

1. 按输入信号的变化规律进行分类

1）恒值控制系统：恒值控制系统的输入信号是一个恒定值，在运行过程中不改变。这种控制系统的任务是保证在任何扰动作用下系统的输出量为恒定值。工业生产中的温度、压力、流量等参数的控制，以及某些动力机械的速度控制，机床的位置控制等均属此类系统。对于垂直起降系统，当设定角度为定值时，系统为恒值控制系统。

2）程序控制系统：程序控制系统的输入信号不为恒定值，但其变化规律是预先知道的。可将输入信号的变化规律预先编成程序，由程序发出控制指令，在输入装置中再将控制指令转换为控制信号，经过全系统的作用，使控制对象按照指令的要求运动。对于垂直起降系统，控制悬臂摆角在几个固定角度循环变化时，系统为程序控制系统。

3）随动系统：随动系统又称为伺服系统。这种控制系统输入信号的变化规律是不能预先确定的。当系统的输入量发生变化时，输出量须迅速平稳地随着输入信号变化，并且能排除各种干扰因素的影响，准确地复现控制信号的变化规律。控制指令可以由操作者根据需要随时发出，也可以由目标物或相应的测量装置发出。例如，机械加工中的仿形机床、武器装备中的火炮自动瞄准系统及导弹自动跟踪系统等均属于随动系统。

2. 按系统中传递信号的性质分类

1）连续控制系统：连续控制系统是指系统中各部分传递的信号都是连续时间变量的系统。连续控制系统又可分为线性系统和非线性系统。能用线性微分方程描述的系统称为线性系统，不能用线性微分方程描述、存在着非线性部件的系统称为非线性系统。

2）离散控制系统：离散控制系统是指系统中某一处或几处的信号是以脉冲序列或数字量传递的系统，又称为数字控制系统。由于连续控制系统和离散控制系统的信号形式差别较大，因此在分析方法上有明显的不同。连续控制系统以微分方程来描述系统的运动状态，并用拉氏变换法求解微分方程；而离散控制系统则用差分方程来描述系统的运动状态，用 z 变换法引出脉冲传递函数来研究系统的动态特性。

3. 根据系统中元件的输入输出特性分类

1）线性系统："线性"是指两个变量之间所存在的正比关系，在直角坐标系上表示为一条直线。线性系统中每个元件的输入输出特性都是线性的，线性系统可用线性微分方程描述，同时满足叠加性与均匀性（又称为齐次性）。所谓叠加性，是指当几个输入信号共同作用于系统时，总的输出量等于每个输入信号单独作用时产生的输出量之和；所谓均匀性，是指当输入信号增大若干倍时，输出信号也相应增大同样的倍数。

2）非线性系统："非线性"是指两个变量之间的关系不是直线关系，在直角坐标系中表示为一条曲线。非线性系统中存在非线性元件，其输入输出特性为非线性特性，用非线性微分方程式描述，不满足叠加性和均匀性。在自然界和人类社会中大量存在的相互作用都是非线性的，线性作用只不过是非线性作用在一定条件下的近似。由于线性系统较容易处理，许多时候会将系统理想化或简化为线性系统。

4. 根据系统是否含有参数随时间变化的元件分类

1）定常系统：定常系统又称为时不变系统，其特点是：系统的自身性质不随时间而变化。具体而言，系统响应的性态只取决于输入信号的性态和系统的特性，而与输入信号施加的时刻无关。

严格地说，没有一个物理系统是定常的，例如，系统的特性或参数会由于元件的老化或其他原因而随时间变化，引起模型中的方程系数发生变化。然而如果在所考察的时间间隔内，其参数的变化相对于系统运动变化缓慢得多，则这个物理系统就可以看作是定常的。定常系统分为非线性定常系统和线性定常系统。

2）时变系统：时变系统是其中一个或一个以上的参数值随时间而变化，从而整个系统的特性也随时间而变化的系统。对时变系数微分方程和差分方程的分析求解，相比对定常系数微分方程及差分方程的分析求解繁复且困难得多，有时甚至求不出确切解而只能求出近似解。当系统中有多个参数随时间而变时，则可能无法用解析法求解。

此外，还可以按系统部件的类型分为机电控制系统、液压控制系统、气动控制系统、电气控制系统等。

1.4.2 反馈控制系统的基本性能要求

评价一个控制系统的好坏，其指标是多种多样的。对每一个具体系统，由于其控制对象不同，工作的方式不同，完成的任务不同，因此，对系统性能的要求往往也不完全一样，甚至差异很大。但是，对控制系统的基本要求（即控制系统所需具备的基本性能）一般可归纳为：稳定性、准确性、快速性，即“稳、准、快”。系统的“稳、准、快”与其他有关的性能一起，统称为系统的动态性能或动态特性。因此，又可以说，本门课程是研究机械或电路等控制系统的稳定性、准确性和快速性的。在学习本课程时可知，这又集中体现在系统的单位脉冲响应（时域中的根本特性）与频域特性（频域中的根本特性）上。现将“稳、准、快”的基本概念介绍如下。

1. 稳定性

稳定性的要求是一般的控制系统正常工作的首要条件，而且是最重要的条件。所谓稳定性是指系统在干扰信号作用下偏离原来的平衡状态，当干扰取消之后，随着时间的推移，系统恢复到原来平衡状态的能力。一个系统如果不稳定或失稳，它的行为便不受预定的约束控制，受控量将忽大忽小，摇摆不定，或者使运动发散，以致不能保持原定的工作状态不变，这种系统是不能完成控制任务的。因此，任何一个控制系统，要想完成令人满意的工作，首先应该是稳定的，也就是说应该具有这样的性质：输出量对给定的输入量的偏离值应该随着时间的推移逐渐趋近于零。但必须指出，稳定性的要求应该考虑到满足一定的稳定裕度，以便照顾到系统工作时参数可能发生的变化，以免由此变化而导致系统失稳。

2. 准确性

准确性是指在过渡过程结束后输出量与给定的输入量（或同给定输入量相应的稳态输出量）的偏差，又称为静态偏差或稳态精度。准确性也是衡量系统工作性能的重要指标。人们总是希望由一个稳态过渡到另一个稳态，输出量尽量接近或复现给定的输入量，或者说要求稳态精度尽可能高。由于外界干扰和给定的输入量经常变化，因此实际上，系统也经常处在不断调整的过程中，但在一定时间内对缓慢变化的干扰或输入，系统的输出大致可视为不变的。值得指出的是，对于同一系统，输入量的变化规律不同，系统的稳态精度也不同。

3. 快速性

快速性是在系统稳定的前提下提出来的。所谓快速性，就是指当系统的输出量与给定的输入量（或同给定输入量相应的稳态输出量）之间产生偏差时，消除这种偏差的快慢程度。可见快速性是衡量系统性能的一个很重要的指标。

综上所述，人们要求控制系统中被控对象的行为（响应、输出、动态历程）应尽可能迅速而准确地实现它所应遵循的变化规律。这规律由“给定环节”的输出，即系统的输入决定。当然，毫无疑问，这里就隐含了系统必须是稳定的。由此可见，“稳、准、快”显然是系统的主要动态性能。

对于同一个系统，其稳定性、准确性和快速性往往互相制约的，互相影响的。例如，改善系统稳定性，系统控制过程可能变的迟缓，快速性变差，准确性也可能变坏；提高快速性，可能会引起系统强烈振荡，稳定性变差。由于控制对象的工况和要求不同，不同系统对稳、准、快的要求也各有侧重，因而具体问题要具体分析。

1.4.3 设计步骤

设计一个控制系统基本上需要进行以下几个步骤。

1. 确定控制系统的类型

结合工程的实际情况确定系统的类型。本书主要研究对象为线性定常系统，且一般为恒值控制。工业中常会遇到非线性情况，此时在条件允许情况下可以对系统进行线性化处理，近似得到线性化系统。

2. 明确控制系统的性能要求

根据设备的功能和性能，明确控制系统的性能指标，主要包括稳定性、准确性和快速性这些通用指标，也要确定是否还有其他性能指标要求。

3. 对被控对象进行建模分析

利用基本的物理规律对被控对象进行分析，建立被控对象的数学模型，包括微分方程、传递函数、频率特性等，了解被控对象的属性（如阶次、时滞、非线性等）可能对控制模型产生的影响。如果被控对象过于复杂，无法通过理论分析建立数学模型，可以通过实验方法辨识控制对象的模型或参数。

4. 控制系统设计

结合传感器、控制器、执行器的具体情况，设计合适的闭环控制系统结构，如串联、反馈、前馈、顺馈等。在设计控制系统结构时要充分考虑干扰等影响因素。

5. 控制系统分析

在完成控制系统设计的基础上，建立整个系统的数学模型，在时域和频域中分析系统的性能指标。如果某些性能不能满足要求，则需要对控制系统进行校正，可以调整控制模型中的一些参数，甚至更改控制结构，直到所有性能指标满足要求。在该过程中可以借助 MATLAB/Simulink 仿真工具，提高分析和设计效率。

6. 控制系统搭建及调试

在上述理论分析和设计基础上，进行控制系统硬件设计或集成，并编制软件程序（包含控制算法），设计人机界面等。最后对控制系统进行软硬件调试，测试系统功能和性能指标。

1.5 本书的内容及结构体系

控制工程要研究系统及其输入、输出三者之间的动态关系。因此，就系统及其输入、输出三者之间的动态关系而言，控制工程主要研究并解决如下几个方面的问题。

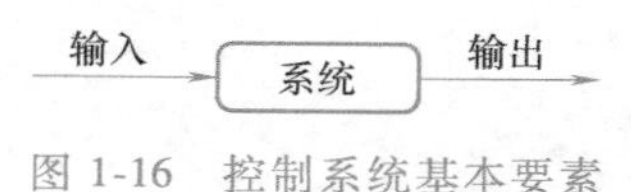

图 1-16 控制系统基本要素

1）问题 1：当系统已定，输入已知时，求输出，并通过输出来研究系统本身的有关问题，该过程称为系统分析。

2）问题 2：当输入与输出均已知时，求系统的结构与参数，即建立系统的数学模型，该过程称为系统辨识或参数辨识。

3）问题 3：当输入已知，输出也已给定时，确定系统使输出尽可能符合给定的最佳要求，该过程称为最优设计。

4）问题 4：当系统已定，输出也已给定时，确定系统输入使输出尽可能符合给定的最佳要求，该过程称为最优控制。

5）问题 5：当系统已定，输出已知时，识别输入或输入中的有关信息，该过程称为滤波与预测。

从本质上看，问题 1 是已知输入与系统求输出，问题 2 和 3 是已知输入与输出求系统，问题 4 和 5 是已知系统与输出求输入。

本书重点研究问题 1~问题 3，也就是研究线性定常系统的分析和综合设计问题。所谓系统分析，是指研究系统的运动规律，分析系统特性，即分析系统的稳定性、准确性和快速性，达到认识系统的目的。综合设计是指研究如何设计或改造系统，改变系统的运动规律，使系统的输出符合稳定性、准确性、快速性等具体性能要求。

本书的知识体系如图 1-17 所示。

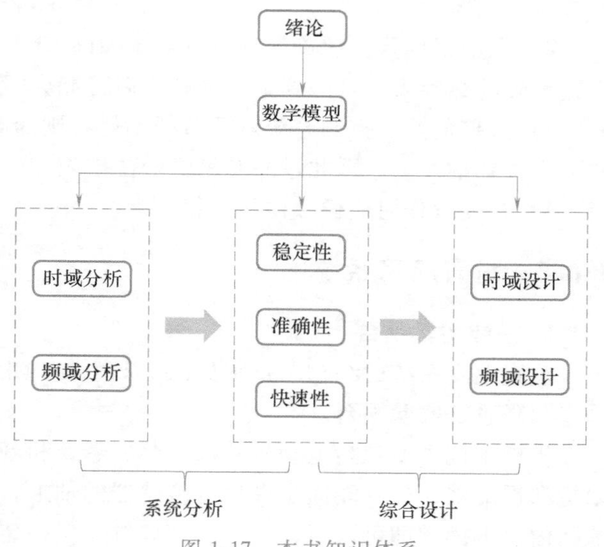

图 1-17 本书知识体系

1）绪论部分介绍控制工程基础的基本概念和发展历程，结合垂直起降系统论述控制系统的工作原理、结构组成、分类和基本性能要求，阐述了本书的任务和知识体系。

2）数学模型部分介绍常见控制系统的微分方程构建方法、如何对非线性系统进行线性化处理、传递函数的概念及基本环节的传递函数、系统框图表示形式及其简化原则和方法。

3）在数学模型基础上，围绕系统性能指标，分别介绍时域分析和频域分析方法。时域分析包括时间响应原理及性能指标、一阶系统时域分析、二阶系统时域分析、高阶系统时域分析、稳定性概念及判据、稳态误差的分析和计算等。频域分析包括频率特性、图形表示方法、频域稳定性分析、相对稳定性等内容。

4）在系统分析基础上，介绍多种系统综合设计和校正方法，包括极点配置方法、PID控制规律、超前与滞后校正设计等。将综合设计的有关内容分散于系统分析各章节，与系统分析紧密结合，便于理解和实践，这是本书的一大特色。

1.6 项目一：垂直起降系统搭建

1.6.1 项目内容与要求

本书实践环节是在垂直起降系统实验平台进行的，如图1-10所示。如果不具备该实验平台，则需要自己动手搭建一个简易实验平台，过程并不复杂。项目一的主要任务是搭建并测试垂直起降系统，保证系统能够正常运行，为后续时域和频域章节的实验奠定基础。

1. 具体内容和要求如下

1）综合应用机械、电子、计算机、软件编程等技术搭建垂直起降控制系统。

2）应用软件编程技术实现开环控制、闭环负反馈控制技术。

3）撰写项目报告，并利用PPT、照片、视频等多媒体手段重点讲解实践过程和结果，并注意培养沟通交流、使用现代工具的能力。

2. 注意事项

1）触电危险。在插拔交流电源时应充分小心。项目使用的是5V低压电，正常情况下没有触电危险。

2）螺旋桨危险。螺旋桨转速可以达到每分钟上万转，犹如利刃，操作时要充分小心。高速旋转的螺旋桨一旦碰到桌子等硬物后可能会断裂破碎，碎片四处飞溅。

3）失控危险。控制系统若调节得不好，则随时会发生不稳定失控现象，如螺旋桨高速向上反扣到桌面上。因此最好有悬臂限位措施。

4）实验操作时应佩戴防护眼镜。

1.6.2 垂直起降系统

1. 搭建实验平台

垂直起降系统的结构示意图如图1-2所示，闭环控制系统框图如图1-15所示，据此搭建垂直起降系统实验平台。

机械系统主要包括电动机、螺旋桨、悬臂和基座。如1.3.1小节所述，悬臂一端安装电动机和螺旋桨，另一端固定在角度传感器的轴上，保证悬臂能够在螺旋桨带动下在一定角度范围内上下摆动即可。可以增加限位装置、保护装置等，使系统运行更加安全。

电路控制系统采用图1-18所示的电路。控制器选用Arduino UNO R3，属于通用控制平台，编程简单。角度传感器选用角位移传感器WDD35D4，输出为模拟量。驱动器采用分立元件IRF540，配置电阻和二极管，组成简单的续流保护电路。电动机采用8520空心杯电动机。

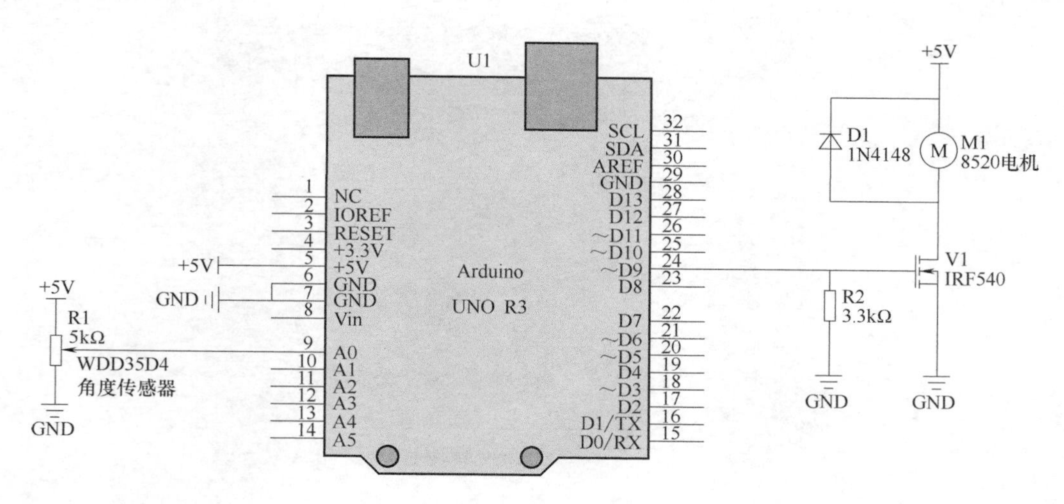

图 1-18　一种基于 Arduino 的控制系统电路

注意事项：

1）Arduino 控制器和电位器属于信号电路部分，不需要很大的电流，但是对电流质量要求较高，不能有较大的毛刺等干扰信号。电动机属于功率电路部分，电流大，波动也很大。因此电路的设计原则是信号电路、功率电路应分开供电，减少互相干扰。Arduino 控制器由计算机的 USB 口 5V 供电。电动机由另外的 5V 电源或充电宝等供电，不能用计算机 USB 供电，过大的电流有可能使计算机死机甚至损坏。但是二者的电源地必须连通。

2）根据电路图搭建电路时，可以用面包板、杜邦线等快速实现电路连接，但这种情况往往会因接触不良会产生各种意想不到的故障。还可以用万能实验板焊接电路，或者制作 PCB 电路，这样会比较安全可靠，推荐制作 PCB 电路。

3）通电前应仔细检查电源电压、器件极性等，切忌短路，以防烧毁器件。

2. 控制器：Arduino UNO

Arduino 是一款开源电子开发平台，包含硬件（各种型号的 Arduino 板）和软件（Arduino IDE）。Arduino UNO 是基于 ATmega328P 的 Arduino 开发板，也是 Arduino 系列的一号开发板，根据 Arduino UNO 硬件和 Arduino IDE 软件建立了一套 Arduino 开发标准，此后的 Arduino 开发板和衍生产品都是在这个标准上建立起来的。本书项目采用 Arduino UNO 开发板作为控制器，其实物如图 1-19 所示，主要参数见表 1-1。

表 1-1　Arduino UNO 控制器主要参数表

微控制器	ATmega328P	每个 I/O 引脚直流输出能力	20mA
工作电压	5V	3.3V 端口输出能力	50mA
输入电压(推荐)	7~12V	Flash	32KB(其中引导程序使用 0.5KB)
数字 I/O 引脚	14	SRAM	2KB
PWM 通道	6	EEPROM	1KB
模拟输入通道(ADC)	6	时钟速度	16MHz

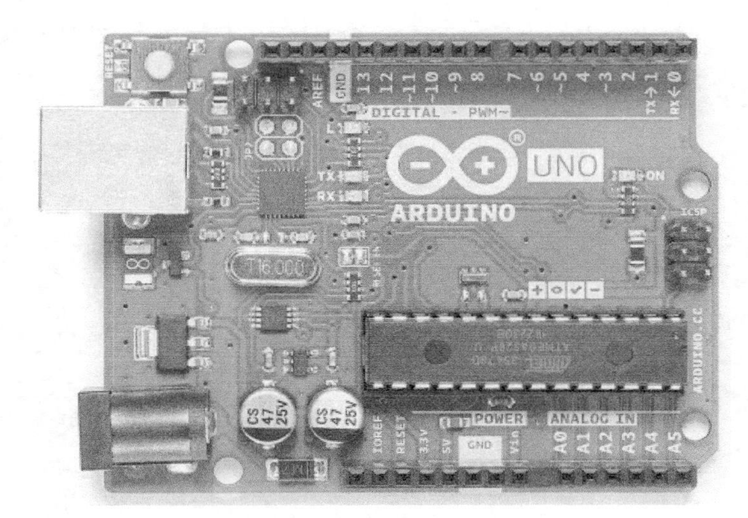

图 1-19 Arduino UNO 控制器实物图

(1) 电源 可以通过 USB 口或直流电源接口给 Arduino UNO 供电。Arduino UNO 带有自动切换电源功能。

Vin 引脚：电源输入引脚，当使用外部电源通过直流电源接口供电时，这个引脚可以输出电源电压。

5V 引脚：电源引脚，使用 USB 供电时，直接输出 USB 提供的 5V 电压；使用外部电源供电时，输出稳压后的 5V 电压。

3.3V 引脚：电源引脚，最大输出能力为 50mA。

GND 引脚：接地引脚。

IOREF 引脚：I/O 参考电压，其他设备可通过该引脚识别开发板 I/O 参考电压。

Arduino UNO 上有一个自恢复保险丝，当短路或过流（电流超过 500mA）时，它可以自动断开供电，从而保护计算机的 USB 端口和 Arduino UNO 控制器。

(2) 数字 I/O 引脚 Arduino UNO 上有 0~13 共 14 个数字输入/输出引脚。

串口引脚：0（RX）、1（TX）。

外部中断引脚：2、3，可以输入外部中断信号。中断有四种触发模式，即低电平触发、电平改变触发、上升沿触发、下降沿触发。

SPI 引脚：10（SS）、11（MOSI）、12（MISO）、13（SCK），可用于 SPI 通信。

(3) 模拟 I/O 引脚 Arduino UNO 上有 A0~A5 共 6 个模拟输入引脚，每个模拟输入引脚都有 10 位分辨率（即 1024 个不同的值）。默认情况下，模拟输入引脚的电压范围为 0~5V，可使用 AREF 引脚和 analogReference（）函数设置其他参考电压。

AREF 引脚：模拟输入参考电压输入引脚。

PWM 引脚：6 个可用于 8-bit PWM 信号输出的引脚（3、5、6、9、10、11 引脚），标有“~”符号。

(4) Arduino IDE Arduino IDE 是适配 Arduino 开发板的程序开发环境，界面如图 1-20 所示。通过 Arduino 的编程语言来编写程序，编译成二进制文件，烧录进微控制器。Arduino IDE 具有以下特点。

1）跨平台：Arduino IDE 可以在 Windows、Macintosh OS（Mac OS）、Linux 三大主流操作系统上运行。

2）简单清晰：Arduino IDE 基于 processing IDE 开发。对于初学者来说，极易掌握，同时有着足够的灵活性。Arduino 语言基于 wiring 语言开发，是对 avr-gcc 库的二次封装，不需要太多的单片机基础、编程基础，简单学习后就可以快速地进行开发。

3）开放性：Arduino IDE 软件及核心库文件都是开源的，在开源协议范围内里可以任意修改原始设计及相应代码。

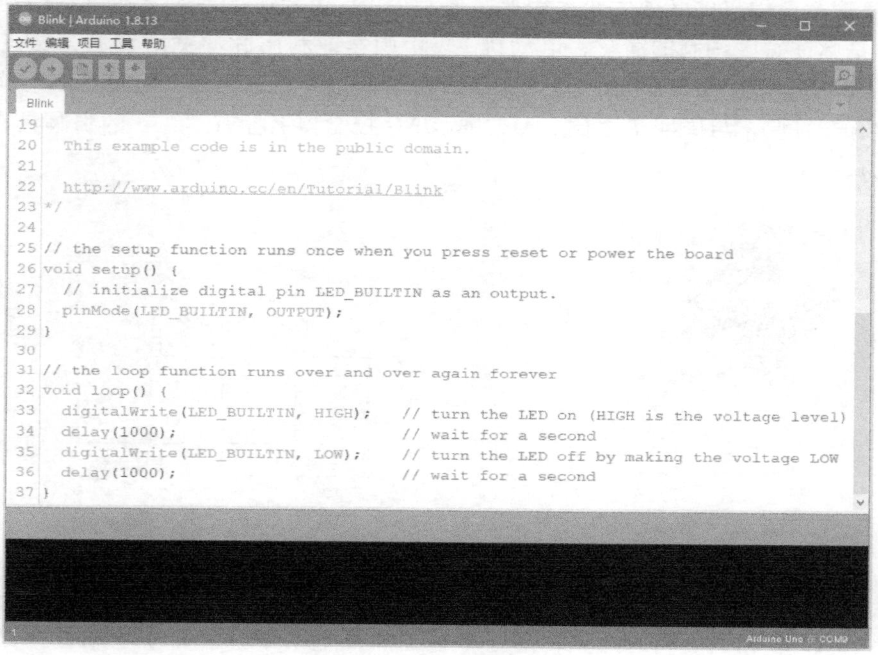

```
19
20   This example code is in the public domain.
21
22   http://www.arduino.cc/en/Tutorial/Blink
23 */
24
25 // the setup function runs once when you press reset or power the board
26 void setup() {
27   // initialize digital pin LED_BUILTIN as an output.
28   pinMode(LED_BUILTIN, OUTPUT);
29 }
30
31 // the loop function runs over and over again forever
32 void loop() {
33   digitalWrite(LED_BUILTIN, HIGH);   // turn the LED on (HIGH is the voltage level)
34   delay(1000);                       // wait for a second
35   digitalWrite(LED_BUILTIN, LOW);    // turn the LED off by making the voltage LOW
36   delay(1000);                       // wait for a second
37 }
```

图 1-20 Arduino IDE 界面

此外，Arduino IDE 提供了很多示例程序，可以参考示例程序编写自己的代码，非常方便。Arduino IDE 的编程指令系统很简洁，通过一些简单的函数指令就可以操作硬件。例如有如下常用函数指令。

数字 I/O 函数：digitalRead（）、digitalWrite（）、pinMode（）。

模拟 I/O 函数：analogRead（）、analogReference（）、analogWrite（）。

Time 函数：delay（）、delayMicroseconds（）、micros（）、millis（）。

3. 被控对象：电动机、螺旋桨、悬臂

被控对象主要由电动机、螺旋桨和悬臂构成，电动机带动螺旋桨旋转，产生拉力使悬臂摆动。控制系统的直接操作对象为电动机。本书项目选用的 8520 空心杯直流电动机的额定电压为 5V，额定转速为 50000rpm，额定电流为 0.2A，堵转电流达 5.1A。而 Arduino UNO 控制器的 I/O 引脚驱动能力只有几十毫安，必须通过驱动电路进行功率放大后才能控制电动机旋转。

功率放大的核心是场效应晶体管（MOS 管），本书项目使用的具体型号为 IRF540，如图 1-21 所示，起到电子开关作用，开关频率高（10MHz），导通电阻小（0.07Ω），驱动电

流大（20A）。MOS 管的 D 极到 S 极是电流通路，G 极是控制端。在 G 极加高电平，D-S 通路立即导通。MOS 管是电压控制器件，G 极输入阻抗极高，几乎不消耗电流。为了确保可靠关断，G 极不允许悬空，否则 G 极上留存的微量电荷就有可能将其导通。因此设置下拉电阻接地，保证 G 极平时为低电平。根据图 1-18 所示电路接好驱动电路后，应该测试一下电路能否正常工作。根据 MOS 管工作原理，把 G 极接 5V，D-S 通路应立即导通，电动机通电旋转。G 极接地时，D-S 通路应处于关断状态，电动机不应旋转。

通过 MOS 管的开关作用可以控制电路导通与断开，即电动机的旋转与停止。但在本书项目中需要控制电动机的转速大小，因此需要利用 PWM 调速原理对直流电动机速度进行控制。PWM 是脉冲宽度调制的简写，电动机 PWM 调速即利用脉冲宽度调制方法进行电动机调速。图 1-22 所示为 PWM 信号，其主要参数为频率和占空比，占空比是指一个信号周期内高电平持续的时间 t_H 与周期 T 之比。Arduino UNO 控制器上标有“~”的引脚具有 PWM 信号输出能力。

图 1-21　IRF540 型场效应晶体管

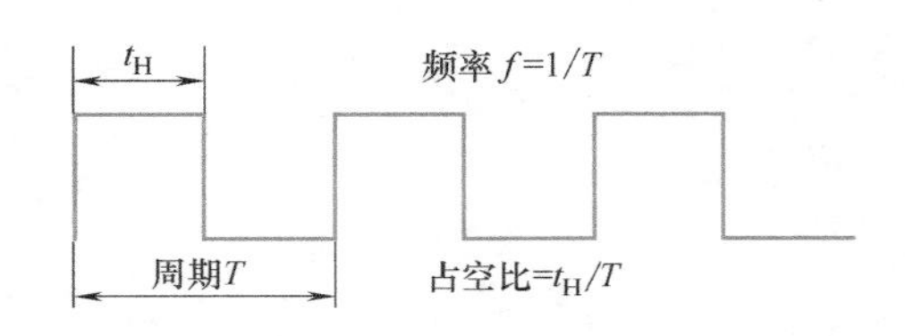

图 1-22　PWM 信号

在图 1-18 所示电路中 IRF540 的控制信号为高速 PWM 信号，周期（频率）为定值，占空比可调。IRF540 相当于高速开关，高电平接通、低电平断开。由于电动机回路中存在电感、电容等储能元件，使得加载在电动机电枢上的电流的变化速度无法跟上电压的切换速度，因此电流呈现出图 1-23 所示的波动变化状态，即高电平时电流缓慢增大，低电平时电流缓慢减小。可以看出，PWM 信号频率越高，电流的波动幅值越小，但平均电流值不变。因此在实际应用中，可以提高 PWM 信号频率，获得较小的电流纹波。图 1-18 所示电路中 Arduino UNO 控制器引脚 9 的缺省 PWM 信号频率为 490Hz，实验程序中可将引脚 9 的 PWM 信号频率设置为 31.3kHz，减小电流纹波。

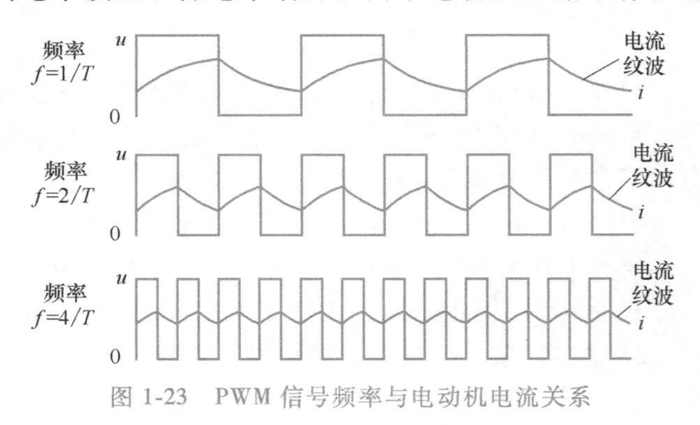

图 1-23　PWM 信号频率与电动机电流关系

在 PWM 信号频率一定的情况下，改变占空比意味着改变高电平时间，则在单位时间内的平均电流也要变化。如图 1-24 所示，随着 PWM 信号占空比的增大，平均电流值增大，等效电压值也增大，因此电动机转速也增大。因此可以通过调节 PWM 信号的占空比改变施加

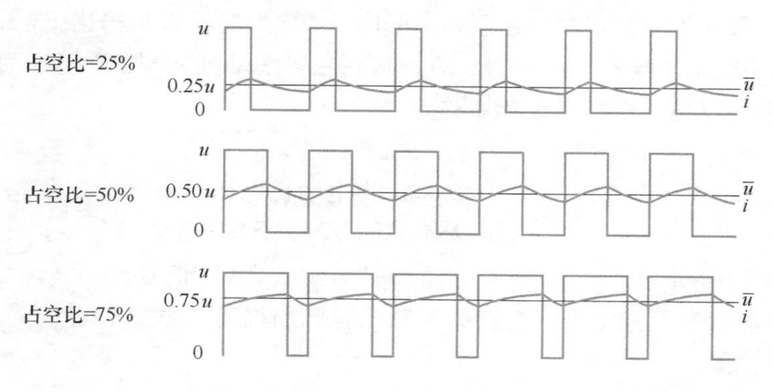

图 1-24 PWM 信号占空比与电动机电流、等效电压的关系

在电动机上的等效电压，从而对电动机进行调速。PWM 信号占空比为 0%时，等效电压为 0V，电动机停止转动；PWM 信号占空比为 100%时，等效电压为电源电压，电动机以最高速度运行。

在实际应用中，PWM 信号由控制器产生，程序中用一个数字量表示占空比，因此占空比在 0%~100%之间并不是连续分布的，最小增量用分辨率表示。在 Arduino UNO 控制器中用一个 8 位二进制数来表达占空比，分辨率为 1/256。

4. 反馈检测：角度传感器

本书项目使用 5kΩ 的低摩擦导电塑料电位器将悬臂的角位移转换为电压信号，如图 1-25 所示。水平位置定义为 0°，输出的电压信号接到 Arduino UNO 控制器的第 9 引脚，控制器再通过计算转换为角度值。导电塑料电位器在安装时需要注意以下事项。

1）电位器接线：电位器的电源、地、信号共 3 个端子接到 Arduino UNO 控制器上，不得接到电动机驱动电路上。注意查看电位器后面印刷的 3 个引脚的定义及排布顺序。边上的引脚 2 是电位器中间触点，接 Arduino UNO 控制器的 A0 引脚，不要误认为中间的引脚是电位器中间触点。引脚 1 接 Arduino UNO 控制器的 GND 引脚，引脚 3 接 Arduino UNO 控制器的 5V 引脚。

图 1-25 导电塑料电位器

2）电位器安装：可变电阻两端必然是不连续的，用手旋转时可以感觉到有一个接缝。悬臂固定到电位器轴上时，整个工作区域应避开接缝。

1.6.3 反馈控制

在完成上述机械系统和电路控制系统的搭建后，进行基本的控制测试。

1. 开环控制

在开环状态下，尝试人工寻找合适的控制指令电压，使悬臂旋转到设定位置。控制结构如图 1-14 所示，角度传感器不参与控制，Arduino UNO 控制器直接输出 PWM 信号，控制电动机上的电压从 0V 逐渐增大（最大为 5V），直到悬臂摆动到适当的位置，如水平方向下方 30°位置。可将该角度值和电压值设为工作点。

对应的核心计算机程序如下：

```
Ucmd=(Umotor/5.0)*255;        //Umotor 为电动机电压;Ucmd 为电压指令,取值范围为
                              0~255,Ucmd/255 对应 PWM 信号占空比。
analogWrite(9, Ucmd);         //在第 9 引脚输出 PWM 信号。
```

当系统在开环状态下稳定于工作点后，对悬臂施加扰动（吹气、轻按等），观察悬臂能否自动回到原始位置。

2. 闭环反馈控制

自动控制的精髓就是反馈，即“控制指令”的大小取决于“偏差”。垂直起降控制系统中的单片机控制程序不断地重复运行下列步骤。

1）获取实际位置：读取电位器的电压信号，计算得到角度位置。

2）计算偏差：设定位置减去实际位置，得到偏差。

3）计算控制指令：控制器对偏差按照一定的控制算法进行处理，得到控制指令。

4）输出执行：把控制指令转换为 PWM 信号输出到电动机，带动螺旋桨以一定的速度旋转，产生拉力使悬臂运动。

通过持续不断的调节，系统最终能够自动找到某个合适的控制指令，此时螺旋桨以某个速度旋转，产生的拉力恰好与重力平衡，使悬臂停留在设定位置上，反馈控制原理图如图 1-15 所示。

最基本的控制算法是比例控制，也就是控制指令的大小和偏差成比例，即

$$控制指令=比例系数\times偏差$$

比例系数是一个预先设定的常数，对应的核心计算机程序如下：

```
float angleErr=angler-angleA;      //计算角度偏差,偏差=期望角度-实际角度。
float UmotorD=Kp*angleErr;         //比例控制,Kp 为比例系数。
Umotor=Umotor+Ucmd;                //总电压需要加上工作点对应的电压。
Ucmd=(Umotor/5.0)*255;             //计算控制指令电压 Ucmd。
analogWrite(9, Ucmd);              //在第 9 引脚输出 PWM 信号。
```

在实验中改变程序中的比例系数 Kp，观察系统运行状态。进一步比较开环控制与闭环反馈控制的控制效果（施加干扰）。

本章小结

本章介绍了控制工程的基本概念和发展历程，结合垂直起降系统阐述了控制系统的工作原理、结构组成、分类和基本要求，最后讲述了本书的主要任务和结构体系。

通过搭建实验对象——垂直起降系统，掌握负反馈系统的构成、工作原理、实现方法等，为后续系统数学模型建立、控制系统的时域、频域分析及设计提供硬件基础，也使同学们在后续的学习中能够更好地理解控制系统的分析和设计理论，从而为将来独立解决复杂机电控制问题提供信心。

习题与项目思考

1-1　控制工程的主要任务是什么？

1-2　阐述开环控制系统和闭环控制系统的工作原理及特点。

1-3　什么是反馈？为什么要进行反馈控制？

1-4　闭环控制系统有哪些典型环节组成？主要信号有哪些？

1-5　对控制系统的基本要求有哪些？

1-6　阐述系统分析和综合校正的概念。

1-7　本书介绍了垂直起降实验系统的结构组成和工作原理，结合控制系统的分析和设计方法，试分析该系统的类型、可能有哪些性能指标，讨论设计该控制系统的大概过程。

1-8　图1-26所示为水箱水位自动控制系统示意图，试分析讨论该控制系统结构组成和工作原理。

1-9　图1-27所示为瓦特蒸汽机自动控制系统示意图，试分析讨论该控制系统结构组成和工作原理。

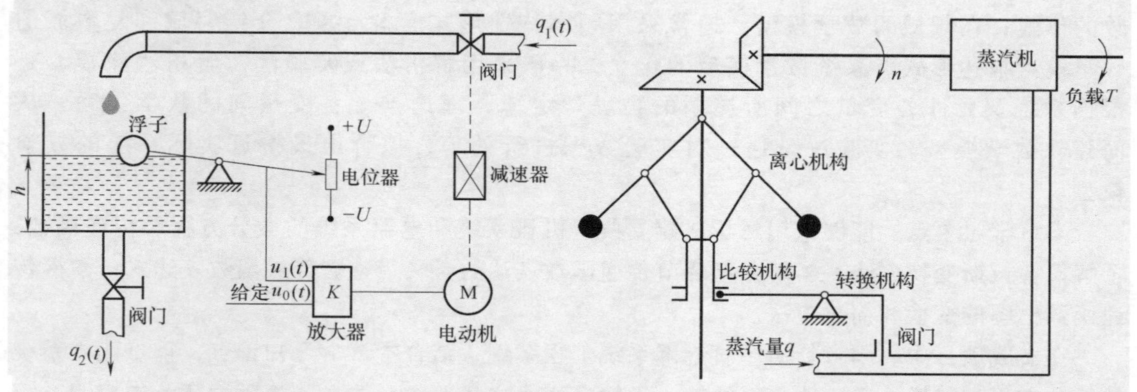

图1-26　水箱水位自动控制系统示意图　题1-8图　图1-27　瓦特蒸汽机自动控制系统示意图　题1-9图

1-10　螺旋桨过于靠近桌面时，容易出现上下抖动，请思考原因。

1-11　开环控制时，在扰动的作用下系统偏离了平衡位置，扰动撤除后系统是如何回到平衡位置的？

1-12　开环控制时，如果把悬臂平衡到水平位置上方，如果存在扰动，那么系统是否还会稳定到平衡位置？

1-13　开环和闭环控制时，悬臂都能够稳定在某个位置。那么如何快速验证系统已经处于闭环控制状态？

1-14　较大的比例系数K_p值有什么优缺点（可以从反应速度、准确性、平稳程度等角度考虑）？

1-15　设计一个螺旋桨转速自动控制系统方案。

第2章 数学模型

在控制系统的设计与分析中，不仅需要定性了解系统的工作原理，还要定量描述系统的动态性能，揭示出系统的输入、输出变量以及内部各变量与系统性能之间的联系，这就需要建立系统的数学模型。

数学模型是定量描述输入量、输出量以及内部各变量关系的数学表达式。系统的数学模型有多种形式，本书主要介绍时域、复数域及频域的数学模型，其中，在时域的数学模型，通常采用微分方程或微分方程组的形式；在复数域的数学模型，通常采用传递函数的形式；在频域的数学模型，通常采用频率特性形式。本章重点介绍时域和复数域的数学模型描述形式。系统数学模型的建立，一般采用解析法或实验法。解析法建模，是根据系统及元件各变量之间所遵循的物理学定律，理论推导各变量间的数学关系，从而建立数学模型。实验法是通过对实验数据进行处理，拟合出最接近实际系统的数学模型。

本章学习要点：能够采用解析法建立典型机械系统和电路系统的微分方程及传递函数；了解拉普拉斯变换方法；了解典型环节传递函数表达的含义，掌握传递函数表达式；掌握传递函数框图的变换和简化方法。

在实践项目中，本章针对垂直起降系统工程案例，结合本章学习知识点，重点建立系统的微分方程和传递函数，明确系统输入、输出变量之间的相互关系，为后续章节中控制系统的分析和设计提供基础。

2.1 问题引入

为将控制工程的基础理论与实际工程问题结合起来，我们设计了垂直起降系统这一工程案例，如图 2-1 所示，该垂直起降系统的工作目标是使悬臂在螺旋桨拉力 $f(t)$ 的作用下，悬停在期望的角度值。即在系统输入端设定期望角度值所对应的电压信号，在输出端，系统实际输出的角度值经旋转电位器转换为电压信号，并反馈给输入端与设定期望值进行比较，比较结果反馈给控制器，控制器运算后对驱动器发送指令，驱动器将指令转化为电压信号，驱动直流电动机（图 2-1b）带动螺旋桨（图 2-1c）转动，从而使悬臂（图 2-1d）在螺旋桨拉力 $f(t)$ 的作用下绕基座中心轴转动，形成一定的转角 $\theta(t)$。

思考：对于垂直起降系统，如何建立系统的数学模型，明确系统输入、输出变量以及内部各变量之间的相互关系？这是后续分析和设计控制系统的基础。

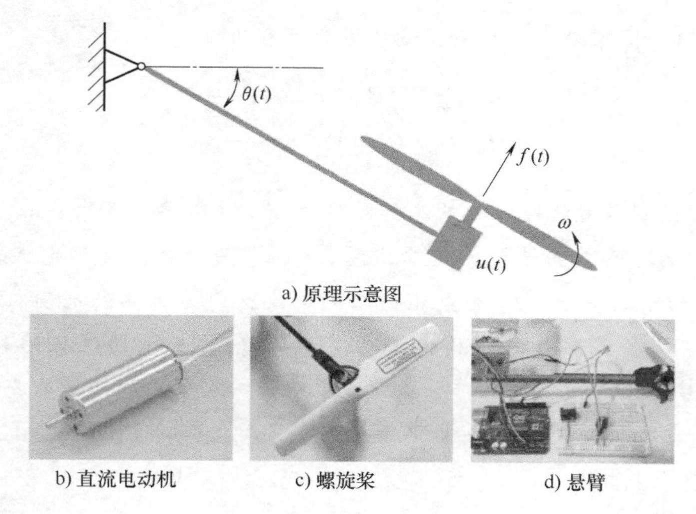

a) 原理示意图　b) 直流电动机　c) 螺旋桨　d) 悬臂

图 2-1　垂直起降系统

2.2 系统微分方程的建立

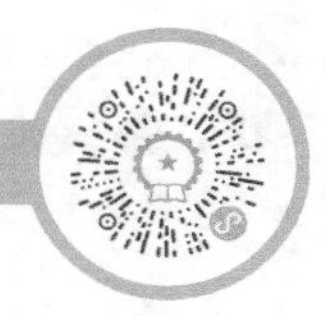

下面举例说明控制系统中常见的机械系统、电气系统和电动机系统微分方程的建立方法。

例 2-1　弹簧-质量-阻尼器机械位移系统如图 2-2 所示。试列写质量为 m 的物体在外力 $F(t)$ 作用下，位移 $x(t)$ 的运动方程。

解： 设质量为 m 的物体相对于初始状态的位移、速度、加速度分别为 $x(t)$、$\mathrm{d}x(t)/\mathrm{d}t$、$\mathrm{d}^2x(t)/\mathrm{d}t^2$。可利用牛顿第二定律，列写运动微分方程式，得

$$m\frac{\mathrm{d}^2x(t)}{\mathrm{d}t^2}+f\frac{\mathrm{d}x(t)}{\mathrm{d}t}+kx(t)=F(t) \tag{2-1}$$

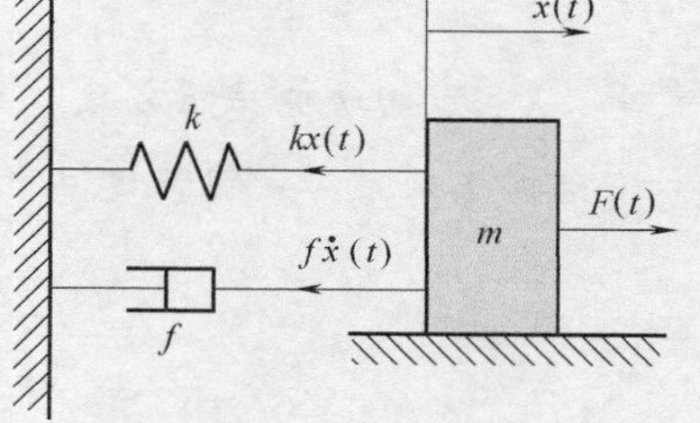

图 2-2　机械位移系统

式中，f 为黏性阻尼系数；k 为弹簧常数；$F(t)$ 为合外力。

例 2-2　电阻 R、电感 L、电容 C 组成的无源网络如图 2-3 所示。试列写出以 $u_{\mathrm{i}}(t)$ 为输入量，以 $u_{\mathrm{o}}(t)$ 为输出量的电学系统微分方程。

解： 设回路电流为 $i(t)$，由基尔霍夫定律可写出回路方程，得

$$L\frac{\mathrm{d}i(t)}{\mathrm{d}t}+Ri(t)+u_{\mathrm{o}}(t)=u_{\mathrm{i}}(t) \tag{2-2}$$

$$u_{\mathrm{o}}(t)=\frac{1}{C}\int i(t)\,\mathrm{d}t \tag{2-3}$$

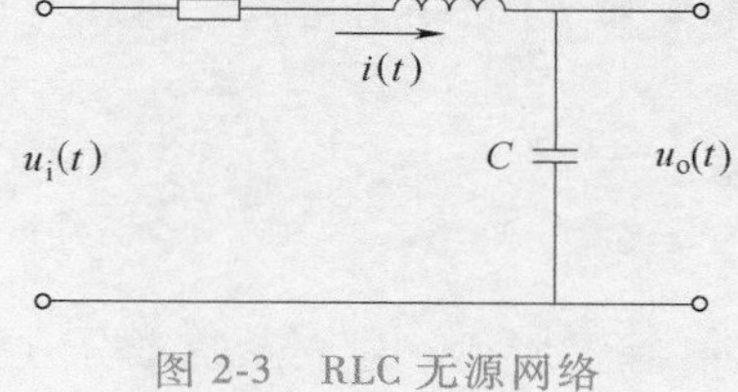

图 2-3　RLC 无源网络

消去中间变量 $i(t)$，得到输入量与输出量的微分方程为

$$LC\frac{\mathrm{d}^2u_o(t)}{\mathrm{d}t^2}+RC\frac{\mathrm{d}u_o(t)}{\mathrm{d}t}+u_o(t)=u_i(t) \tag{2-4}$$

例 2-3 电枢控制式直流电动机的工作原理如图 2-4 所示，其中，$u_a(t)$ 为电枢电压，是输入量；$\omega(t)$ 为电动机角速度，是输出量；$i_a(t)$ 为电枢回路的电流；$E_b(t)$ 为反电动势；R_a 为电枢回路的电阻；L_a 为电枢回路的电感；B 为折算到电动机轴的黏性摩擦系数；J 为折算到电动机轴的转动惯量；$T(t)$ 为电动机轴的转矩。从输入端开始，按照信号传递的顺序和各变量所遵循的定律，列写微分方程。

解： 根据基尔霍夫定律，建立电枢回路方程，得

$$u_a(t)=L_a\frac{\mathrm{d}i_a(t)}{\mathrm{d}t}+R_ai_a(t)+E_b(t) \tag{2-5}$$

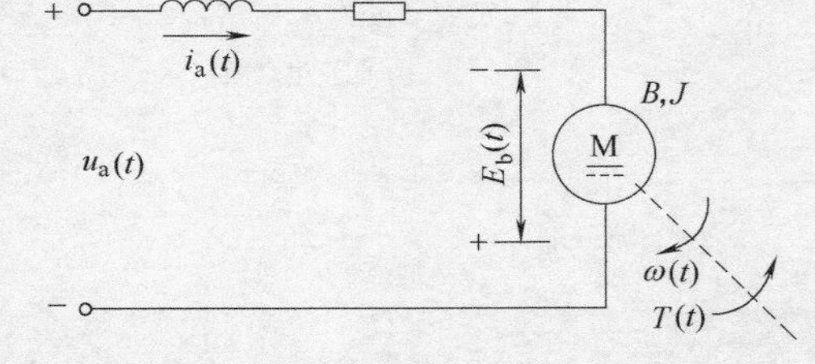

图 2-4 电枢控制式直流电动机

根据楞次定律，建立电动机反电动势方程，得

$$E_b(t)=\frac{1}{K_b}\omega(t) \tag{2-6}$$

式中，K_b 为反电动势常数。

根据安培定律，建立电动机电磁转矩方程，得

$$T(t)=K_mi_a(t) \tag{2-7}$$

式中，K_m 为电动机转矩常数。

根据牛顿第二定律，建立电动机转矩平衡方程，得

$$T(t)=J\frac{\mathrm{d}\omega(t)}{\mathrm{d}t}+B\omega(t) \tag{2-8}$$

消去电流、反电动势、转矩等中间变量后得到最终的微分方程为

$$\frac{L_aJ}{K_m}\frac{\mathrm{d}^2\omega(t)}{\mathrm{d}t^2}+\frac{L_aB+R_aJ}{K_m}\frac{\mathrm{d}\omega(t)}{\mathrm{d}t}+\left(\frac{1}{K_b}+\frac{R_aB}{K_m}\right)\omega(t)=u_a(t) \tag{2-9}$$

在工程实际中，总是尽可能地略去次要因素，使系统简化。黏性摩擦系数 B、电感 L_a 和电阻 R_a 很小时可以忽略，得到直流电动机电压和转速的简化数学模型为

$$\frac{R_aJ}{K_m}\frac{\mathrm{d}\omega(t)}{\mathrm{d}t}+\frac{1}{K_b}\omega(t)=u_a(t) \tag{2-10}$$

综上所述，建立系统微分方程的步骤可以总结为如下步骤。

1）根据实际工作原理，确定系统或元件的输入量、输出量。

2）从输入端开始，按照信号传递的顺序和各变量所遵循的定律，列写出微分方程组。

3）消去中间变量，推导出只含输出量、输入量及其导数的微分方程。

4）标准化。将输出量及其各阶导数放在等号左侧，将输入量及其各阶导数放在等号右侧，并按求导阶数降序排列。

2.3 线性系统

2.3.1 线性时不变系统

1. 线性系统的叠加性原理

按照系统是否满足叠加原理，可将系统分为线性系统和非线性系统。叠加原理有两重含义，即具有可叠加性和均匀性（或称为齐次性）。假设有这样的线性系统，其微分方程为

$$\frac{d^2x_o(t)}{dt}+\frac{dx_o(t)}{dt}+x_o(t)=x_i(t)$$

直观地，若系统在输入 $x_{i1}(t)$ 作用下输出 $x_{o1}(t)$，在输入 $x_{i2}(t)$ 作用下输出 $x_{o2}(t)$；且在输入 $a_1x_{i1}(t)+a_2x_{i2}(t)$ 作用下输出 $a_1x_{o1}(t)+a_2x_{o2}(t)$，则系统具有叠加性。若系统在输入 $Ax_{i1}(t)$ 作用下输出 $Ax_{o1}(t)$，则系统具有均匀性。这表明，两个输入同时作用于系统所产生的总输出，等于各个输入单独作用时分别产生的输出之和，且输入的数值增大若干倍时，输出也会相应增大同样的倍数。

利用线性系统的叠加原理，当有几个输入同时作用于系统时，可以依次求出各个输入单独作用时系统的输出，然后将它们叠加。此外，每个输入在数值上可只取单位值，这样可以大大简化线性系统的研究工作。

2. 定常系统和时变系统

按照系统参数是否随时间变化，可以将系统分为定常系统（也称为时不变系统）和时变系统。线性定常系统（也称为线性时不变系统）是根据系统输入和输出是否具有线性关系来定义的。线性定常系统是既满足叠加原理又具有时不变特性的系统，这种系统可以用单位脉冲响应来表示。严格来说定常系统是不存在的，在所考察的时间间隔内，如果系统参数的变化相对于系统的运动缓慢得多，则可将其近似作为定常系统来处理。

例 2-4　判断如下微分方程是否为线性定常系统，并写出分析过程，其中 $x_o(t)$ 为输出量，$x_i(t)$ 为输入量。

$$\frac{d^2x_o(t)}{dt^2}+3\frac{dx_o(t)}{dt}+2x_o(t)=2x_i(t)+3 \tag{2-11}$$

解：设当输入为 $x_{i1}(t)$ 时，输出为 $x_{o1}(t)$；当输入为 $x_{i2}(t)$ 时，输出为 $x_{o2}(t)$，则有

$$\frac{d^2x_{o1}(t)}{dt^2}+3\frac{dx_{o1}(t)}{dt}+2x_{o1}(t)=2x_{i1}(t)+3 \tag{2-12}$$

$$\frac{d^2x_{o2}(t)}{dt^2}+3\frac{dx_{o2}(t)}{dt}+2x_{o2}(t)=2x_{i2}(t)+3 \tag{2-13}$$

将式（2-12）与式（2-13）相加，有

$$\frac{\mathrm{d}^2[x_{o1}(t)+x_{o2}(t)]}{\mathrm{d}t^2}+3\frac{\mathrm{d}[x_{o1}(t)+x_{o2}(t)]}{\mathrm{d}t}+2[x_{o1}(t)+x_{o2}(t)]=2[x_{i1}(t)+x_{i2}(t)]+6 \tag{2-14}$$

式（2-14）显然不满足叠加原理，所以微分方程式（2-11）为非线性的。又因为微分方程式（2-11）的系数全部为常数，不随时间改变，故系统为定常系统，即时不变系统。因此微分方程式（2-11）为非线性时不变系统。

3. 判断依据

线性判定：微分方程中每一项均为 $x_i(t)$ 或 $x_o(t)$ 的高阶导数，不含有平方项或常数项。

定常判定：微分方程中每一项的系数均为常数。

2.3.2 非线性系统的局部线性化方法

系统中只要有一个元器件的输入输出特性是非线性的，该系统就称为非线性系统。这时，要用非线性微分（或差分）方程描述其特性。

严格地说，实际物理系统都含有非线性程度不同的元器件，例如，放大器和电磁元件具有饱和特性，运动部件具有死区、间隙和摩擦特性等。由于非线性方程在数学处理上较困难，目前对不同类型的非线性控制系统的研究还没有统一的方法。但对于非线性程度不太严重的元器件，可采用在一定范围内线性化的方法，从而将非线性系统近似为线性系统。

例 2-5 在液压系统和管道中，通过阀门的流量 $q(t)$ 满足流量方程

$$q(t)=K\sqrt{p(t)}$$

式中，K 为比例系数；$p(t)$ 为阀门前后的压差。若流量 $q(t)$ 与压差 $p(t)$ 在其平衡点 (q_0, p_0) 附近作微小变化，试导出线性化流量方程。

解： 本题考查流量非线性微分方程的线性化，具体做法是，对非线性微分方程在其平衡点附近用泰勒级数展开并取前面的线性项，得到等效的线性化方程。

在平衡点 (q_0, p_0) 处，对流量 $q(t)$ 泰勒展开并取一次项近似可得

$$q(t)\approx q_0+\frac{\mathrm{d}g(t)}{\mathrm{d}t}\bigg|_{p(t)=p_0}^{q(t)=q_0}[p(t)-p_0]=q_0+\frac{K}{2\sqrt{p_0}}[p(t)-p_0] \tag{2-15}$$

则线性化流量方程为

$$\Delta q=\frac{K}{2\sqrt{p_0}}\Delta p$$

省去符号 Δ，则得到简化式为

$$q=K_1 p$$

式中，$K_1=\dfrac{K}{2\sqrt{p_0}}$。

2.4 拉普拉斯变换

拉普拉斯变换简称为拉氏变换，是分析线性控制系统动态特性的基本数学方法。它能够将线性常微分方程转化为代数方程，使求解过程大为简化，从而便于用解析法分析线性控制系统的性质。在经典控制理论中，应用拉氏变换可以直接在频域中研究系统的动态特性，对系统进行分析、综合和校正。本节重点介绍拉氏变换的定义、典型时间函数的拉氏变换、拉氏变换的性质、拉氏反变换，通过讲解拉氏变换方法以及拉氏变换在求解线性微分方程中的应用，为后续章节的学习奠定数学基础。

2.4.1 拉氏变换的定义

对于时间函数$f(t)$，$t\geqslant 0$，则$f(t)$的拉氏变换记作$L[f(t)]$或$F(s)$，并定义为

$$L[f(t)]=F(s)=\int_0^{+\infty} f(t)\mathrm{e}^{-st}\mathrm{d}t \tag{2-16}$$

式中，s为复数，$s=\sigma+\mathrm{j}\omega$。称$f(t)$为原函数，$F(s)$为象函数。若式（2-16）的积分收敛于一确定的函数值，则$f(t)$的拉氏变换$F(s)$存在，这时$f(t)$必须满足如下条件。

1）在任意有限区间上，$f(t)$分段连续，只有有限个间断点，如图2-5所示$[a, b]$区间。

2）当$t\to+\infty$时，$f(t)$的增长速度不超过某一指数函数，即满足

$$|f(t)|\leqslant M\mathrm{e}^{at}$$

式中，M、a均为实常数。这一条件使拉氏变换的被积函数$f(t)\mathrm{e}^{-st}$绝对收敛。可由如下推导看出

$$\because\ |f(t)\mathrm{e}^{-st}|=|f(t)|\cdot|\mathrm{e}^{-st}|\leqslant|f(t)|\mathrm{e}^{-\sigma t}$$

$$\therefore\ |f(t)\mathrm{e}^{-st}|\leqslant M\mathrm{e}^{at}\cdot\mathrm{e}^{-\sigma t}=M\mathrm{e}^{-(\sigma-a)t}$$

只要是在复平面上$\mathrm{Re}(s)>a$的所有复数s，都能使式（2-16）的积分绝对收敛，则$\mathrm{Re}(s)>a$为拉氏变换的定义域，a称为收敛坐标，如图2-6所示。

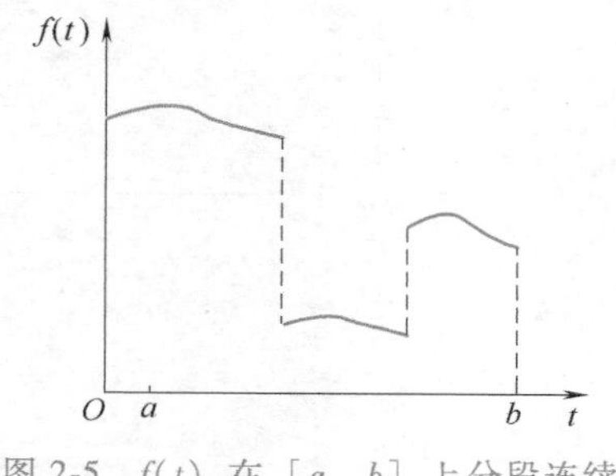

图2-5　$f(t)$在$[a, b]$上分段连续

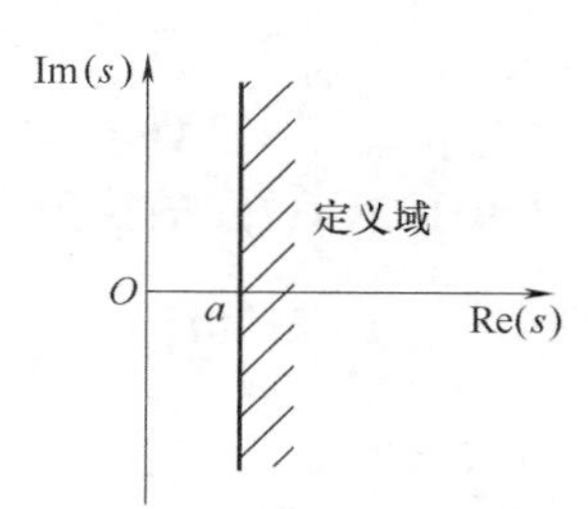

图2-6　拉氏变换定义域

在拉氏变换中，s的量纲是时间的倒数，$F(s)$的量纲是$f(t)$的量纲与时间t的量纲的乘积。

拉氏变换实质上就是一个广义积分，为了确保这个积分的存在，将函数$f(t)$乘上了一个衰减因子e^{-st}，使积分函数变为$f(s)\mathrm{e}^{-st}$。该运算过程就如同一面镜子，原函数$f(s)$经过

这面镜子之后就变换成了一个新的函数 $F(s)$，也就是该镜子里所成的像，因此$F(s)$ 被称为象函数。

2.4.2 典型时间函数的拉氏变换

1. 单位脉冲函数

单位脉冲函数如图 2-7 所示，定义为

$$\delta(t)=\begin{cases}0 & (t<0)\\ \lim\limits_{\varepsilon\to 0}\dfrac{1}{\varepsilon} & \left(0\leqslant t\leqslant\varepsilon \text{ 且} \int_{-\infty}^{+\infty}\delta(t)\,\mathrm{d}t=1\right)\\ 0 & (t>0)\end{cases}$$

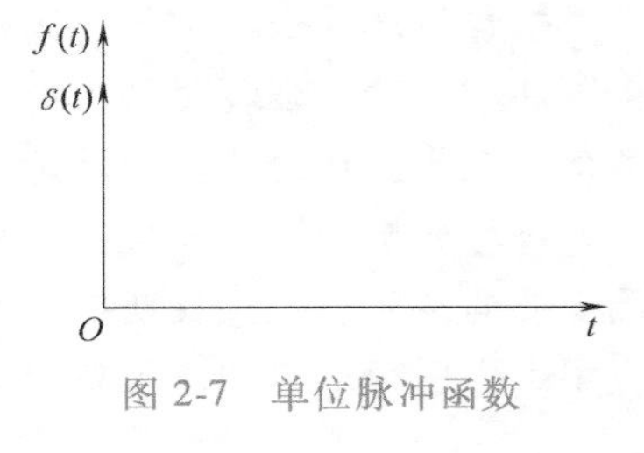

图 2-7 单位脉冲函数

单位脉冲函数的特性为

$$\int_{-\infty}^{+\infty}\delta(t)f(t)\,\mathrm{d}t=f(0)$$

工程实际中的冲击等都可近似地视为脉冲函数。

由式（2-16）求 $\delta(t)$ 的拉氏变换，有

$$L[\delta(t)]=\int_{0}^{+\infty}\delta(t)\mathrm{e}^{-st}\mathrm{d}t=\mathrm{e}^{-st}|_{t=0}=1$$

2. 单位阶跃函数

单位阶跃函数如图 2-8 所示，定义为

$$1(t)=\begin{cases}0 & (t<0)\\ 1 & (t\geqslant 0)\end{cases}$$

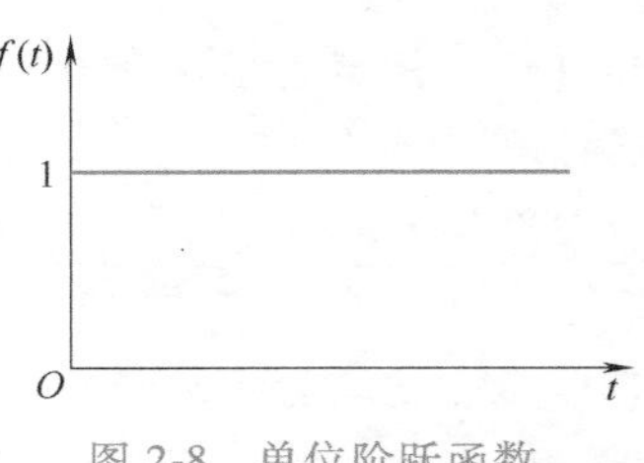

图 2-8 单位阶跃函数

由式（2-16）求 $1(t)$ 的拉氏变换，有

$$L[1(t)]=\int_{0}^{+\infty}1(t)\cdot\mathrm{e}^{-st}\mathrm{d}t=-\frac{\mathrm{e}^{-st}}{s}\bigg|_{0}^{+\infty}=\frac{1}{s}$$

工程实际中的对物体施加一个额定载荷、给电路施加一个直流恒定电压等都可看作是阶跃函数。

3. 单位斜坡函数

单位斜坡函数如图 2-9 所示，定义为

$$f(t)=\begin{cases}0 & (t<0)\\ t & (t\geqslant 0)\end{cases}$$

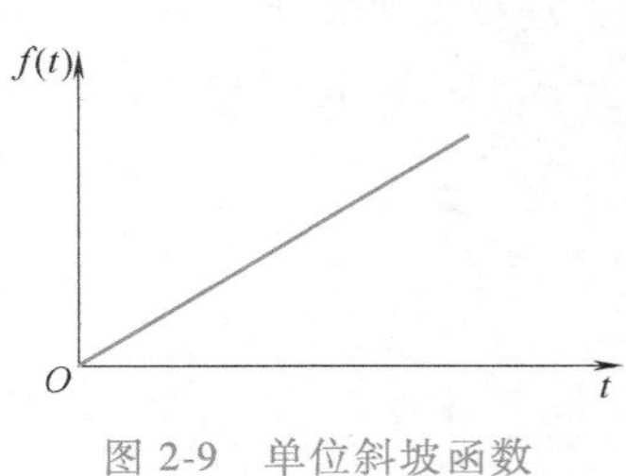

图 2-9 单位斜坡函数

由式（2-16）求 $f(t)$ 的拉氏变换，有

$$L[t]=\int_{0}^{+\infty}t\cdot\mathrm{e}^{-st}\mathrm{d}t=-t\frac{\mathrm{e}^{-st}}{s}\bigg|_{0}^{+\infty}-\int_{0}^{+\infty}\left(-\frac{\mathrm{e}^{-st}}{s}\right)\mathrm{d}t$$

$$=\int_{0}^{+\infty}\frac{\mathrm{e}^{-st}}{s}\mathrm{d}t=-\frac{1}{s^{2}}\mathrm{e}^{-st}\bigg|_{0}^{+\infty}=\frac{1}{s^{2}}$$

4. 指数函数

指数函数如图 2-10 所示，定义为

$$f(t)=\begin{cases}0 & (t<0)\\ \mathrm{e}^{at} & (t\geqslant 0)\end{cases}$$

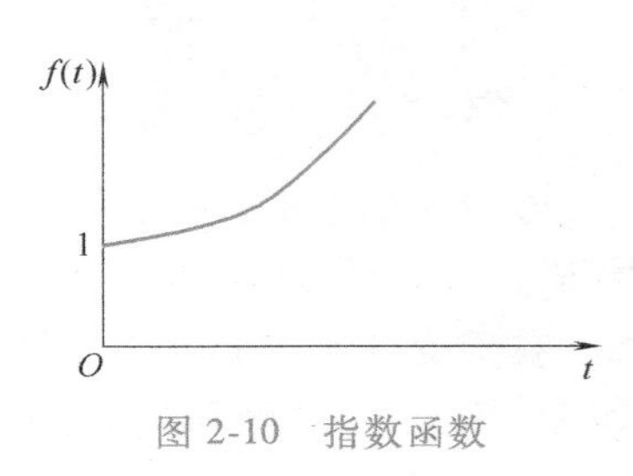

图 2-10 指数函数

由式（2-16）求 $f(t)$ 的拉氏变换，有

$$L[\mathrm{e}^{at}]=\int_0^{+\infty}\mathrm{e}^{at}\mathrm{e}^{-st}\mathrm{d}t=\int_0^{+\infty}\mathrm{e}^{-(s-a)t}\mathrm{d}t=-\frac{\mathrm{e}^{-(s-a)t}}{s-a}\bigg|_0^{+\infty}=\frac{1}{s-a}$$

5. 正弦函数

正弦函数 $\sin\omega t$，根据欧拉定理 $\sin\omega t=\frac{1}{2\mathrm{j}}(\mathrm{e}^{\mathrm{j}\omega t}-\mathrm{e}^{-\mathrm{j}\omega t})$ 得

$$L[\sin\omega t]=\int_0^{+\infty}\sin\omega t\cdot\mathrm{e}^{-st}\mathrm{d}t=\int_0^{+\infty}\frac{1}{2\mathrm{j}}(\mathrm{e}^{\mathrm{j}\omega t}-\mathrm{e}^{-\mathrm{j}\omega t})\mathrm{e}^{-st}\mathrm{d}t$$

$$=\frac{1}{2\mathrm{j}}\int_0^{+\infty}\mathrm{e}^{-(s-\mathrm{j}\omega)t}\mathrm{d}t-\frac{1}{2\mathrm{j}}\int_0^{+\infty}\mathrm{e}^{-(s+\mathrm{j}\omega)t}\mathrm{d}t=\frac{1}{2\mathrm{j}}\left[-\frac{\mathrm{e}^{-(s-\mathrm{j}\omega)t}}{s-\mathrm{j}\omega}\bigg|_0^{+\infty}+\frac{\mathrm{e}^{-(s-\mathrm{j}\omega)t}}{s+\mathrm{j}\omega}\bigg|_0^{+\infty}\right]$$

$$=\frac{1}{2\mathrm{j}}\left(\frac{1}{s-\mathrm{j}\omega}-\frac{1}{s+\mathrm{j}\omega}\right)=\frac{1}{2\mathrm{j}}\frac{s+\mathrm{j}\omega-s+\mathrm{j}\omega}{s^2+\omega^2}$$

$$=\frac{\omega}{s^2+\omega^2}$$

6. 余弦函数

正弦函数 $\cos\omega t$，由欧拉公式 $\cos\omega t=\frac{1}{2}(\mathrm{e}^{\mathrm{j}\omega t}+\mathrm{e}^{-\mathrm{j}\omega t})$ 得

$$L[\cos\omega t]=\int_0^{+\infty}\cos\omega t\cdot\mathrm{e}^{-st}\mathrm{d}t=\frac{1}{2}\int_0^{+\infty}(\mathrm{e}^{\mathrm{j}\omega t}+\mathrm{e}^{-\mathrm{j}\omega t})\mathrm{e}^{-st}\mathrm{d}t$$

$$=\frac{1}{2}\left(\frac{1}{s-\mathrm{j}\omega}+\frac{1}{s+\mathrm{j}\omega}\right)=\frac{s}{s^2+\omega^2}$$

7. 幂函数 t^n

$$L[t^n]=\int_0^{+\infty}t^n\mathrm{e}^{-st}\mathrm{d}t$$

令

$$u=st,\quad t=\frac{u}{s},\quad \mathrm{d}t=\frac{1}{s}\mathrm{d}u$$

则

$$L[t^n]=\int_0^{+\infty}\frac{u^n}{s^n}\mathrm{e}^{-u}\cdot\frac{1}{s}\mathrm{d}u=\frac{1}{s^{n+1}}\int_0^{+\infty}u^n\mathrm{e}^{-u}\mathrm{d}u=\frac{n!}{s^{n+1}}$$

式中，$\int_0^{+\infty}u^n\mathrm{e}^{-u}\mathrm{d}u=\Gamma(n+1)$ 为 Γ 函数，有

$$\Gamma(n+1)=n!$$

典型时间函数的拉氏变换列于表 2-1，一般可直接查表求得函数的拉氏变换。

表 2-1　拉氏变换对照表

序号	$f(t)$	$F(s)$	序号	$f(t)$	$F(s)$
1	$\delta(t)$	1	4	e^{at}	$\frac{1}{s-a}$
2	$1(t)$	$\frac{1}{s}$	5	t^n	$\frac{n!}{s^{n+1}}$
3	t	$\frac{1}{s^2}$	6	$t^n\mathrm{e}^{-at}$	$\frac{n!}{(s+a)^{n+1}}$

（续）

序号	$f(t)$	$F(s)$	序号	$f(t)$	$F(s)$
7	$\sin\omega t$	$\frac{\omega}{s^2+\omega^2}$	12	$\mathrm{sh}\omega t$	$\frac{\omega}{s^2-\omega^2}$
8	$\cos\omega t$	$\frac{s}{s^2+\omega^2}$	13	$\mathrm{ch}\omega t$	$\frac{s}{s^2-\omega^2}$
9	$e^{-at}\sin\omega t$	$\frac{\omega}{(s+a)^2+\omega^2}$	14	$\sum_{n=0}^{+\infty}\delta(t-nT)$	$\frac{1}{1-e^{-sT}}$
10	$e^{-at}\cos\omega t$	$\frac{s+a}{(s+a)^2+\omega^2}$	15	$\sum_{n=0}^{+\infty}f(t-nT)$	$\frac{F_0(s)}{1-e^{-sT}}$
11	$t\sin\omega t$	$\frac{2\omega s}{(s^2+\omega^2)^2}$			

2.4.3 拉氏变换的性质

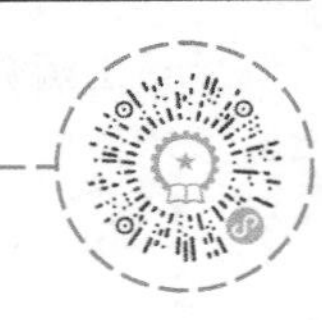

1. 线性性质

拉氏变换是线性变换，若有常数 k_1、k_2，函数 $f_1(t)$、$f_2(t)$，则有

$$L[k_1f_1(t)+k_2f_2(t)]=k_1L[f_1(t)]+k_2L[f_2(t)]=k_1F_1(s)+k_2F_2(s) \tag{2-17}$$

例 2-6 已知 $f(t)=1-e^{-2t}$，求 $f(t)$ 的拉氏变换。

解：利用线性性质，则有

$$F(s)=L[f(t)]=L[1(t)]-L[e^{-2t}]=\frac{1}{s}-\frac{1}{s+2}=\frac{2}{s(s+2)} \tag{2-18}$$

2. 延迟性质（又称为时域的位移定理）

设 $f(t)$ 的拉氏变换为 $F(s)$，对任一正实数 a，有

$$L[f(t-a)]=e^{-as}F(s) \tag{2-19}$$

式中，$f(t-a)$ 为 $f(t)$ 延迟时间 a 的函数，如图 2-11 所示，当 $t<a$ 时 $f(t-a)=0$。

证明：

$$L[f(t-a)]=\int_0^{+\infty}f(t-a)e^{-st}dt$$

$$\xlongequal{令\ t-a=\tau}\int_0^{+\infty}f(\tau)e^{-(\tau+a)s}d\tau$$

$$=e^{-as}\int_0^{+\infty}f(\tau)e^{-\tau s}d\tau=e^{-as}F(s)$$

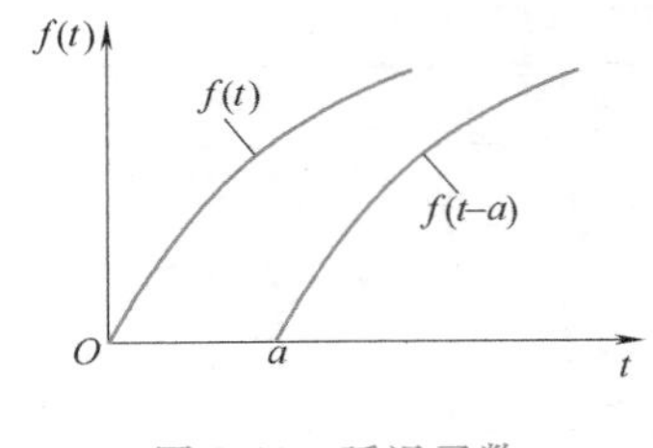

图 2-11 延迟函数

例 2-7　求图 2-12 所示方波函数的拉氏变换。

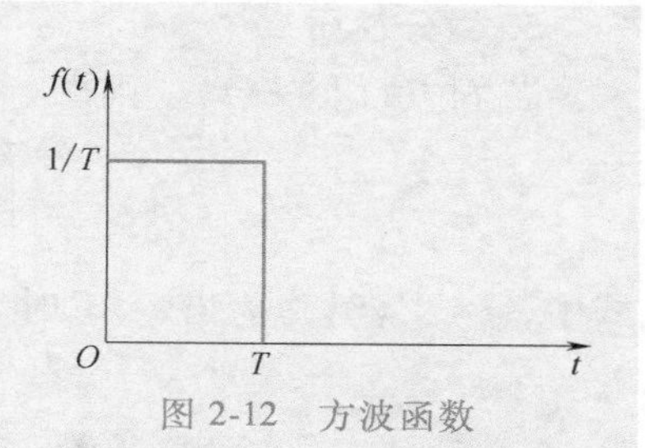

图 2-12　方波函数

解：方波函数可以表示为

$$f(t)=\frac{1}{T}-\frac{1}{T}\times 1(t-T)$$

所以

$$L[f(t)]=\frac{1}{T}L[1(t)]-\frac{1}{T}L[1(t-T)]=\frac{1}{Ts}-\frac{1}{Ts}\mathrm{e}^{-Ts}=\frac{1}{Ts}(1-\mathrm{e}^{-Ts})$$

例 2-8　求图 2-13 所示三角波函数的拉氏变换。

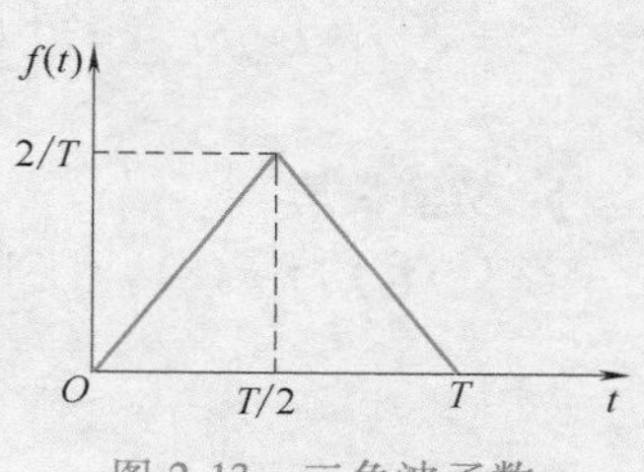

图 2-13　三角波函数

解：三角波函数可视为由一个斜坡函数$\frac{4}{T^2}t$减去一个延迟$\frac{T}{2}$的斜坡函数$\frac{4}{T^2}\left(t-\frac{T}{2}\right)$，再减去一个$\frac{4}{T^2}\left(t-\frac{T}{2}\right)$，之后要加上一个延迟 T 的单位斜坡函数$\frac{4}{T^2}(t-T)$。从而得三角波函数的表达式为

$$f(t)=\frac{4}{T^2}t-\frac{4}{T^2}\left(t-\frac{T}{2}\right)-\frac{4}{T^2}\left(t-\frac{T}{2}\right)+\frac{4}{T^2}(t-T)$$

进行拉氏变换，则有

$$F(s)=\frac{4}{T^2s^2}-\frac{4}{T^2s^2}\mathrm{e}^{-\frac{T}{2}s}-\frac{4}{T^2s^2}\mathrm{e}^{-\frac{T}{2}s}+\frac{4}{T^2s^2}\mathrm{e}^{-Ts}$$

$$=\frac{4}{T^2s^2}(1-2\mathrm{e}^{-\frac{T}{2}s}+\mathrm{e}^{-Ts})$$

3. 位移性质（又称为复数域的位移定理）

若 $L[f(t)]=F(s)$，则

$$L[\mathrm{e}^{-at}f(t)]=F(s+a) \tag{2-20}$$

例 2-9　求 $\mathrm{e}^{-at}\sin\omega t$ 的拉氏变换。

解：由 $L[\sin\omega t]=\frac{\omega}{s^2+\omega^2}$得

$$L[\mathrm{e}^{-at}\sin\omega t]=\frac{\omega}{(s+a)^2+\omega^2} \tag{2-21}$$

4. 积分性质

若 $L[f(t)]=F(s)$，则

$$L\left[\frac{\mathrm{d}}{\mathrm{d}t}f(t)\right]=sF(s)-f(0) \tag{2-22}$$

5. 微分性质

若 $L[f(t)]=F(s)$，则

$$L\left[\int_0^t f(t)\,\mathrm{d}t\right]=\frac{F(s)}{s}+\frac{1}{s}f^{(-1)}(0^+) \tag{2-23}$$

式中，$f^{(-1)}(0^+)$ 为当 $t\to0^+$时 $\int_0^t f(t)\,\mathrm{d}t$ 的值

例 2-10 已知 k 为实数，$f(t)=\int_0^t \sin kt\,\mathrm{d}t$，求 $f(t)$ 的拉氏变换。

解：根据拉氏变换的积分性质得

$$L[f(t)]=L\left[\int_0^t \sin kt\,\mathrm{d}t\right]=\frac{1}{s}L[\sin kt]+\lim_{t\to0}\int_0^t \sin kt\,\mathrm{d}t=\frac{k}{s(s^2+k^2)}$$

6. 初值性质

若 $L[f(t)]=F(s)$，且 $\lim\limits_{s\to+\infty} sF(s)$，则

$$f(0)=\lim_{t\to0}f(t)=\lim_{s\to+\infty} sF(s) \tag{2-24}$$

7. 终值性质

若 $L[f(t)]=F(s)$，且 $\lim\limits_{s\to+\infty} sF(s)$，则

$$f(+\infty)=\lim_{t\to+\infty} f(t)=\lim_{s\to0} sF(s) \tag{2-25}$$

例 2-11 已知 $F(s)=\dfrac{1}{s+a}$，求 $f(0)$ 和 $f(+\infty)$。

解：由初值性质和终值性质可得

$$f(0)=\lim_{s\to+\infty} sF(s)=\lim_{s\to+\infty} s\frac{1}{s+a}=1$$

$$f(+\infty)=\lim_{s\to0} sF(s)=\lim_{s\to0} s\frac{1}{s+a}=0$$

8. 卷积定理

若

$$F(s)=L[f(t)],G(s)=L[g(t)]$$

则有

$$L\left[\int_0^t f(t-\lambda)g(\lambda)\,\mathrm{d}\lambda\right]=F(s)\cdot G(s) \tag{2-26}$$

式中，称 $f(t-\lambda)g(\lambda)\mathrm{d}\lambda$ 为 $f(t)$ 和 $g(t)$ 的卷积，

$$f(t-\lambda)g(\lambda)\,\mathrm{d}\lambda=f(t)*g(t)$$

若令 $t-\lambda=\tau$，则

$$\int_0^t f(t-\lambda)g(\lambda)\,\mathrm{d}\lambda=-\int_t^0 f(\tau)g(t-\tau)\,\mathrm{d}\tau=\int_0^t f(\lambda)g(t-\lambda)\,\mathrm{d}\lambda$$

即

$$f(t)*g(t)=g(t)*f(t) \tag{2-27}$$

证明：在式（2-27）中，当 $\lambda\geqslant t$，$f(t-\lambda)1(t-\lambda)=0$，因此

$$\int_0^t f(t-\lambda)g(\lambda)\,\mathrm{d}\lambda=\int_0^{+\infty} f(t-\lambda)1(t-\lambda)g(\lambda)\,\mathrm{d}\lambda$$

于是

$$L\left[\int_0^t f(t-\lambda)g(\lambda)\mathrm{d}\lambda\right]=\int_0^{+\infty}\mathrm{e}^{-st}\left[\int_0^{+\infty}f(t-\lambda)1(t-\lambda)g(\lambda)\mathrm{d}\lambda\right]\mathrm{d}t$$

代入 $t-\lambda=\tau$，又由于 $f(t)$ 和 $g(t)$ 是可以进行拉氏变换的，所以改变上式的积分次序，可得

$$\begin{aligned}L\left[\int_0^t f(t-\lambda)g(\lambda)\mathrm{d}\lambda\right]&=\int_0^{+\infty}f(\tau)\mathrm{e}^{-s(\lambda+\tau)}\mathrm{d}\tau\int_0^{+\infty}g(\lambda)\mathrm{d}\lambda\\&=\int_0^{+\infty}f(\tau)\mathrm{e}^{-s\tau}\mathrm{d}\tau\int_0^{+\infty}g(\lambda)\mathrm{e}^{-s\lambda}\mathrm{d}\lambda\\&=F(s)\cdot G(s)\end{aligned}$$

2.4.4　拉氏反变换

1. 拉氏反变换的定义

已知时间函数 $f(t)$ 对应的象函数为 $F(s)$，利用拉氏反变换求 $f(t)$，记作 $L^{-1}[F(s)]=f(t)$，定义为

$$L^{-1}[F(s)]=f(t)=\frac{1}{2\pi\mathrm{j}}\int_{r-\mathrm{j}\infty}^{r+\mathrm{j}\infty}F(s)\mathrm{e}^{st}\mathrm{d}s \tag{2-28}$$

式中，r 为大于 $F(s)$ 所有奇异点实部的实常数［奇异点即 $F(s)$ 在该点不解析，也就是在该点及其邻域不处处可导］。式（2-28）是求拉氏反变换的一般公式，实际应用中一般不采用此法。

2. 拉氏反变换的数学方法

已知象函数 $F(s)$，求解原函数 $f(t)$ 常用的方法有：①查表法，即直接利用表2-1查出相应的原函数，这适用于比较简单的象函数；②有理函数法，该方法根据拉氏反变换公式（2-28）求解，由于公式中的被积函数是一个复变函数，需用复变函数中的留数定理求解，本书不进行介绍；③部分分式法，是通过代数运算，先将一个复杂的象函数化为若干个简单的部分分式之和，再分别求出各个分式的原函数，总的原函数即可求得。本小节仅讨论部分分式法。

一般情况下 $F(s)$ 是复数 s 的有理代数式，可表示为

$$F(s)=\frac{N(s)}{D(s)}=\frac{b_ms^m+b_{m-1}s^{m-1}+\cdots+b_1s+b_0}{a_ns^n+a_{n-1}s^{n-1}+\cdots+a_1s+a_0} \tag{2-29}$$

式中，$a_n,a_{n-1},\cdots,a_1,a_0$ 和 $b_m,b_{m-1},\cdots,b_1,b_0$ 均为实系数；m 和 n 均为正整数；分母分项式等于零的方程为特征方程，即

$$D(s)-a_ns^n+a_{n-1}s^{n-1}+\cdots+a_1s+a_0=0$$

可将象函数 $F(s)$ 展开成部分分式，再根据所学典型时间函数的拉氏变换以及拉氏变换的性质即可求得对应的原函数 $f(f)$。首先应将式（2-29）化成真分式。即当 $m\geqslant n$ 时，应先用除法将 $F(s)$ 表示成一个 s 的多项式与一个余式 $\frac{N_0(s)}{D(s)}$ 之和，即

$$F(s)=\frac{N(s)}{D(s)}=B_{m-n}s^{m-n}+\cdots+B_1s+B_0+\frac{N_0(s)}{D(s)} \tag{2-30}$$

对应于多项式 $Q(s)=B_{m-n}s^{m-n}+\cdots+B_1s+B_0$ 各项的时间函数是脉冲函数的各阶导数与脉冲函数本身，所对应的原函数可直接求得。所以，在下面的分析中，均按 $F(s)=\frac{N(s)}{D(s)}$ 已是

真分式的情况讨论。

(1) $F(s)$ 无重极点的情况

如果 $D(s)=0$ 有 n 个单根，设分别为 p_1，p_2，…，p_n，即 $F(s)$ 有 n 个单极点，则 $F(s)$ 可展开为

$$F(s)=\frac{k_1}{s-p_1}+\frac{k_2}{s-p_2}+\cdots+\frac{k_n}{s-p_n} \tag{2-31}$$

式中，k_1，k_2，…，k_n 是待定系数。

$$k_i=F(s)(s-p_i)\big|_{s=p_i} \qquad (i=1,2,3,\cdots,n)$$

确定各待定系数后，相应的原函数为

$$f(t)=L^{-1}[F(s)]=\sum_{i=1}^{n}k_i e^{p_i t} \tag{2-32}$$

(2) $F(s)$ 有共轭极点的情况

假设 $D(s)=0$ 有一对共轭复根，则 $F(s)$ 可展开为

$$F(s)=\frac{k_{11}s+k_{12}}{(s-\sigma-\mathrm{j}\omega)(s-\sigma+\mathrm{j}\omega)}+\frac{k_1}{s-p_1}+\frac{k_2}{s-p_2}+\cdots+\frac{k_{n-2}}{s-p_{n-2}} \tag{2-33}$$

求解该情况下 $F(s)$ 对应的原函数 $f(t)$，具体步骤如下。

1) 求解留数 k_i。式 (2-33) 中的 k_1，k_2，…，k_{n-2} 仍按上述无重根的方法求得，k_{11} 和 k_{12} 可由如下方法求得。

式 (2-33) 两边分别乘以 $(s-\sigma-\mathrm{j}\omega)(s-\sigma+\mathrm{j}\omega)$，同时令 $s=\sigma+\mathrm{j}\omega$（或令 $s=\sigma-\mathrm{j}\omega$），得

$$k_{11}s+k_{12}\big|_{s=\sigma+\mathrm{j}\omega}=F(s)(s-\sigma-\mathrm{j}\omega)(s-\sigma+\mathrm{j}\omega)\big|_{s=\sigma+\mathrm{j}\omega} \tag{2-34}$$

令两边的实部和虚部分别对应相等，即可求得 k_{11} 和 k_{12}。

2) 求解原函数 $f(t)$。针对 $F(s)$ 中 $\frac{k_1}{s-p_1}+\frac{k_2}{s-p_2}+\cdots+\frac{k_{n-2}}{s-p_{n-2}}$ 对应的原函数，仍按上述无重根的方法求解；针对 $\frac{k_{11}s+k_{12}}{(s-\sigma-\mathrm{j}\omega)(s-\sigma+\mathrm{j}\omega)}$，通过配方，转化成正弦、余弦的象函数形式，最后查表 2-1 并求和，得该部分对应的原函数。

将上述两部分对应的原函数求和，即得 $F(s)$ 对应的原函数 $f(t)$。

(3) $F(s)$ 有重极点的情况

如果 $D(s)=0$ 具有重根 p_1，则含有 $(s-p_1)^r$ 因式，即 $F(s)$ 含有 r 个重极点 p_1，其余为单根，则 $F(s)$ 可分解为

$$F(s)=\frac{k_{11}}{(s-p_1)^r}+\frac{k_{12}}{(s-p_1)^{r-1}}+\cdots+\frac{k_{1r}}{s-p_1}+\left(\frac{k_2}{s-p_2}+\cdots\right) \tag{2-35}$$

式中

$$k_{11}=(s-p_1)^r F(s)\big|_{s=p_1}$$

$$k_{12}=\frac{\mathrm{d}}{\mathrm{d}s}[(s-p_1)^r F(s)]\big|_{s=p_1}$$

$$k_{13}=\frac{1}{2!}\frac{\mathrm{d}^2}{\mathrm{d}s^2}[(s-p)^r F(s)]\big|_{s=p_1}$$

$$\vdots$$

$$k_{1r}=\frac{1}{(r-1)!}\frac{\mathrm{d}^{r-1}}{\mathrm{d}s^{r-1}}[(s-p)^r F(s)]\big|_{s=p_1}$$

对于单根，系数仍采用前面公式计算。则 $F(s)$ 的反变换为

$$f(t)=L^{-1}[F(s)]=[\frac{k_{11}}{(r-1)!}t^{r-1}+\frac{k_{12}}{(r-2)!}t^{r-2}+\cdots+k_{1r}]\mathrm{e}^{p_1 t}+k_2\mathrm{e}^{p_2 t}+\cdots \tag{2-36}$$

例 2-12　求 $F(s)=\dfrac{1}{s(s+2)^3(s+3)}$ 的原函数。

解：

$$F(s)=\frac{C_{11}}{(s+2)^3}+\frac{C_{12}}{(s+2)^2}+\frac{C_{13}}{s+2}+\frac{C_2}{s}+\frac{C_3}{s+3}$$

$$C_{11}=F(s)(s+2)^3\big|_{s=-2}=\frac{1}{s(s+3)}\bigg|_{s=-2}=-\frac{1}{2}$$

$$C_{12}=\frac{\mathrm{d}}{\mathrm{d}s}[F(s)(s+2)^3]\big|_{s=-2}=\frac{\mathrm{d}}{\mathrm{d}s}\left[\frac{1}{s(s+3)}\right]\bigg|_{s=-2}=\frac{-(2s+3)}{s^2(s+3)^2}\bigg|_{s=-2}=\frac{1}{4}$$

$$C_{13}=\frac{1}{2!}\frac{\mathrm{d}^2}{\mathrm{d}s^2}[F(s)(s+2)^3]\big|_{s=-2}=\frac{1}{2!}\frac{\mathrm{d}^2}{\mathrm{d}s^2}\left[\frac{1}{s(s+3)}\right]\bigg|_{s=-2}$$

$$=-\frac{1}{2!}\frac{\mathrm{d}}{\mathrm{d}s}\left[\frac{-(2s+3)}{s^2(s+3)^2}\right]\bigg|_{s=-2}=-\frac{1}{2}\times\frac{2s[s(s+3)-(2s+3)^2]}{s^4(s+3)^3}\bigg|_{s=-2}=-\frac{3}{8}$$

（提示：$\left(\dfrac{u}{v}\right)'=\dfrac{u'v-uv'}{v^2}$）

$$C_2=F(s)\cdot s\big|_{s=0}=\frac{1}{(s+2)^3(s+3)}\bigg|_{s=0}=\frac{1}{24}$$

$$C_3=F(s)\cdot(s+3)\big|_{s=-3}=\frac{1}{s(s+2)^3}\bigg|_{s=-3}=\frac{1}{3}$$

则

$$F(s)=\frac{-\frac{1}{2}}{(s+2)^3}+\frac{\frac{1}{4}}{(s+2)^2}-\frac{\frac{3}{8}}{s+2}+\frac{\frac{1}{24}}{s}+\frac{\frac{1}{3}}{s+3}$$

得

$$f(t)=L^{-1}[F(s)]=-\frac{1}{2}\frac{t^2}{2}\mathrm{e}^{-2t}+\frac{1}{4}t\mathrm{e}^{-2t}-\frac{3}{8}\mathrm{e}^{-2t}+\frac{1}{24}+\frac{1}{3}\mathrm{e}^{-3t}$$

$$=-\frac{1}{4}\left(t^2-t+\frac{3}{2}\right)\mathrm{e}^{-2t}+\frac{1}{3}\mathrm{e}^{-3t}+\frac{1}{24}$$

例 2-13　求 $F(s)=\dfrac{s}{s^2+2s+5}$ 的原函数。

解：

$$F(s)=\frac{s}{s^2+2s+5}$$

$$=\frac{s+1}{(s+1)^2+2^2}-\frac{1}{2}\cdot\frac{2}{(s+1)^2+2^2}$$

所以

$$f(t)=\mathrm{e}^{-t}\cos 2t-\frac{1}{2}\mathrm{e}^{-t}\sin 2t$$

$$=\frac{\sqrt{5}}{2}\mathrm{e}^{-t}\left(\frac{2\sqrt{5}}{5}\cos 2t-\frac{\sqrt{5}}{5}\mathrm{e}^{-t}\sin 2t\right)$$

$$=-\frac{\sqrt{5}}{2}\mathrm{e}^{-t}\sin(2t-\theta)$$

式中，$\theta=\arctan 2$，如图 2-14 所示。

图 2-14 直角三角形

例 2-14 求 $F(s)=\dfrac{s+2}{(s+1)^2(s+3)}$ 的原函数。

解：

$$F(s)=\frac{k_{11}}{(s+1)^2}+\frac{k_{12}}{s+1}+\frac{k_2}{s+3}$$

$$k_{11}=F(s)(s+1)^2\big|_{s=-1}=\left.\frac{s+2}{s+3}\right|_{s=-1}=\frac{1}{2}$$

$$k_{12}=\frac{\mathrm{d}}{\mathrm{d}s}[F(s)(s+1)^2]\big|_{s=-1}=\left.\frac{(s+3)-(s+2)}{(s+3)^2}\right|_{s=-1}=\frac{1}{4}$$

$$k_2=F(s)(s+3)\big|_{s=-3}=\left.\frac{s+2}{(s+1)^2}\right|_{s=-3}=-\frac{1}{4}$$

则

$$F(s)=\frac{\frac{1}{2}}{(s+1)^2}+\frac{\frac{1}{4}}{s+1}+\frac{-\frac{1}{4}}{s+3}$$

得

$$f(t)=\frac{1}{2}t\mathrm{e}^{-t}+\frac{1}{4}\mathrm{e}^{-t}-\frac{1}{4}\mathrm{e}^{-3t}$$

2.5 传递函数

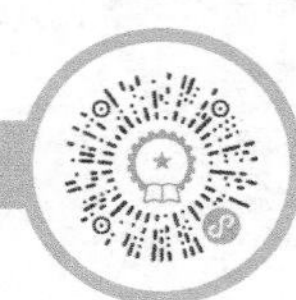

2.5.1 传递函数的定义

传递函数是线性定常系统在零初始条件下，输出量的拉氏变换与输入量的拉氏变换之比。设线性定常系统输入为 $x_i(t)$，输出为 $x_o(t)$，描述系统的常微分方程的一般形式为

$$a_n\frac{\mathrm{d}^n}{\mathrm{d}t^n}x_o(t)+a_{n-1}\frac{\mathrm{d}^{n-1}}{\mathrm{d}t^{n-1}}x_o(t)+\cdots+a_0x_o(t)=b_m\frac{\mathrm{d}^m}{\mathrm{d}t^m}x_i(t)+b_{n-1}\frac{\mathrm{d}^{m-1}}{\mathrm{d}t^{m-1}}x_i(t)+\cdots+b_0x_i(t) \tag{2-37}$$

式中，n、m 和 a_n、b_m 均为实数，n，$m=0$，1，2，…。

在零初始条件下，对式（2-37）两端进行拉氏变换，可得相应的代数方程，即

$$a_n s^n x_o(s)+a_{n-1}s^{n-1}x_o(s)+\cdots+a_0 x_o(s)=b_m s^m x_i(s)+b_{m-1}s^{m-1}x_i(s)+\cdots+b_0 x_i(s) \quad (2\text{-}38)$$

系统的传递函数 $G(s)$ 为

$$G(s)=\frac{x_o(s)}{x_i(s)}=\frac{b_m s^m+b_{m-1}s^{m-1}+\cdots+b_0}{a_n s^n+a_{n-1}s^{n-1}+\cdots+a_0} \quad (2\text{-}39)$$

已知系统传递函数为 $G(s)$，在外界激励 $x_i(s)$ 作用下，输出为 $x_o(s)$，传递函数的特点：只适用于线性定常、单输入单输出系统；系统的初始工作状态为某个相对静止状态；只取决于系统自身的结构参数，与输入无关；只反映输出与输入之间的变化规律，而不反映系统内部实际结构；传递函数是代数方程，便于求解和分析。

2.5.2　传递函数的零点和极点

传递函数的分子多项式和分母多项式的因式分解可写成

$$G(s)=\frac{b_m(s-z_1)(s-z_2)\cdots(s-z_m)}{a_n(s-p_1)(s-p_2)\cdots(s-p_n)} \quad (2\text{-}40)$$

式中，z_i 为传递函数 $G(s)$ 的零点，$i=1, 2, 3, \cdots, m$；p_j 为传递函数 $G(s)$ 的极点，$j=1, 2, 3, \cdots, n$。可见传递函数 $G(s)$ 有 m 个零点，n 个极点和实常数倍数 b_m/a_n，这里 $n\geqslant1$，$m\geqslant1$。

2.5.3　典型环节的传递函数

典型环节就是传递函数形式相同的元部件的归类，而方程的系数与该环节元件的参数有关，与其他环节无关，熟练掌握基本典型环节有助于对复杂系统的研究与分析。

1. 比例环节

输出量与输入量成正比的环节称为比例环节，即

$$x_o(t)=Kx_i(t)$$

经拉氏变换得

$$x_o(s)=Kx_i(s)$$

故，比例函数的传递函数为

$$G(s)=\frac{X_o(s)}{X_i(s)}=K$$

2. 惯性环节

因储能元件的存在，故系统对突变形式的输入信号不能即时输出，其微分方程为

$$T\frac{\mathrm{d}}{\mathrm{d}t}x_o(t)+x_o(t)=Kx_i(t)$$

进行拉氏变换，求得惯性环节的传递函数为

$$G(s)=\frac{X_o(S)}{X_i(s)}=\frac{K}{Ts+1}$$

式中，K 为放大系数；T 为时间常数。

3. 微分环节

输出量正比于输入量的环节称为微分环节，即

$$x_o(t)=\tau\frac{dx_i(t)}{dt}$$

进行拉氏变换，求得微分环节的传递函数为

$$G(s)=\frac{X_o(s)}{X_i(s)}=\tau s$$

4. 积分环节

输出量正比于输入量的环节称为积分环节，即

$$x_o(t)=\frac{1}{T}\int x_i(t)dt$$

进行拉氏变换，求得积分环节的传递函数为

$$G(s)=\frac{X_o(s)}{X_i(s)}=\frac{1}{Ts}$$

5. 一阶微分环节

描述一阶微分环节输出量与输入量的微分方程为

$$x_o(t)=\tau\frac{dx_i(t)}{dt}+x_i(t)$$

进行拉氏变换，求得一阶微分环节的传递函数为

$$G(s)=\frac{X_o(s)}{X_i(s)}=\tau s+1$$

6. 振荡环节

如图 2-15 所示，该环节含有两个储能元件，在信号传递过程中，因能量转换而使其输出带有振荡性质，其微分方程为

$$F(t)=m\frac{d^2x(t)}{dt^2}+B\frac{dx(t)}{dt}+kx(t)$$

进行拉氏变换，求得振荡环节传递函数为

$$G(s)=\frac{X(s)}{F(s)}=\frac{1}{ms^2+Bs+k}$$

振荡环节更一般的表示形式为

$$G(s)=\frac{1}{s^2+2\xi\omega s+\omega^2}$$

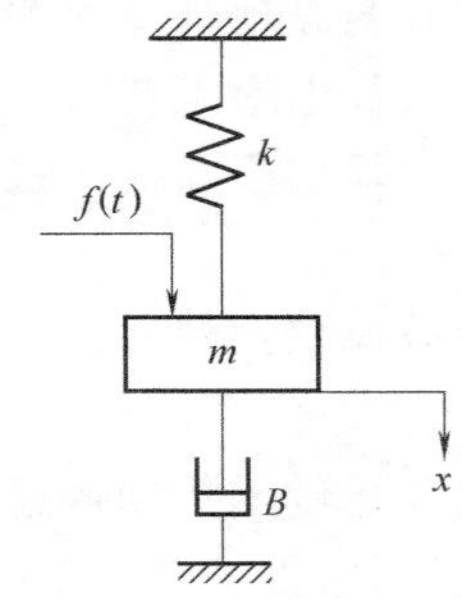

图 2-15 振荡环节

式中，ξ 为阻尼比；ω 为振荡频率。

2.6 控制系统框图及简化

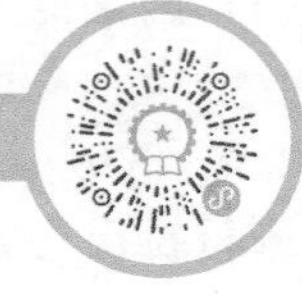

2.6.1 系统框图的组成

1. 框图定义

系统的框图是描述系统中各元器件之间信号传递关系的数学图形，在系统的框图中将方框对应的元器件名称用其相应的传递函数表示，并将环节的输入量、输出量改用拉氏变换表

示后，就转换成了相应的系统框图。系统框图主要用来说明环节特性、信号流向及变量关系，便于进行系统分析，是控制理论中描述复杂系统的一种简便方法。

2. 系统框图的组成

控制系统框图是由信号线、引出点、比较点、方框四种基本单元构成。信号线是带箭头的直线，箭头代表信号的流向，在直线旁标记信号的时间函数或象函数，如图 2-16a 所示。引出点表示信号的引出或测量的位置，从同一位置引出的信号在数值和性质方面完全相同，如图 2-16b 所示。比较点表示两个以上的信号进行加减运算，"+" 号表示相加，"−" 号表示相减，"+" 号可省略不写，如图 2-16c 所示。方框表示对信号的进行的数学变换，方框中写入元器件或系统的传递函数，如图 2-16d 所示。

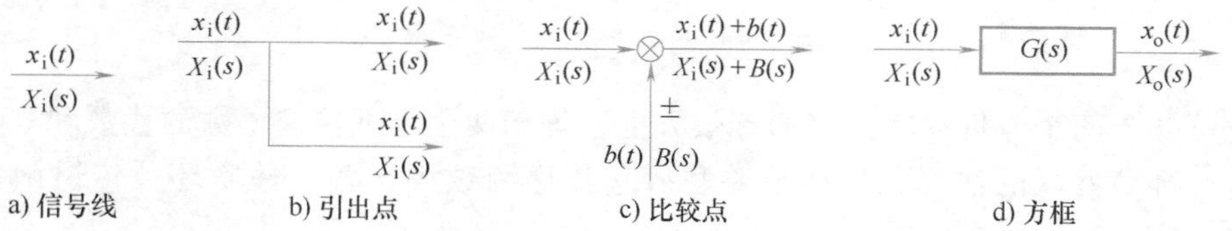

a) 信号线　b) 引出点　c) 比较点　d) 方框

图 2-16　系统框图组成

2.6.2　系统的连接方式及等效变换

串联、并联和反馈连接是系统各环节之间的基本连接方式，框图的运算法则是求取框图不同连接方式下等效传递的方法。

1. 串联连接及等效变换

将系统的各环节按顺序连接的连接方式称为串联，如图 2-17a 所示。$G_1(s)$、$G_2(s)$ 为各个环节的传递函数，总传递函数为

$$G(s)=\frac{X_o(s)}{X_i(s)}=G_1(s)G_2(s)$$

图 2-17a 可由图 2-17b 等效代换。

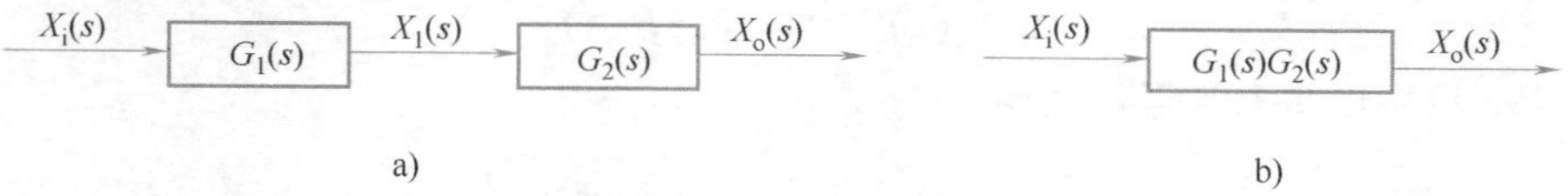

a)　b)

图 2-17　串联连接的等效变换

由此可知，两个方框串联连接的等效方框，等于两个方框传递函数的乘积。这个结论可推广到任意多个环节串联的情况，即多个环节串联后的总传递函数等于各个串联环节传递函数的乘积，可表示为

$$G(s)=\prod_{i=0}^{n}G_i(s) \tag{2-41}$$

式中，$G_i(s)$ 为第 i 个串联环节的传递函数，$i=1, 2, 3, \cdots, n$。

2. 并联连接及等效变换

如果两个方框有相同的输入量，而输出量等于它们输出量的代数和，则称为并联连接。图 2-18a 所示为两个环节的并联，共同的输入量为 $X_i(s)$，总输出量为

$$X_o(s)=X_1(s)+X_2(s)$$

总传递函数为

$$G(s)=\frac{X_o(s)}{X_i(s)}=\frac{X_1(s)+X_2(s)}{X_i(s)}=G_1(s)+G_2(s)$$

图 2-18a 可由图 2-18b 等效代换。

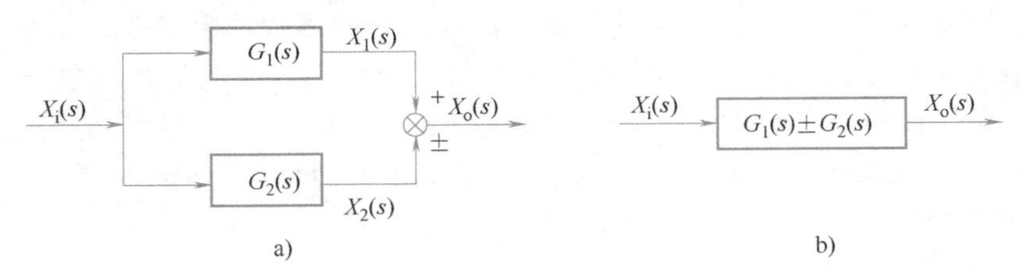

图 2-18 并联连接的等效变换

由此可知，两个方框并联连接的等效方框，等于两个方框传递函数的代数和。该结论可推广到 n 个环节并联的情况，即环节并联后总传递函数等于各个并联环节传递函数的代数和，可表示为

$$G(s)=\sum_{i=1}^{n}G_i(s) \tag{2-42}$$

式中，$G_i(s)$为第 i 个并联环节的传递函数，$i=1$，2，3，…，n。

3. 反馈连接及等效变换

将系统或某环节的输出量，全部或部分通过反馈回路输送到输入端，重新输入到系统中去。反馈连接中，反馈与输入相加的称为正反馈，与输入相减的称为负反馈。

由图 2-19a 所示反馈连接的一般形式，可写出

$$X_o(s)=G(s)E(s)=G(s)[X_i(s)\pm B(s)]=G(s)[X_i(s)\pm H(s)X_o(s)]$$

所以反馈连接后的闭环传递函数为

$$\frac{X_o(s)}{X_i(s)}=\frac{G(s)}{1\mp G(s)H(s)} \tag{2-43}$$

图 2-19a 可由图 2-19b 等效代换。

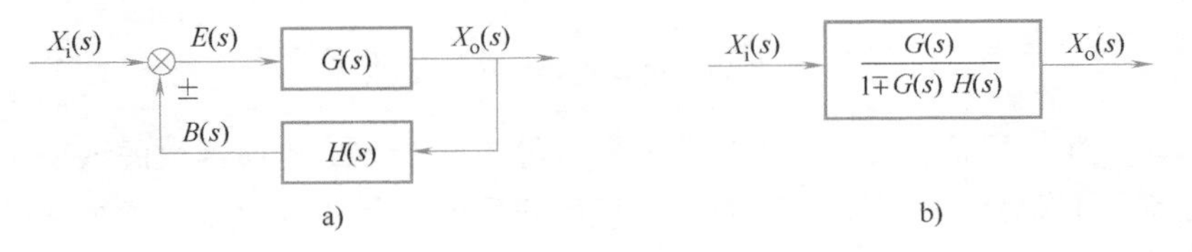

图 2-19 反馈连接的等效变换

2.6.3 系统框图变换法则

本小节将讲解如何对图 2-20 所示复杂系统框图进行简化的变换法则。

在系统框图简化过程中，时常为了便于进行方框的串联、并联或反馈连接的运算，需要移动比较点或引出点的位置上。系统框图的简化要遵循两条基本原则：变换前与变换后前向通道中传递函数的乘积保持不变；变换前与变换后回路中传递函数的乘积保持不变。

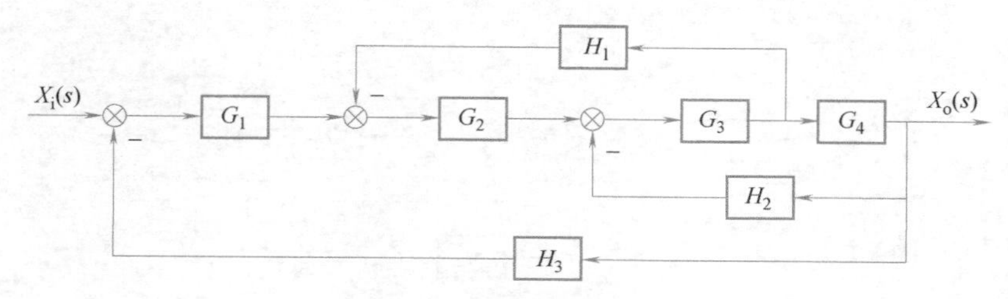

图 2-20　复杂系统框图

表 2-2 汇集了进行框图简化时，等效变换的基本规则，以供查用。

表 2-2　框图等效变换的基本规则

变换方式	原框图	等效框图	说明
1	$X_i(s)$　$G(s)$　$X_o(s)$　$X_o(s)$	$X_i(s)$　$G(s)$　$X_o(s)$　$G(s)$　$X_o(s)$	引出点前移
2	$X_i(s)$　$G(s)$　$X_o(s)$　$X_i(s)$	$X_i(s)$　$G(s)$　$X_o(s)$　$\frac{1}{G(s)}$　$X_i(s)$	引出点后移
3	$X_i(s)$　$G(s)$　$X_o(s)$　±　$X_1(s)$	$X_i(s)$　±　$G(s)$　$X_o(s)$　$1/G(s)$　$X_1(s)$	比较点前移
4	$X_i(s)$　±　$G(s)$　$X_o(s)$　$X_1(s)$	$X_i(s)$　$G(s)$　$X_o(s)$　±　$G(s)$　$X_1(s)$	比较点后移
5	$X_i(s)$　$X_i(s)$　$X_i(s)$　$X_i(s)$　$X_i(s)$　$X_i(s)$	$X_i(s)$　$X_i(s)$　$X_i(s)$　$X_i(s)$　$X_i(s)$　$X_i(s)$	相邻引出点交换

例 2-15　试求图 2-21a 所示系统的传递函数。

解： 框图简化过程如图 2-21b～d 所示。

所以

$$\frac{X_o(s)}{X_i(s)}=\frac{G_1G_2G_3G_4}{1+G_2G_3H_1+G_3G_4H_2+G_1G_2G_3G_4H_3}$$

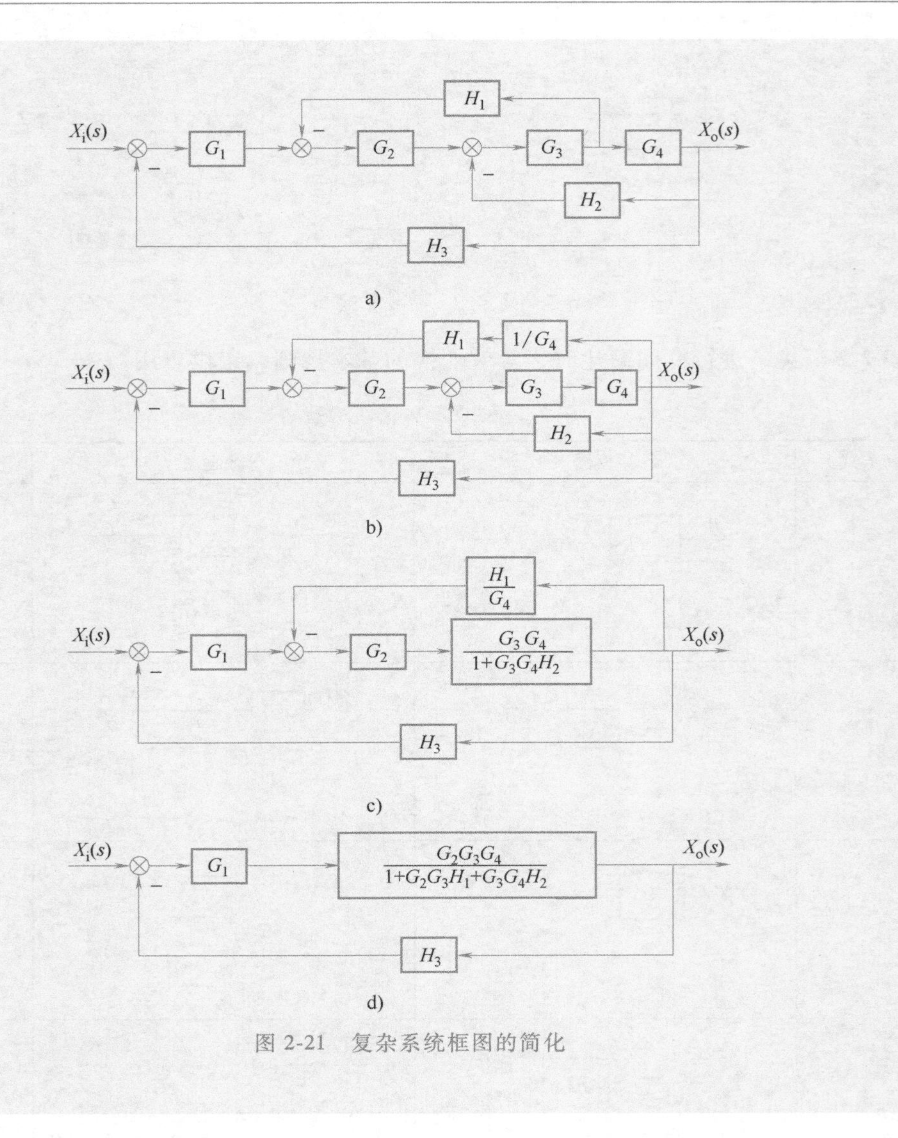

图 2-21　复杂系统框图的简化

2.7 信号流图与梅森公式

框图是图解控制系统问题的一种有效工具。然而，当系统很复杂时，框图的简化过程冗长，不便于采用框图来表示。Mason 提出了一种信号流图法，信号流图是表示线性方程组各变量之间关系的另一种图示方法。采用信号流图法不需经过任何简化就可直接确定系统输入量和输出量间的联系。与框图相比，信号流图符号简单，便于绘制，而且不必化简，可利用梅森公式直接求得系统的传递函数。

2.7.1 信号流图

信号流图中的网络是由一些定向线段将一些节点连接起来组成的。节点可分为输入节点

（源点）、输出节点（汇点）和混合节点三大类。只有输出没有输入的节点称为源点；只有输入没有输出的节点称为汇点；既有输入又有输出的节点称为混合节点。两个节点之间用带有箭头的线段相连，箭头表示信号的流向，在线段的上方标明节点间的传递函数。沿支路箭头方向穿过各相连支路的路径称为通路；从输入节点到输出节点的通路上通过任何节点不多于一次的通路称为前向通路；起点与终点重合且与节点相交不多于一次的通路称为回路；没有任何公共节点的回路称为不接触回路。

实际上，系统框图稍加改变即是信号流图。只要将框图中的比较点、引出点作为混合节点，去掉方框，将方框中的传递函数写在相应的信号线上即可得到信号流图。

例 2-16 试绘制图 2-22 所示两级 RC 滤波电路的信号流图。

解： 已知电路的微分方程组

$$\begin{cases} u_i(t)=R_1 i_1(t)+u_{o1}(t) \\ \dfrac{du_{o1}(t)}{dt}=\dfrac{1}{C_1}[i_1(t)-i_2(t)] \\ u_{o1}(t)=R_2 i_2(t)+u_o(t) \\ \dfrac{du_o(t)}{dt}=\dfrac{1}{C_2}i_2(t) \end{cases}$$

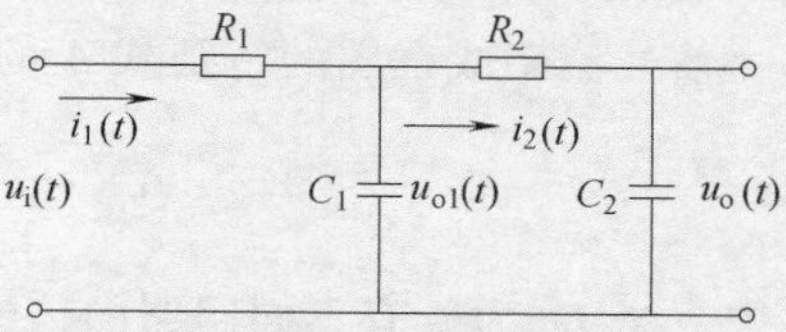

图 2-22 两级 RC 滤波电路

对微分方程组取拉氏变换得

$$\begin{cases} I_1(s)=\dfrac{U_i(s)-U_{o1}(s)}{R_1} \\ U_{o1}(s)=\dfrac{1}{C_1 s}[I_1(s)-I_2(s)] \\ I_2(s)=\dfrac{U_{o1}(s)-U_o(s)}{R_2} \\ U_o(s)=\dfrac{1}{C_2 s}I_2(s) \end{cases}$$

取 $U_i(s)$、$I_1(s)$、$U_{o1}(s)$、$I_2(s)$、$U_o(s)$ 作为信号流图的节点，其中，$U_i(s)$ 为输入节点，$U_o(s)$ 为输出节点，按方程式的顺序逐个绘制其信号流图，就形成完整的系统信号图，如图 2-23 所示。

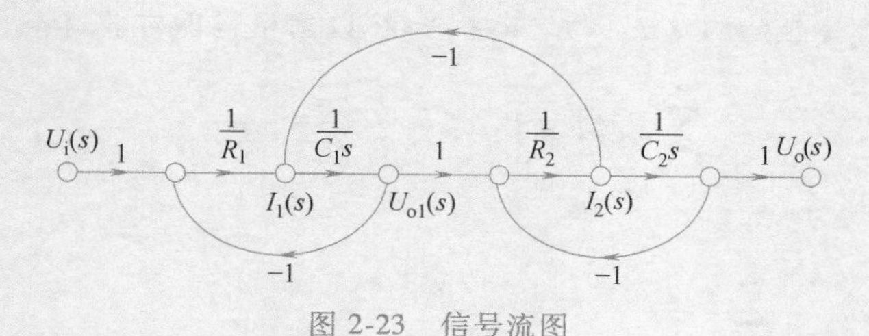

图 2-23 信号流图

2.7.2 梅森公式

一个确定的信号流图或框图从输入到输出的总传递函数，可以通过逐次化简求取，也可以应用梅森公式直接求解。梅森公式可表示为

$$P=\frac{\sum_{k=1}^{n} P_k \Delta_k}{\Delta} \tag{2-44}$$

式中，P 为系统总传递函数；n 为前向通路总数；P_k 为第 k 条前向通路的传递函数（通路增益）；Δ 为信号流图或框图的特征式；Δ_k 为与 P_k 对应的特征式 Δ 的余因子，即在 Δ 中，与 P_k 接触的回路传递函数取零值，余下的部分即为 Δ_k。

信号流图或框图的特征式 Δ 的表达式为

$$\Delta=1-\sum L_a+\sum L_b L_c-\sum L_d L_e L_f+\cdots \tag{2-45}$$

式中，$\sum L_a$ 为所有不同回路的传递函数之和；$\sum L_b L_c$ 为每两个互不接触回路传递函数乘积之和；$\sum L_d L_e L_f$ 为每三个互不接触回路传递函数乘积之和。

例 2-17 利用梅森公式求解两级 RC 滤波电路的系统传递函数。

解： 分析图 2-23，输入变量 $U_i(s)$ 与输出变量 $U_o(s)$ 之间只有一条前向通道，即 $K=1$，其传递函数为

$$P_1=\frac{1}{R_1}\frac{1}{C_1 s}\frac{1}{R_2}\frac{1}{C_2 s}$$

信号流图中有三个不同的回路，它们的传递函数分别为

$$L_1=-\frac{1}{R_1}\frac{1}{C_1 s},\ L_2=-\frac{1}{R_2}\frac{1}{C_2 s},\ L_3=-\frac{1}{R_2}\frac{1}{C_1 s}$$

三个不同的回路中，回路 L_1 不接触回路 L_2，回路 L_1 和回路 L_2 均与回路 L_3 接触，因此，流图特征式为

$$\begin{aligned}\Delta&=1-L_1-L_2-L_3+L_1 L_2\\&=1+\frac{1}{R_1 C_1 s}+\frac{1}{R_2 C_2 s}+\frac{1}{R_2 C_1 s}+\frac{1}{R_1 C_1 s}\frac{1}{R_2 C_2 s}\end{aligned}$$

在 Δ 中将与通路 P_1 接触的回路 L_1、L_2 和 L_3 都代以零值，即可获得余因子 $\Delta_1=1$，故

$$\sum_{k=1}^{n} P_k \Delta_k=P_1 \Delta_1=\frac{1}{R_1}\frac{1}{C_1 s}\frac{1}{R_2}\frac{1}{C_2 s}$$

所以系统的传递函数为

$$P=\frac{U_o(s)}{U_i(s)}=\frac{\sum_{k=1}^{n} P_k \Delta_k}{\Delta}=\frac{1}{R_1 R_2 C_1 C_2 s^2+(R_1 C_1+R_2 C_2+R_1 C_2)s+1}$$

2.8 项目二：垂直起降系统的数学模型建立

2.8.1 项目内容与要求

1）应用数理基础知识建立垂直起降系统数学模型。

2）撰写项目报告，并利用 PPT、照片、视频等多媒体手段重点讲解实践过程，训练沟通交流、使用现代工具的能力。

2.8.2 理论分析

建立系统的数学模型，是分析和设计控制系统的基础。实际工程问题都是较为复杂的，建立数学模型的核心就是使用尽量简单的模型体现出问题的主要特征。根据 2.1 节介绍的垂直起降系统，本节建立其时域和频域的数学模型。为了简化分析和计算，忽略悬臂的质量并忽略摩擦力。设悬臂长度为 l，电动机质量为 m，悬臂角度为 $\theta(t)$，螺旋桨拉力为$f(t)$，直流电动机电压为 $u(t)$，如图 2-24 所示。

图 2-24　受力分析

角度：定义水平方向为 0°，逆时针为正方向。

工作点：某个能够悬停的平衡位置，系统到达平衡点以后就在这个位置附近运动。悬臂受到螺旋桨拉力 $f(t)$ 和重力 mg 的共同作用。拉力 $f(t)$ 与电动机电压 $u(t)$ 有关，始终垂直于悬臂。重力在运动方向上的分量为 $mg\cos\theta(t)$。若施加某个电压 u_0 时，螺旋桨产生拉力 f_0，使悬臂稳定停留在某个位置，则此时 $f_0=mg\cos\theta(t)$，这时就构成一个工作点（u_0，f_0）。

给电动机施加电压 $u(t)$，电动机带动螺旋桨旋转产生拉力 $f(t)$，带动悬臂摆用，则用传递函数和框图表示后的原理如图 2-25 所示。下面将推导 $G_m(s)$、$G_p(s)$ 的具体形式。

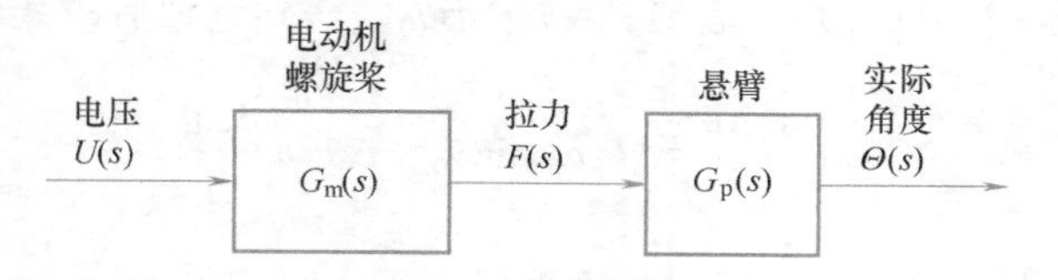

图 2-25　电动机螺旋桨悬臂系统工作原理

2.8.3 电动机螺旋桨数学模型

已知电动机电压 $u(t)$ 和螺旋桨转速 $\omega(t)$ 的简化数学模型为一阶线性微分方程，即

$$T_m\frac{d\omega(t)}{dt}+\omega(t)=K_m u(t) \tag{2-46}$$

式中，T_m 为时间常数，表征系统的响应速度快慢；K_m 为系统稳态增益，表征当转速稳定不

变时，电压和转速成正比。

由式（2-46）可求得电动机电压与转速之间的传递函数为

$$\frac{\Omega(s)}{U(s)}=\frac{K_m}{T_m s+1} \tag{2-47}$$

假设在工作点附近螺旋桨拉力和电动机转速成正比，比例系数为 K_f。那么可以得到拉力和电压的传递函数 $G_m(s)$ 为

$$G_m(s)=\frac{F(s)}{U(s)}=\frac{K_f K_m}{T_m s+1} \tag{2-48}$$

2.8.4 悬臂系统数学模型

假设悬臂很轻，质量集中在电动机上，则悬臂的运动可以简化为质点沿悬臂切线方向的直线运动。切线方向上的运动方程由牛顿第二定律可得

$$ml\frac{\mathrm{d}^2\theta(t)}{\mathrm{d}t}=f-mg\cos\theta(t)-b\frac{\mathrm{d}\theta(t)}{\mathrm{d}t} \tag{2-49}$$

式中，b 代表摩擦阻力系数。方程中存在难以分析的非线性项 $\cos\theta(t)$。但是可以使用微小偏差法对其在某个特定的工作点附近进行线性化。首先将力和转角表达为工作点附近的增量形式，即

$$f(t)=f_0+\Delta f,\theta(t)=\theta_0+\Delta\theta$$

带入式（2-49）得到

$$ml\frac{\mathrm{d}^2(\theta_0+\Delta\theta)}{\mathrm{d}t}=f_0+\Delta f-mg\cos(\theta_0+\Delta\theta)-b\frac{\mathrm{d}(\theta_0+\Delta\theta)}{\mathrm{d}t}$$

$$ml\frac{\mathrm{d}^2\Delta\theta}{\mathrm{d}t^2}=f_0+\Delta f-mg\cos(\theta_0+\Delta\theta)-b\frac{\mathrm{d}\Delta\theta}{\mathrm{d}t} \tag{2-50}$$

对非线性项 $\cos(\theta_0+\Delta\theta)$ 在工作点 θ_0 处使用一阶泰勒级数展开进行局部线性化，得

$$\cos(\theta_0+\Delta\theta)\approx\cos\theta_0+(\cos\theta_0)'\Delta\theta=\cos\theta_0-\sin\theta_0\cdot\Delta\theta \tag{2-51}$$

将式（2-51）代入式（2-50），并考虑到 $f_0=mg\cos\theta_0$，得到近似后的线性方程为

$$ml\frac{\mathrm{d}^2\Delta\theta}{\mathrm{d}t^2}=\Delta f+mg\sin\theta_0\cdot\Delta\theta-b\frac{\mathrm{d}\Delta\theta}{\mathrm{d}t} \tag{2-52}$$

为了简化表达，去掉 Δ 符号，并整理为标准形式，得

$$ml\frac{\mathrm{d}^2\theta}{\mathrm{d}t}+b\frac{\mathrm{d}\theta}{\mathrm{d}t}-mg\sin\theta_0\cdot\theta=f \tag{2-53}$$

得到悬臂系统的传递函数为

$$G_p(s)=\frac{\Theta(s)}{F(s)}=\frac{1}{mls^2+bs-mg\sin\theta_0} \tag{2-54}$$

2.8.5 垂直起降系统数学模型

电动机螺旋桨悬臂可以视为一个整体，则合并式（2-48）和式（2-54）消去中间变量

$F(s)$，得到指令电压和悬臂实际角度之间的传递函数为

$$G_{\mathrm{mp}}(s)=\frac{\Theta(s)}{U(s)}=\frac{K_{\mathrm{f}}K_{\mathrm{m}}}{(mls^2+bs-mg\sin\theta_0)(T_{\mathrm{m}}s+1)} \tag{2-55}$$

当悬臂位于水平线下方时，$\theta_0<0$，$\sin\theta_0<0$，则$-mg\sin\theta_0$是一个正数，此时分母多项式里没有负系数。

本章小结

本章主要介绍了与数学模型相关的系统微分方程的建立、拉氏变换及拉氏反变换、传递函数、框图和信号流图的概念以及由框图、信号流图求解传递函数的方法等内容。分析和设计控制系统，需要首先建立系统的数学模型。

系统数学模型是描述系统输入量、输出量以及内部各变量之间关系的数学表达式，它揭示了系统结构及其参数与系统性能之间的内在联系。微分方程是根据系统动力学特性描述系统的直观数学手段，是控制工程中常用的数学模型。拉氏变换是将微分方程代数化的数学工具，通过拉氏变换可以将复杂的微积分运算转化为简单的代数运算，再通过拉氏反变换求得系统的输出。

传递函数也是常用的一种数学模型，它是在拉氏变换的基础上建立的，它与微分方程一样描述了系统的固有特性。传递函数只与系统的结构和参数有关，而与输入量大小和性能无关。

框图是研究控制系统的图解方法。等效变换和梅森公式是框图简化的两种常用方法。已知系统框图，可直接进行等效变换来简化，也可以直接采用梅森公式进行简化

合理建立数学模型，对于系统的分析和研究极为重要。本章通过建立垂直起降系统的微分方程和传递函数，明确了系统输入量、输出量之间的相互关系，这为后续章节中系统的时域和频域设计提供了基础。但必须指出，由于不可能将系统实际的错综复杂的物理现象完全表达出来，因而需要根据系统的实际结构参数和系统分析要求，忽略一些次要因素要求，建立既能反映系统内在本质特性，又能简化分析计算的数学模型。

习题与项目思考

2-1　简述建立控制系统数学模型的基本方法及其特点。

2-2　简述线性系统及非线性系统的特点及其区别。

2-3　如何建立系统的微分方程？

2-4　什么是定常系统和时变系统？

2-5　什么是线性化？建立系统线性化数学模型的步骤是什么？

2-6　试述传递函数的定义及其特点。

2-7　传递函数的典型环节包括哪些？它们的表达式是什么？

2-8　如何计算串联、并联、反馈连接所构成系统的传递函数？

2-9　试述引出点、比较点前移、后移的等效变换法则。

2-10　如何应用框图简化法则计算系统的传递函数？

2-11　信号流图的概念及梅森公式的应用。

2-12　建立如图 2-26 所示系统的位移输入 $x_i(t)$ 与输出 $x_o(t)$ 的数学模型。

2-13　求下列传递函数的拉氏反变换。

1） $F(s)=\dfrac{s+1}{(s+2)(s+3)}$　　2） $F(s)=\dfrac{s}{s^2+8s+17}$

3） $F(s)=\dfrac{s+2}{s(s+1)^2(s+3)}$

2-14　若系统框图如图 2-27 所示，求：

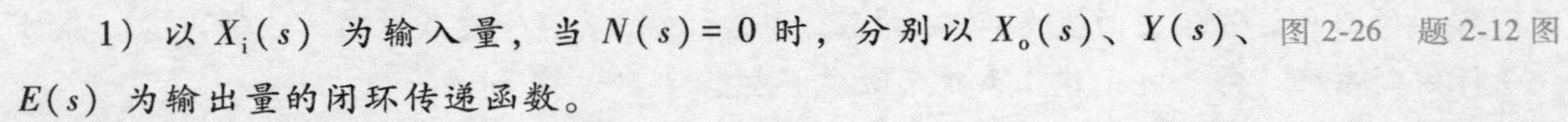

图 2-26　题 2-12 图

1） 以 $X_i(s)$ 为输入量，当 $N(s)=0$ 时，分别以 $X_o(s)$、$Y(s)$、$E(s)$ 为输出量的闭环传递函数。

2） 以 $N(s)$ 为输入量，当 $X_i(s)=0$ 时，分别以 $X_o(s)$、$Y(s)$、$E(s)$ 为输出量的闭环传递函数。

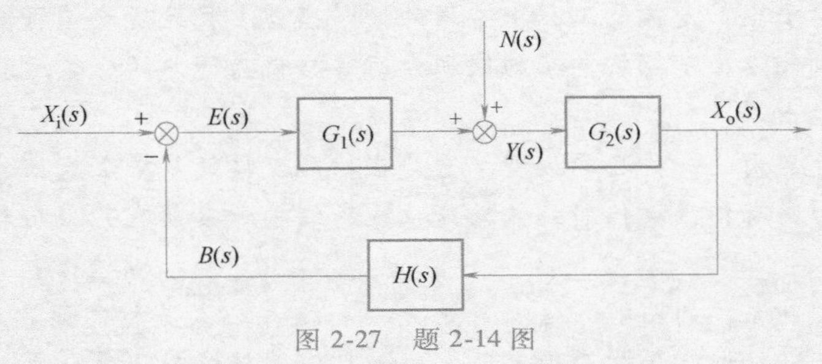

图 2-27　题 2-14 图

2-15　系统框图如图 2-28 所示，试绘出其信号流图，并利用梅森公式求传递函数 $\dfrac{X_o(s)}{X_i(s)}$。

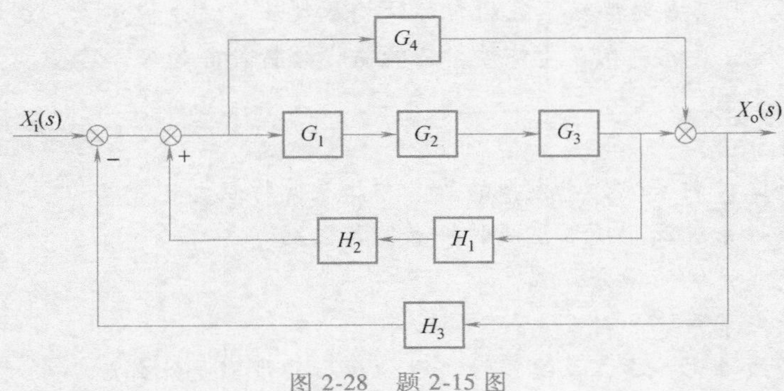

图 2-28　题 2-15 图

2-16　垂直起降系统的非线性主要表现在什么地方，会对建立数学模型以及进一步的分析求解带来什么困难？

2-17　局部线性化方法的主要思想是什么，使用这种数学模型有什么限制？

2-18　要得到局部线性化模型，获取阶跃响应实验数据时应注意什么？

第3章　时域分析与设计

一个实际的系统，在建立了系统的数学模型之后，通常采用不同的系统分析方法对系统的性能进行分析，即分析系统的稳定性、准确性和快速性。本章介绍的时域分析法就是系统分析的重要方法之一。

系统的时域分析，也称为时间响应分析，是根据系统的微分方程，采用拉氏变换法直接解出系统的时间响应，再根据时间响应的表达式和时间响应曲线来分析系统的稳定性、快速性和准确性。

对于给定系统，如果系统性能不能完全满足规定的性能指标要求，则需要通过改变系统结构或在系统中附加装置对系统进行改进，以达到改善系统性能的目的。PID 控制器是控制工程中应用最广泛的一种控制策略，通过对偏差信号 $\varepsilon(t)$ 进行比例（P）、积分（I）和微分（D）运算变换来形成新的控制规律，从而使系统满足性能指标要求。

本章学习要点：了解系统在典型输入信号作用下的性能特性；掌握一阶、二阶系统在单位阶跃输入信号下的响应特点；掌握利用劳斯判据判别系统稳定性的方法；能够分析与计算系统的稳态误差；能够通过比例（P），比例加积分（PI），比例加微分（PD）和比例加积分加微分（PID）控制器对系统进行设计，以期达到设计要求。

在实践项目中，针对垂直起降系统工程案例，结合本章学习的知识点，对系统进行时域分析与设计，以满足设计要求。

3.1　问题引入

在上一章中建立了垂直起降系统的数学模型，得到了垂直起降系统的微分方程，确定了系统的传递函数。为便于本章进行讨论，重复如下。

1）电动机螺旋桨数学模型为

$$G_m(s)=\frac{F(s)}{U(s)}=\frac{K_f K_m}{T_m s+1}$$

2）悬臂系统数学模型为

$$G_p(s)=\frac{\Theta(s)}{F(s)}=\frac{1}{mls^2+bs-mg\sin\theta_0}$$

3）垂直起降系统数学模型为

$$G_{mp}(s)=\frac{\Theta(s)}{U(s)}=\frac{K_f K_m}{(mls^2+bs-mg\sin\theta_0)(T_m s+1)}$$

思考：在得到垂直起降系统的数学模型后，如何对系统性能（稳定性、快速性和准确性）进行评价和分析呢？当系统的瞬态性能和稳态性能不能满足实际工作要求时，如何设计控制系统，使垂直起降系统能够稳定、快速、准确地悬停在期望的角度值 θ?

3.2 时间响应组成及典型输入信号

3.2.1 时间响应组成

所谓时间响应，是指系统在一定输入信号的作用下，输出信号随时间变化的过程，它反映系统本身的固有特性与系统在输入作用下的动态历程。具体地说，如果线性定常系统的闭环传递函数为 $G_B(s)$，给定输入信号的象函数为 $X_i(s)$，输出的象函数为 $X_o(s)$。在零初始条件下，由传递函数的定义可知

$$X_o(s)=G_B(s)X_i(s) \tag{3-1}$$

两边同时取拉氏反变换，得到系统输出的时域解为

$$x_o(t)=L^{-1}[G_B(s)X_i(s)] \tag{3-2}$$

式（3-2）中，$x_o(t)$ 为系统对输入信号 $x_i(t)$ 的时间响应，$x_o(t)$ 取决于系统自身的结构参数和输入信号 $x_i(t)$ 的形式。

任一系统的时间响应都是由瞬态响应和稳态响应两部分组成，如图 3-1 所示。瞬态响应是系统在输入信号作用后，系统输出量从初始状态变化到最终稳定状态的响应过程，也称为动态过程。稳态响应是系统在输入信号作用后，时间趋于无穷时系统的输出状态，又称为稳态过程。因为实际物理系统总是包含一些储能元件，如质量块、弹簧、电感、电容等元件，所以当输入信号作用于系统时，系统的输出量不能立即跟随输入量的变化，而是在达到稳态之前，表现为瞬态响应过程。瞬态响应反映了系统的快速性和稳定性，稳态响应反映了系统的准确性。

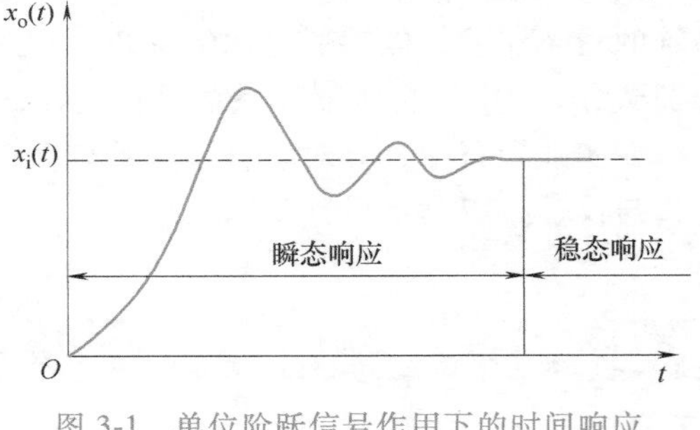

图 3-1 单位阶跃信号作用下的时间响应

3.2.2 典型输入信号

所谓典型输入信号，是指很接近实际控制系统经常遇到的输入信号，并在数学上加以理想化后能用较为典型且简单的函数形式表达出来的信号。适当规定一些具有代表性的典型输入信号，不仅使问题的数学处理系统化，而且还可以由此去推知系统在其他更复杂的输入信号下的性能。

典型输入信号一般应具备以下三个特点：①这些信号具有一定的代表性，且数学表达式简单，以便于进行数学分析与处理；②这些信号易于在实验室获得，实用性较强；③这些信号信息量丰富，能反映系统在工作过程中的实际输入。

在控制系统中，常用的典型输入信号有以下几种。

1. 单位脉冲信号

单位脉冲信号 $\delta(t)$ 定义为

$$\delta(t)=\begin{cases}0 & (t<0)\\ 1/\varepsilon & (0\leqslant t\leqslant\varepsilon \text{ 且 } \varepsilon\to 0)\\ 0 & (t>\varepsilon)\end{cases} \tag{3-3}$$

并且有

$$\int_{-\infty}^{+\infty}\delta(t)\,\mathrm{d}t=1 \tag{3-4}$$

其拉氏变换为

$$L[\delta(t)]=1 \tag{3-5}$$

单位脉冲信号表征在极短的时间内给系统注入冲击能量，如图 3-2a 所示，通常用来模拟系统在实际工作中突然遭受脉动电压、机械碰撞、敲打冲击等。

2. 单位阶跃信号

单位阶跃信号 $1(t)$ 定义为

$$1(t)=\begin{cases}0 & (t<0)\\ 1 & (t\geqslant 0)\end{cases} \tag{3-6}$$

其拉氏变换为

$$L[1(t)]=\frac{1}{s} \tag{3-7}$$

单位阶跃信号表征系统输入信号的突变，如图 3-2b 所示，是评价系统动态性能时应用较多的一种典型输入信号。实际工作中的电源突然接通或断开、负载的突变、开关的转换等，均可视为阶跃信号。

3. 单位斜坡信号

单位斜坡信号定义为

$$f(t)=\begin{cases}0 & (t<0)\\ t & (t\geqslant 0)\end{cases} \tag{3-8}$$

其拉氏变换为

$$L[f(t)]=L[t]=\frac{1}{s^2} \tag{3-9}$$

单位斜坡信号也称为单位速度信号，是表征匀速变化的信号，如图 3-2c 所示。

4. 单位加速度信号

单位加速度信号的定义为

$$f(t)=\begin{cases}\frac{1}{2}t^2 & (t\geqslant 0)\\ 0 & (t<0)\end{cases} \tag{3-10}$$

其拉氏变换为

$$L[f(t)]=L\left[\frac{1}{2}t^2\right]=\frac{1}{s^3} \tag{3-11}$$

单位加速度信号表征的是匀加速变化的信号，如图 3-2d 所示。

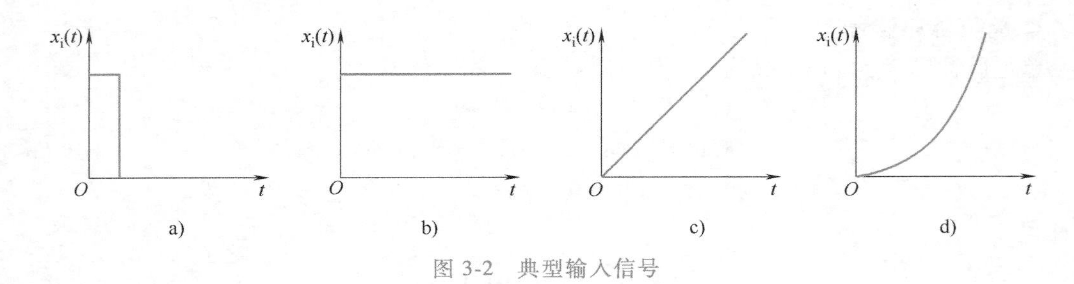

图 3-2 典型输入信号

5. 正弦信号

正弦信号的数学表达式为

$$f(t)=A\sin\omega t \tag{3-12}$$

其拉氏变换为

$$L[A\sin\omega t]=\frac{A\omega}{s^2+\omega^2} \tag{3-13}$$

在对系统进行频域分析时，用正弦信号作为系统的输入信号，分析系统的稳态响应。

3.3 一阶系统的阶跃响应分析

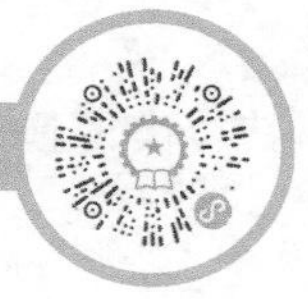

3.3.1 一阶系统的数学模型

能用一阶微分方程描述的系统称为一阶系统。图 3-3 所示为某直流电动机，$u(t)$ 为其输入电压，$\omega(t)$ 为输出转速。

该电动机的微分方程为

$$T\frac{\mathrm{d}\omega(t)}{\mathrm{d}t}+\omega(t)=Ku(t)$$

其传递函数为

$$G(s)=\frac{\Omega(s)}{U(s)}=\frac{K}{Ts+1} \tag{3-14}$$

式中，T 为时间常数；K 为放大倍数。该电动机为一阶系统，典型一阶系统的框图如图 3-4 所示。

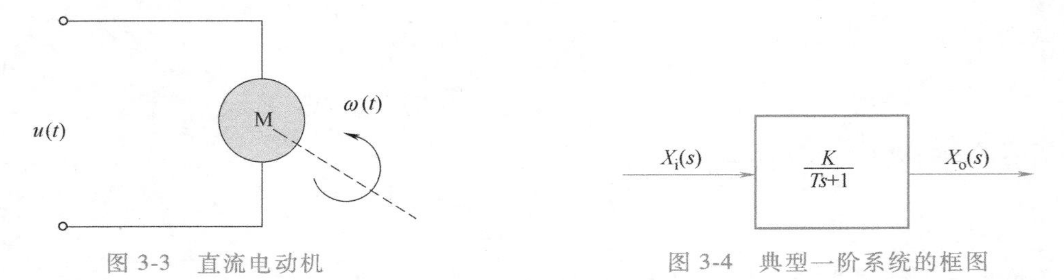

图 3-3 直流电动机

图 3-4 典型一阶系统的框图

3.3.2　一阶系统的单位阶跃响应

当输入信号 $x_i(t)$ 是单位阶跃信号 $1(t)$ 时，系统的输出 $x_o(t)$ 称为单位阶跃响应。单位阶跃信号 $1(t)$ 的拉氏变换为

$$L[1(t)]=\frac{1}{s} \tag{3-15}$$

则一阶系统单位阶跃响应的拉氏变换为

$$X_o(s)=G(s)X_i(s)=\frac{K}{Ts+1}\cdot\frac{1}{s}=K\left(\frac{1}{s}-\frac{1}{s+1/T}\right)$$

进行拉氏反变换可得系统的单位阶跃响应为

$$x_o(t)=K(1-e^{-t/T})\qquad(t\geqslant 0) \tag{3-16}$$

式（3-16）中的第一项放大倍数 K 为单位阶跃响应的稳态分量，它决定了系统的稳态值，当系统进入稳态时，系统输出信号为输入信号的 K 倍。第二项为瞬态分量，当 $t\to+\infty$ 时，瞬态分量趋于0。一阶系统的单位阶跃响应曲线如图3-5所示。

由图3-5和式（3-16）可知，一阶系统的单位阶跃响应是一条按指数规律单调上升的曲线，该响应曲线的初始斜率为$\frac{K}{T}$，因为

$$\frac{dx_o(t)}{dt}=\frac{K}{T}e^{-t/T}\bigg|_{t=0}=\frac{K}{T} \tag{3-17}$$

根据这一特点，在参数未知的情况下，可根据一阶系统的单位阶跃响应实验曲线来确定其时间常数 T 和放大倍数 K 值。

由式（3-17）可以看出，当放大倍数 K 值一定时，时间常数 T 越小，响应曲线的初始斜率越大，$x_o(t)$ 上升的速度越快，达到稳态值用的时间越短；反之，时间常数 T 越大，响应曲线的初始斜率越小，系统对输入信号的响应越缓慢，达到稳态值用的时间越长。当 K 值为1时，不同时间常数 T 下的单位阶跃响应曲线如图3-6所示。

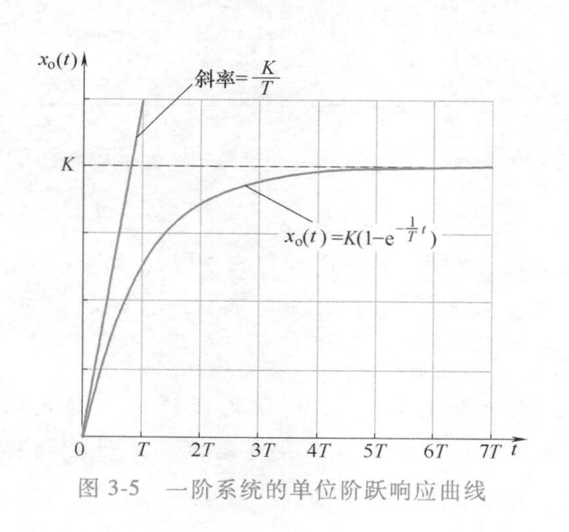

图3-5　一阶系统的单位阶跃响应曲线

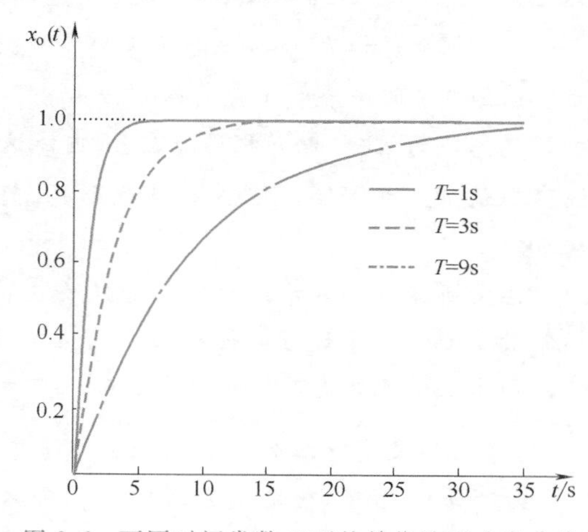

图3-6　不同时间常数 T 下的单位阶跃响应曲线

3.3.3 一阶系统的性能指标

为评价系统性能的优劣，一般根据系统单位阶跃响应曲线，采用一些数值型的特征参数来进行评价。对于一阶系统，其主要性能指标参数有上升时间 t_r 和调整时间 t_s。

1）上升时间 t_r：系统从稳态值的10%达到90%所需要的时间。

2）调整时间 t_s：系统从响应开始到进入稳态所经过的时间，也称为过渡时间。理论上讲，系统结束瞬态过程进入稳态，要求 $t\to+\infty$，而在工程上对 $t\to+\infty$ 有一个量的概念，即输出量要达到某一定值就算瞬态过程结束，这与系统要求的精度有关。如果系统允许有2%（或5%）的误差，则当输出值达到稳态值的98%（或95%）时就认为系统瞬态过程结束。由式（3-16）可以求得当 $t=4T$ 时，响应值 $x_o(4T)=0.98K$，输出值达到稳态值的98%；当 $t=3T$ 时，响应值 $x_o(3T)=0.95K$，输出值达到稳态值的95%。因此，调整时间的值为 $t_s=4T$（误差范围 $\Delta=2\%$）或 $t_s=3T$（误差范围 $\Delta=5\%$）。

例 3-1 已知某直流电动机的输出转速与输入电压的关系模型为

$$T_m\frac{d\omega(t)}{dt}+\omega(t)=K_m u(t)$$

式中，电动机常数 $T_m=1s$；$K_m=200$。试求该直流电动机在单位阶跃信号输入作用下的调整时间 t_s。

解： 该直流电动机为典型的一阶系统，其传递函数为

$$G(s)=\frac{\Omega(s)}{U(s)}=\frac{K_m}{T_m s+1}=\frac{200}{s+1}$$

$$x_o(t)=\omega(t)=200(1-e^{-t})$$

该直流电动机的单位阶跃响应曲线如图3-7所示。

该一阶系统的调整时间为

$$t_s=3T_m=3s(\Delta=5\%)$$

$$t_s=4T_m=4s(\Delta=2\%)$$

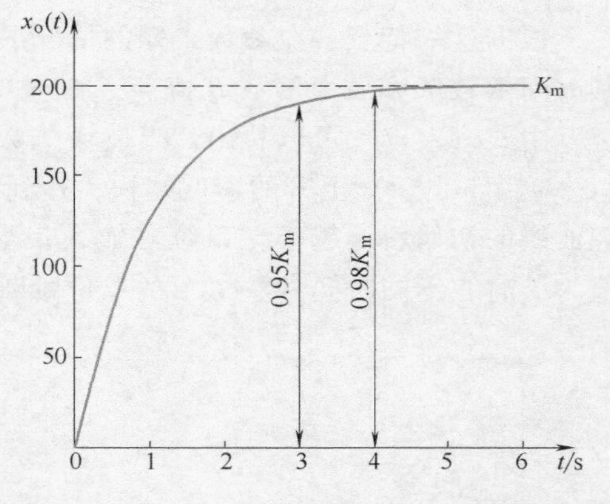

图 3-7 某直流电动机的单位阶跃响应曲线

由图3-7所示阶跃响应曲线可以看出，电动机的稳态值为 K_m，电动机转速在3s内能达到系统稳态值 K_m 的95%，4s内则能达到稳态值 K_m 的98%。

综上所述，一阶系统的单位阶跃响应特性与放大倍数 K 和时间常数 T 密切相关。时间常数 T 越小，则过渡时间越短，响应速度越快。放大倍数 K 则决定了一阶系统的稳态值，即系统进入稳态时输出信号将输入信号放大 K 倍。

思考： 如果实际工作中，要求例3-1中直流电动机的转速在0.5s内便能进入稳定状态（$\Delta\leqslant5\%$），且稳态精度达到95%，那么该如何设计控制系统，使电动机满足性能指标要求？

3.4 二阶系统的阶跃响应分析

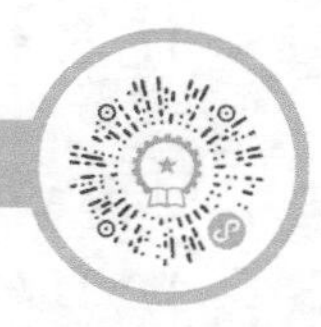

由二阶微分方程描述的系统称为二阶系统。在工程实践中，虽然控制系统多为高阶系统，但在一定条件下，可忽略某些次要因素，近似地用一个二阶系统来表示实际的控制系统。因此，讨论和分析二阶系统的特性具有重要的意义。

3.4.1 二阶系统的数学模型

能用二阶微分方程描述的系统称为二阶系统，微分方程的标准形式为

$$\frac{\mathrm{d}^2x_o(t)}{\mathrm{d}t^2}+2\xi\omega_n\frac{\mathrm{d}x_o(t)}{\mathrm{d}t}+\omega_n^2x_o(t)=\omega_n^2x_i(t) \tag{3-18}$$

式中，ω_n 为无阻尼固有频率，单位为 rad/s；ξ 为阻尼比，无量纲。

标准二阶系统的传递函数为

$$G(s)=\frac{X_o(s)}{X_i(s)}=\frac{\omega_n^2}{s^2+2\xi\omega_n s+\omega_n^2} \tag{3-19}$$

由式（3-19）可以看出，ω_n 和 ξ 是二阶系统的两个特征参数，它们表明了二阶系统与外界无关的自然特性。

典型二阶系统的框图及其简化形式如图 3-8 所示。

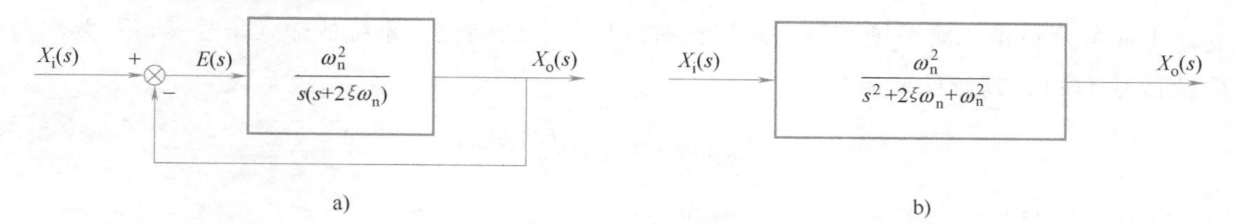

图 3-8 二阶系统的框图

二阶系统的特征方程为

$$s^2+2\xi\omega_n s+\omega_n^2=0 \tag{3-20}$$

特征根为

$$s_{1,2}=-\xi\omega_n\pm\omega_n\sqrt{\xi^2-1} \tag{3-21}$$

由式（3-21）可见，随着阻尼比 ξ 的取值不同，二阶系统的特征根也不相同。

1）当 $0<\xi<1$ 时，特征方程有一对实部为负的共轭复根，即

$$s_{1,2}=-\xi\omega_n\pm \mathrm{j}\omega_n\sqrt{1-\xi^2}$$

此时，二阶系统传递函数的极点是一对位于［s］平面（复数平面）左半平面的共轭复数极点，如图 3-9a 所示，此时系统称为欠阻尼系统。

2）当 $\xi=0$ 时，称为零阻尼状态，特征方程有一对纯虚根，即。

$$s_{1,2}=\pm \mathrm{j}\omega_n$$

如图 3-9b 所示，此时系统称为零阻尼系统。

3）当 $\xi=1$ 时，特征方程有一对相等的负实根，即

$$s_{1,2}=-\omega_n$$

如图 3-9c 所示，此时系统称为临界阻尼系统。

4）当 $\xi>1$ 时，特征方程有两个不相等的负实根，即

$$s_{1,2}=-\xi\omega_n\pm\omega_n\sqrt{\xi^2-1}$$

如图 3-9d 所示，此时系统称为过阻尼系统。过阻尼系统就是两个一阶惯性环节的组合，可视为两个一阶环节的串联。

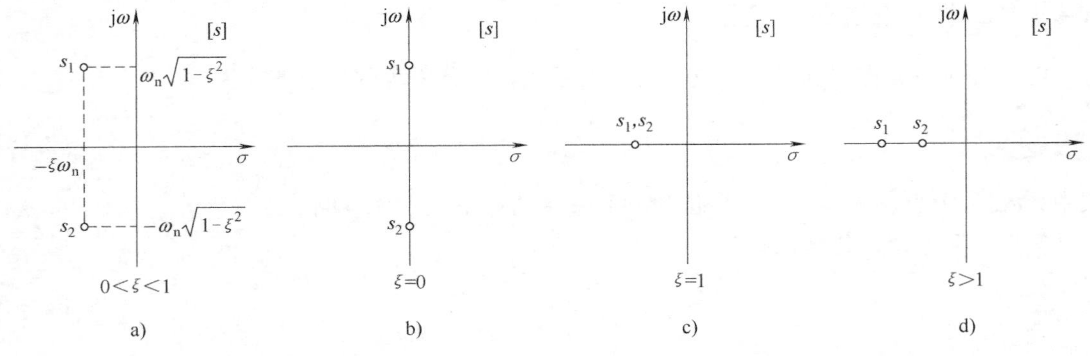

图 3-9 ［s］平面上二阶系统的闭环极点分布图

3.4.2 二阶系统的单位阶跃响应

下面分别讨论二阶系统在不同阻尼比时的单位阶跃响应。系统的输入信号 $x_i(t)$ 为单位阶跃信号 $1(t)$，其拉氏变换为

$$L[x_i(t)]=L[1(t)]=\frac{1}{s}$$

二阶系统单位阶跃响应的拉氏变换为

$$X_o(s)=X_i(s)G(s)=\frac{1}{s}\cdot\frac{\omega_n^2}{s^2+2\xi\omega_n s+\omega_n^2} \tag{3-22}$$

用部分分式法将式（3-22）展开得

$$X_o(s)=\frac{K_0}{s}+\frac{K_1}{s-p_1}+\frac{K_2}{s-p_2}$$

进行拉式反变换得

$$x_o(t)=K_0+K_1\mathrm{e}^{p_1t}+K_2\mathrm{e}^{p_2t}$$

式中，极点 p_1 和 p_2 为系统特征方程 $s(s^2+2\xi\omega_n s+\omega_n^2)=0$ 的根，即

$$p_{1,2}=-\xi\omega_n\pm\omega_n\sqrt{\xi^2-1}$$

根据 ξ 的不同取值，系统极点有四种分布情况，下面分别予以说明。

1）当 $0<\xi<1$，系统为欠阻尼系统时，系统的特征根分布同图 3-9a 所示情况，为一对实部为负的共轭复根

$$p_{1,2}=-\xi\omega_n\pm\mathrm{j}\omega_n\sqrt{1-\xi^2}=-\xi\omega_n\pm\mathrm{j}\omega_d$$

式中，$\omega_d=\omega_n\sqrt{1-\xi^2}$ 为有阻尼固有频率，式（3-22）可改写为

$$X_o(s)=\frac{1}{s}\frac{\omega_n^2}{(s+\xi\omega_n+j\omega_d)(s+\xi\omega_n-j\omega_d)} \tag{3-23}$$

进行拉氏反变换，得出二阶系统在欠阻尼状态下的单位阶跃响应为

$$x_o(t)=1-\frac{e^{-\xi\omega_n t}}{\sqrt{1-\xi^2}}\sin\left(\omega_d t+\arctan\frac{\sqrt{1-\xi^2}}{\xi}\right)\quad (t\geqslant 0) \tag{3-24}$$

式（3-24）中第二项为瞬态项，是减幅正弦振荡函数，振荡频率等于有阻尼固有频率 ω_d，振幅按指数衰减，它们均与阻尼比 ξ 有关。ξ 越小，振荡频率 ω_d 越接近于 ω_n，同时振幅衰减得越慢，二阶系统在欠阻尼状态下的单位阶跃响应曲线如图 3-10 所示。

2）当 $\xi=0$，系统为无阻尼系统时，系统的特征根为一对纯虚根，分布同图 3-9b 所示情况，式（3-22）可改写为

$$X_o(s)=\frac{1}{s}\cdot\frac{\omega_n^2}{s^2+\omega_n^2}$$

二阶系统在无阻尼状态下的单位阶跃响应为

$$x_o(t)=L^{-1}[X_o(s)]=1-\cos\omega_n t\quad (t\geqslant 0) \tag{3-25}$$

此时，系统以无阻尼固有频率 ω_n 作等幅振荡，二阶系统在无阻尼状态下的单位阶跃响应曲线如图 3-11 所示。

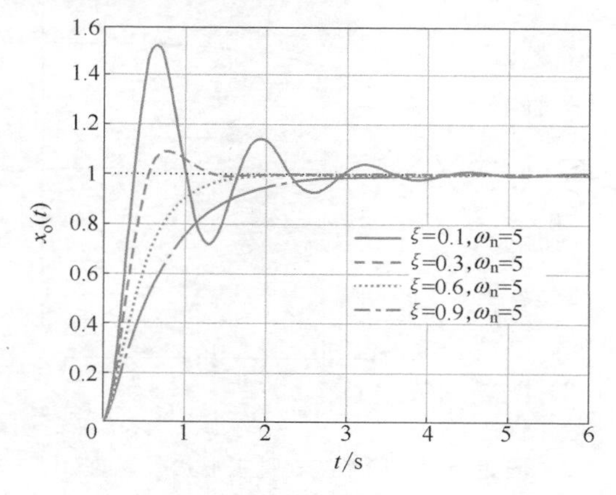

图 3-10　二阶系统在欠阻尼状态下的单位阶跃响应曲线

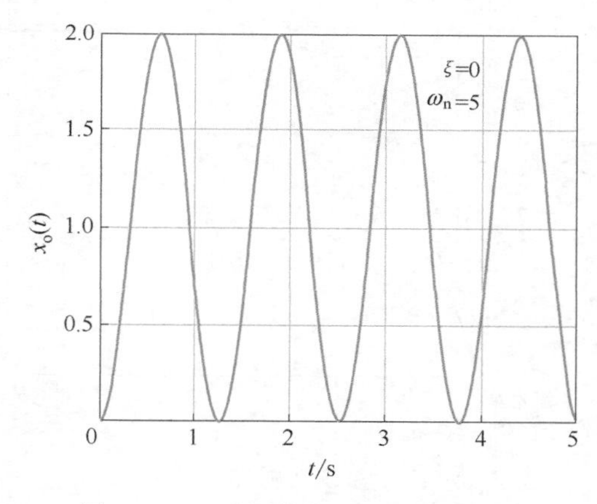

图 3-11　二阶系统在无阻尼状态下的单位阶跃响应曲线

3）当 $\xi=1$，系统为临界阻尼系统时，系统的特征根为一对相等的负实根，分布同图 3-9c 所示情况，式（3-22）可改写为

$$X_o(s)=\frac{1}{s}\cdot\frac{\omega_n^2}{(s+\omega_n)^2} \tag{3-26}$$

二阶系统在临界阻尼状态下的单位阶跃响应为

$$x_o(t)=1-e^{-\omega_n t}(1+\omega_n t)\quad (t\geqslant 0)$$

二阶系统在临界阻尼状态下的单位阶跃响应曲线如图 3-12 所示，它是一条无振荡、无超调的单调上升曲线。

4）当 $\xi>1$，系统为过阻尼系统时，系统的特征根为两个不相等的负实根，分布同图 3-9d 所示，式（3-22）可改写为

$$X_o(s)=\frac{1}{s}\cdot\frac{\omega_n^2}{(s+\xi\omega_n+\omega_n\sqrt{\xi^2-1})(s+\xi\omega_n-\omega_n\sqrt{\xi^2-1})}$$

二阶系统在过阻尼状态下的单位阶跃响应为

$$x_o(t)=1+\frac{1}{2\sqrt{\xi^2-1}}\left(\frac{e^{s_1t}}{-s_1}-\frac{e^{s_2t}}{-s_2}\right) \tag{3-27}$$

式中，s_1，s_2 是特征方程的根，即

$$s_1=-(\xi\omega_n+\omega_n\sqrt{\xi^2-1})$$

$$s_2=-(\xi\omega_n-\omega_n\sqrt{\xi^2-1})$$

式（3-27）中包含两个衰减项 e^{s_1t} 和 e^{s_2t}，因为 $\xi>1$，所以 $|s_1|>|s_2|$，e^{s_1t} 的衰减要比 e^{s_2t} 快得多，过渡过程的变化以 e^{s_2t} 项起主要作用，因而可忽略第一项。此时二阶系统退化为一阶系统。

二阶系统在过阻尼状态下的单位阶跃响应曲线如图 3-13 所示。它同样是一条无振荡、无超调的单调上升曲线。

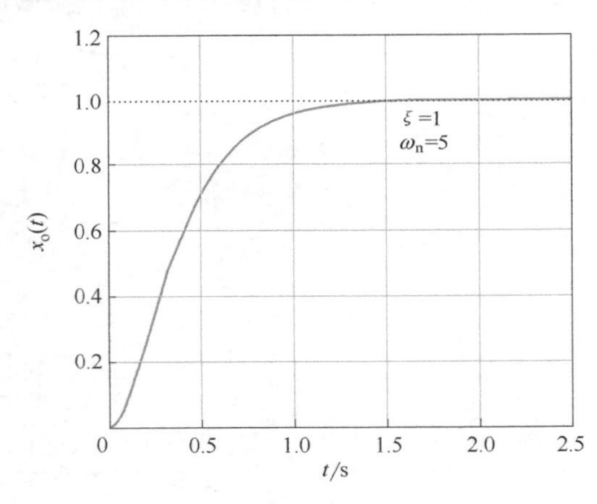

图 3-12 二阶系统在临界阻尼状态下的单位阶跃响应曲线

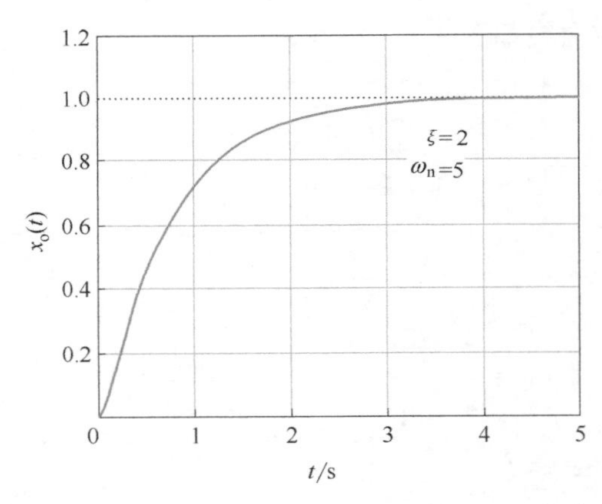

图 3-13 二阶系统在过阻尼状态下的单位阶跃响应曲线

综上所述，对于二阶系统，其单位阶跃响应的瞬态过程随着阻尼比 ξ 的变化而不同：当 $0<\xi<1$ 时，二阶系统的单位阶跃响应过程为衰减振荡曲线，并且随着 ξ 的减小，其振荡特性表现得愈加强烈；当 $\xi=0$ 时，响应过程为等幅振荡曲线，系统达到临界稳定状态；在 $\xi\geqslant1$ 时，响应过程为无振荡、无超调的单调上升曲线，系统的稳定性较好。

3.4.3 二阶欠阻尼系统的性能指标

由上一小节分析可知，阻尼比不同，即 ξ 值不同时，二阶系统的单位阶跃响应有很大的区别。对于 $\xi=0$ 的无阻尼系统，其单位阶跃响应为无衰减的等幅正（余）弦振荡曲线，系

统持续振荡，是不能正常工作的；而对于$\xi \geqslant 1$的等阻尼和过阻尼系统，其单位阶跃响应为无振荡、无超调的单调上升曲线，虽然无振荡无超调，但响应过程缓慢，快速性较差。因此对于二阶系统性能指标的研究，侧重点应是$0<\xi<1$的欠阻尼状态下的单位阶跃响应，其主要性能指标参数有上升时间t_r、峰值时间t_p、超调量M_p、调整时间t_s，如图3-14所示。

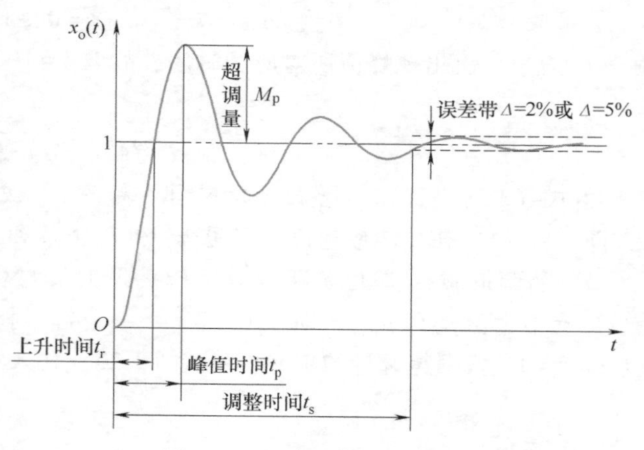

图3-14　二阶系统的性能指标

1）上升时间t_r：响应曲线从初始工作状态出发，第一次达到稳态值所需的时间。

根据定义，当$t=t_r$时，$x_o(t_r)=1$，由式（3-24）得

$$x_o(t_r)=1-\frac{e^{-\xi\omega_n t}}{\sqrt{1-\xi^2}}\sin\left(\omega_d t+\arctan\frac{\sqrt{1-\xi^2}}{\xi}\right)=1$$

即

$$\frac{e^{-\xi\omega_n t}}{\sqrt{1-\xi^2}}\sin\left(\omega_d t+\arctan\frac{\sqrt{1-\xi^2}}{\xi}\right)=0$$

又由于

$$\frac{1}{\sqrt{1-\xi^2}}\neq 0 \text{ 且 } e^{-\xi\omega_n t}\neq 0,$$

因此

$$\sin\left(\omega_d t+\arctan\frac{\sqrt{1-\xi^2}}{\xi}\right)=0$$

故

$$\omega_d t+\arctan\frac{\sqrt{1-\xi^2}}{\xi}=k\pi \qquad (k=0,\pm1,\pm2,\cdots)$$

由于t_r为第一次达到稳态值的时间，故取$k=1$，于是上升时间t_r为

$$t_r=\frac{\pi-\beta}{\omega_d}=\frac{\pi-\arctan\dfrac{\sqrt{1-\xi^2}}{\xi}}{\omega_n\sqrt{1-\xi^2}} \tag{3-28}$$

式中，$\beta=\arctan\dfrac{\sqrt{1-\xi^2}}{\xi}$。分析可知，增大无阻尼固有频率$\omega_n$或减小阻尼比$\xi$，均能减小上升时间$t_r$，从而加快系统的初始响应速度。

2）峰值时间t_p：单位阶跃响应$x_o(t)$超过其稳态值而达到最大峰值所需要的时间。

根据定义，对式（3-24）求导，并令其为零，可求得峰值时间t_p，即

$$\left.\frac{dx_o(t)}{dt}\right|_{t=t_p}=\frac{\omega_n}{\sqrt{1-\xi^2}}\cdot e^{-\xi\omega_n t_p}\cdot\sin\omega_d t_p=0$$

上式为零，则$\sin\omega_d t_p=0$，从而得

$$\omega_d t_p = k\pi \qquad (k=0,\pm1,\pm2,\cdots)$$

由于 t_p 为第一次出现峰值所对应的时间，故取 $k=1$，于是峰值时间 t_p 为

$$t_p = \frac{\pi}{\omega_d} = \frac{\pi}{\omega_n\sqrt{1-\xi^2}} \tag{3-29}$$

由式（3-29）可知，增大无阻尼自然频率 ω_n 或减小阻尼比 ξ，均能减小峰值时间 t_p，从而加快系统的初始响应速度，可见 ω_n 和 ξ 对 t_p 和 t_r 的影响是一致的。

3）超调量 M_p：单位阶跃响应 $x_o(t)$ 最大值与稳态值之差的百分数。即：当 $t=t_p$ 时，$x_o(t)$ 有最大值 $x_o(t)_{max}$，即 $x_o(t)_{max}=x_o(t_p)$。对于单位阶跃信号输入，系统的稳态值 $x_o(+\infty)=1$，根据超调量的定义，将式（3-29）代入式（3-24）可得

$$M_p = [x_o(t_p)-1]\times100\% = \left[-\frac{e^{-\xi\frac{\omega_d}{\sqrt{1-\xi^2}}\cdot\frac{\pi}{\omega_d}}}{\sqrt{1-\xi^2}}(\sin\pi\cdot\xi+\cos\pi\cdot\sqrt{1-\xi^2})\right]\times100\%$$

即超调量为

$$M_p = e^{-\frac{\xi\pi}{\sqrt{1-\xi^2}}}\times100\% \tag{3-30}$$

可见超调量与无阻尼固有频率 ω_n 无关，仅由 ξ 决定，ξ 越大，M_p 越小。

4）调整时间 t_s：单位阶跃响应 $x_o(t)$ 与稳态值之差进入允许的误差范围所需的时间。允许的误差范围 Δ 用响应值与稳态值之差的绝对值的百分数来表示，通常取 $\Delta=5\%$ 或 $\Delta=2\%$。

根据调整时间的定义，当允许的误差范围为 Δ 时，调整时间 t_s 为

$$|x_o(+\infty)-x_o(t)|\leqslant\Delta \qquad (t\geqslant t_s)$$

对于单位阶跃信号输入，系统的稳态值 $x_o(+\infty)=1$，将式（3-24）代入得

$$\left|\frac{e^{-\xi\omega_n t}}{\sqrt{1-\xi^2}}\sin\left(\omega_d t+\arctan\frac{\sqrt{1-\xi^2}}{\xi}\right)\right|\leqslant\Delta \qquad (t\geqslant t_s) \tag{3-31}$$

式（3-31）由于正弦函数的存在而求解十分困难，为了简便起见，可采用近似的计算方法，即忽略式中正弦函数的影响，近似地，当幅值包络线的指数函数衰减到 Δ 时，认为过渡过程已完毕，则有

$$\frac{e^{-\xi\omega_n t_s}}{\sqrt{1-\xi^2}}=\Delta$$

即

$$t_s = -\frac{1}{\xi\omega_n}\ln(\Delta\sqrt{1-\xi^2}) \tag{3-32}$$

对于 ξ 较小的欠阻尼系统，ξ^2 可以忽略不计，所以可近似地取

$$t_s = -\frac{\ln\Delta}{\xi\omega_n}\times100\% \tag{3-33}$$

当 $\Delta=5\%$时，有

$$t_s \approx \frac{3}{\xi\omega_n} \tag{3-34}$$

当 $\Delta=2\%$ 时，有

$$t_s \approx \frac{4}{\xi\omega_n} \tag{3-35}$$

综上所述，二阶系统的性能指标与无阻尼固有频率 ω_n 和阻尼比 ξ 有着密切关系。增大阻尼比 ξ，可以减弱系统的振荡，即减小最大超调量 M_p，提高系统的稳定性，但同时也会增大上升时间 t_r 和峰值时间 t_p，降低系统的快速性。但如果阻尼比 ξ 过小，系统的稳定性又不满足要求。因此在进行系统设计时，需要多方面综合考虑，不可只顾一种性能要求而忽略另一种性能诉求，而要顾全大局，不能只顾一己之私。正如古人所强调的"不谋全局者，不足谋一域"，考虑问题要着眼于大局，要着眼于长远，眼界和胸襟都要开阔。

例 3-2　设系统的框图如图 3-15 所示，其中，$\xi=0.6$，$\omega_n=5\text{rad/s}$。当有一单位阶跃信号作用于系统时，求超调量 M_p、上升时间 t_r、峰值时间 t_p 和调整时间 t_s。

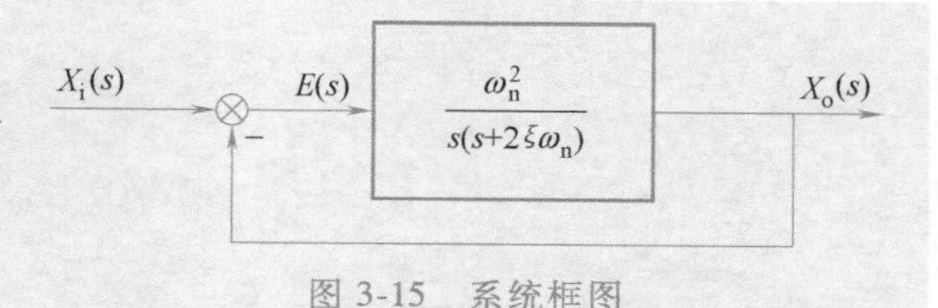

图 3-15　系统框图

解：1）求 M_p，由式（3-30）可得

$$M_p = e^{-\frac{\xi\pi}{\sqrt{1-\xi^2}}}\times 100\% = e^{-\frac{0.6\times 3.14}{\sqrt{1-0.6^2}}}\times 100\% = 9.5\%$$

2）求 t_r，由式（3-28）可得

$$t_r = \frac{\pi-\beta}{\omega_d}$$

式中，

$$\beta = \arctan\frac{\sqrt{1-\xi^2}}{\xi} = 0.93\text{rad}$$

所以，

$$t_r = \frac{\pi-\beta}{\omega_d} = \frac{3.14-0.93}{4}\text{s} = 0.55\text{s}$$

3）求 t_p，由式（3-29）可得

$$t_p = \frac{\pi}{\omega_d} = \frac{\pi}{\omega_n\sqrt{1-\xi^2}} = \frac{3.14}{4}\text{s} = 0.785\text{s}$$

4）求 t_s，当允许误差范围 $\Delta=5\%$ 时，由式（3-34）可得

$$t_s \approx \frac{3}{\xi\omega_n} = 1\text{s}$$

允许误差范围 $\Delta=2\%$ 时，由式（3-35）可得

$$t_s \approx \frac{4}{\xi\omega_n} = 1.33\text{s}$$

例 3-3　对如图 3-16a 所示的机械系统，在质量为 m 的质量块上施加 $F=3\text{N}$ 的阶跃力后，质量块的时间响应 $x(t)$ 如图 3-16b 所示。根据这个响应曲线，确定质量块质量 m、黏性阻尼系数 B 和弹簧刚度系数 k 的值。

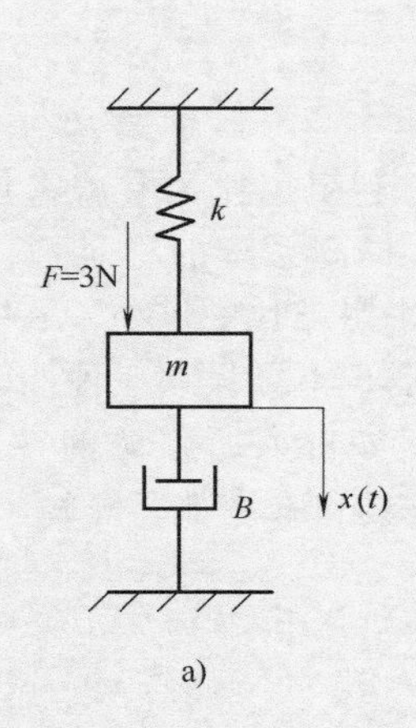

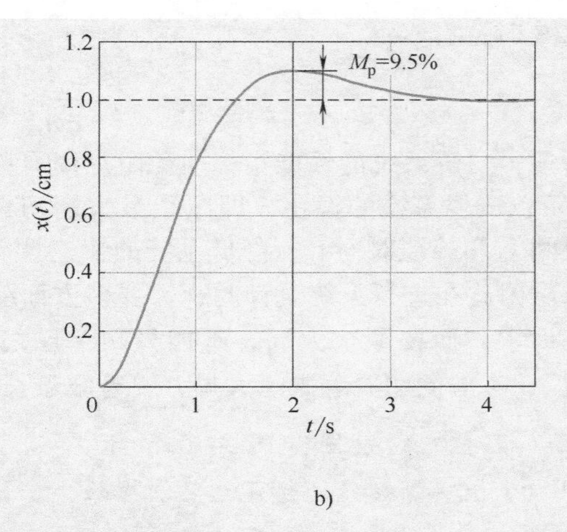

图 3-16 机械系统

解：1）列写系统的传递函数，得

$$\frac{X(s)}{F(s)}=\frac{1}{ms^2+Bs+k}$$

2）求 k，由拉氏变换的终值定理可知

$$x(+\infty)=\lim_{t\to+\infty}x(t)=\lim_{s\to\infty}s\cdot X(s)$$

$$=\lim_{s\to\infty}s\cdot\frac{1}{ms^2+Bs+k}\cdot\frac{3}{s}=\frac{3}{k}$$

由图 3-16b 所示响应曲线可知 $x(+\infty)=1\text{cm}$，因此

$$k=3\text{N/cm}=300\text{N/m}$$

3）求 m 和 B，由图 3-16b 所示响应曲线可知

$$M_p=e^{-\frac{\xi\pi}{\sqrt{1-\xi^2}}}\times100\%=9.5\%$$

两边同时取对数解出 $\xi=0.6$。由图 3-16b 所示响应曲线可知 $t_p=2\text{s}$，即

$$t_p=\frac{\pi}{\omega_d}=\frac{\pi}{\omega_n\sqrt{1-\xi^2}}=2\text{s}$$

得
$$\omega_n=1.96\text{rad/s}$$

与二阶系统传递函数的标准式（3-19）比较

$$\omega_n^2=\frac{k}{m}$$

得
$$m=\frac{k}{\omega_n^2}=\frac{300}{1.96^2}\text{kg}=78.09\text{kg}$$

又
$$2\xi\omega_n=\frac{B}{m}$$

得
$$B=2\xi\omega_n m=183.5\text{N}\cdot\text{s/m}$$

3.5 高阶系统的阶跃响应分析

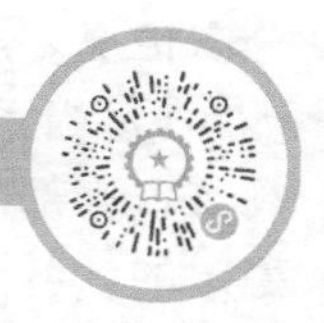

实际上大量的系统，特别是机械系统，几乎都可用高阶微分方程来描述。这种用高阶微分方程描述的系统称为高阶系统。高阶系统的研究和分析一般是比较复杂的，这就要求在分析高阶系统时，抓住主要矛盾，忽略次要因素，使问题简化。

设高阶系统的闭环传递函数可表示为

$$G_B(s)=\frac{b_m s^m+b_{m-1}s^{m-1}+\cdots+b_1 s+b_0}{a_n s^n+a_{n-1}s^{n-1}+\cdots+a_1 s+a_0}\qquad(n\geqslant m)\tag{3-36}$$

在实际控制系统中，闭环极点通常两两互异，将闭环传递函数表示为

$$G_B(s)=\frac{K\prod_{i=1}^{m}(s-z_i)}{\prod_{j=1}^{q}(s-p_j)\prod_{k=1}^{r}(s^2+2\xi_k\omega_{nk}s+\omega_{nk}^2)}$$

式中，z_1，z_2，…，z_m 为闭环传递函数的零点；q 为闭环实极点 p_j 的个数，$j=1$，2，…，q；r 为闭环共轭复数极点 $-\xi_k\omega_{nk}\pm j\omega_{nk}$ 的对数，$k=1$，2，…，r；$q+2r=n$。

当输入信号为单位阶跃信号，即 $X_i(s)=\frac{1}{s}$ 时，输出信号为

$$X_o(s)=\frac{K\prod_{i=1}^{m}(s-z_i)}{s\prod_{j=1}^{q}(s-p_j)\prod_{k=1}^{r}(s^2+2\xi_k\omega_{nk}s+\omega_{nk}^2)}$$

用部分分式展开得

$$X_o(s)=\frac{A_0}{s}+\sum_{j=1}^{q}\frac{A_j}{s-p_j}+\sum_{k=1}^{r}\frac{B_k s+C_k}{s^2+2\xi_k\omega_{nk}s+\omega_{nk}^2}$$

取拉氏反变换得

$$x_o(t)=A_0+\sum_{j=1}^{q}A_j e^{p_j t}+\sum_{k=1}^{r}D_k e^{-\xi_k\omega_{nk}t}\sin(\omega_{dk}t+\beta_k)\qquad(t\geqslant 0)\tag{3-37}$$

式中，

$$\beta_k=\arctan\frac{B_k\omega_{dk}}{C_k-\xi_k\omega_{nk}B_k}$$

$$D_k=\sqrt{B_k^2+\left(\frac{C_k-\xi_k\omega_{nk}B_k}{\omega_{dk}}\right)^2}$$

式（3-37）中第一项为稳态分量，第二项为指数曲线（一阶系统），第三项为振荡曲线（二阶系统）。因此，一个高阶系统的响应可以看成是多个一阶环节和二阶环节响应的叠加。系统的响应不仅与 ξ_k、ω_{nk} 有关，还与闭环零点及系数 A_j、B_k、C_k 的大小有关。这些系数的大小与闭环系统的所有的极点和零点有关，所以单位阶跃响应取决于高阶系统闭环零极点的

分布情况。从分析高阶系统单位阶跃响应表达式可以得到如下结论。

1）当系统闭环极点全部在［s］平面左半平面，即其特征根全部是负实数（$p_j<0$）或具有负实部的复数（$-\xi_k\omega_{nk}<0$）时，式（3-37）的第二、三项均为衰减的，因此系统总是稳定的，各分量衰减的快慢取决于闭环极点到虚轴的距离，p_j、ξ_k 和 ω_{nk} 越大，即闭环极点离虚轴越远，相应的指数分量衰减得越快，对系统瞬态分量的影响越小；反之，闭环极点离虚轴越近，相应的指数分量衰减得越慢，对系统瞬态分量的影响越大。

2）高阶系统瞬态响应各分量的系数不仅与系统闭环极点在［s］平面的位置有关，还与系统闭环零点的位置有关。如果某一极点$-p_j$ 靠近一个闭环零点，又远离原点及其他极点，可以近似地认为两者的作用可以相互抵消，则相应项的系数 A_j 比较小，该瞬态分量的影响也就越小。

3）假如高阶系统中离虚轴最近的极点的实部绝对值仅为其他极点的 1/5 或更小，并且附近又没有闭环零点，则可以认为系统的响应主要由该极点（或共轭复数极点）来决定，并将其称为系统的主导极点。

综上所述，在高阶系统的分析中，通过式（3-37）求出高阶系统的性能指标解析式来分析系统是十分困难。因此，常常采用主导极点的概念对高阶系统进行近似分析，抓住矛盾的主要方面，使工作得到简化且易于进行。

3.6 控制系统的稳定性分析

经典控制理论研究的是系统的稳定性、快速性和准确性三个基本要求，稳定性是机械工程系统能够正常工作并完成预期控制任务的前提，在系统稳定的前提下方能分析讨和论快速性和准确性，因而稳定性是控制系统的首要性能。

3.6.1 稳定性的含义

图 3-17 所示是一个悬挂单摆系统，其竖直位置点 A 是初始平衡位置。当在点 A 给小球一个扰动，受到扰动，小球会暂时偏离平衡位置，在点 B 和点 C 之间摆动，当扰动消失后，小球会随着时间推移慢慢稳定在点 A，所以系统在点 A 是稳定的。图 3-18 所示摆的支撑点在下方，称为倒摆。竖直位置点 D 也是一个初始平衡位置，但是在点 D 给小球一个扰动，其偏离竖直位置，当扰动消失后，小球最终无法回到初始点 D，因此系统在点 D 是不稳定的。

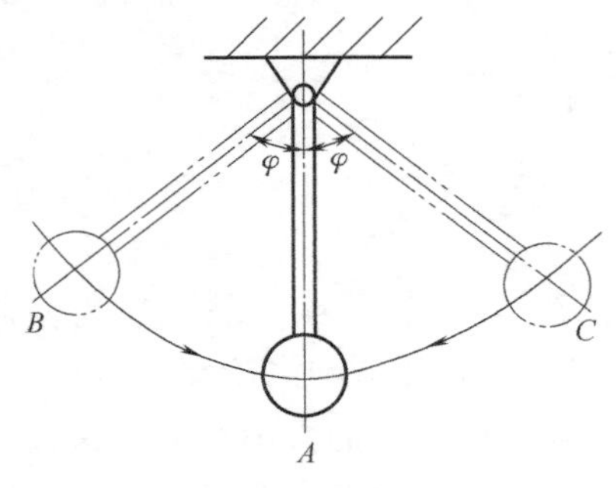

图 3-17 悬挂单摆系统

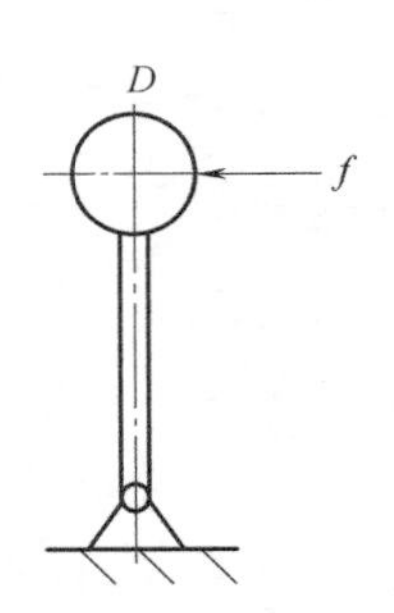

图 3-18 倒摆系统

控制系统在实际工作中，也常常会受到外界和内部一些因素的扰动，如火炮射击时施加给火炮随动系统的冲击、雷达天线跟踪时突然遇到的阵风、负载或能源的波动、系统参数的变化等。系统若变不稳定，就会在这些扰动的作用下偏离原来的平衡工作状态，并随着时间的推移而发散。因此，如何分析系统的稳定性，并提出保证系统稳定的措施，是自动控制的首要任务。

稳定性定义：如果处于平衡状态的系统受到外界的扰动，偏离了原来的平衡位置，当扰动消失后，系统以自身的结构和参数能够以足够的精度逐渐恢复到原平衡状态，则称为系统稳定；否则，则称其不稳定。如图 3-19a 所示，系统衰减振荡，幅值最终趋于零，因此系统是稳定的；反之，如图 3-19b 所示，系统对干扰的瞬态响应随着时间的推移而不断扩大，不稳定于某一值，因此系统是不稳定的；如图 3-19c 所示，系统的响应是等幅振荡，严格来说属于临界稳定状态，但是从经典控制角度来说该系统是不稳定的。

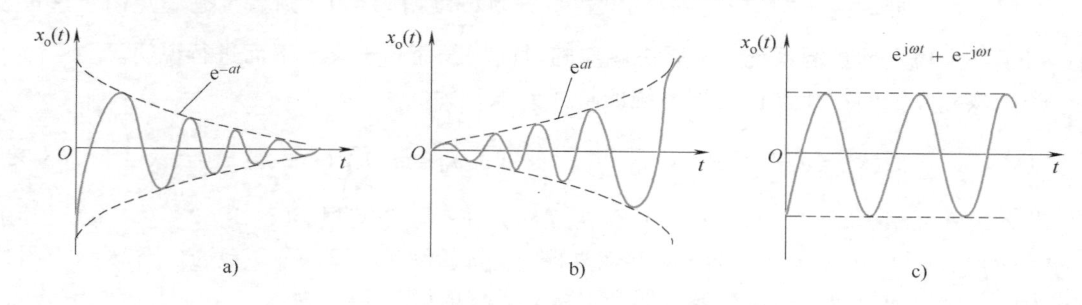

图 3-19　系统在扰动作用下的响应曲线

图 3-20 所示是我们日常生活常见的弹簧，给弹簧施加力后弹簧发生变形，力撤销后弹簧会慢慢恢复到原状态，发生这种现象的一个原因是弹簧存在阻尼，阻尼使其恢复到原先的状态，其结果表现为如图 3-19a 所示的衰减振荡；如果该弹簧是理想弹簧，即不存在阻尼，当给弹簧施加力后，弹簧会永不停歇地进行如图 3-19c 所示的等幅振荡。由此可知，稳定性是表征系统在扰动撤销后自身的一种恢复能力，是系统的一种固有特性，与输入信号无关，只取决于系统的结构参数。

图 3-20　弹簧

需要指出的是，这里给出的系统稳定性概念并不是严格的数学定义，更严谨的稳定性定义是针对状态空间数学模型描述的具有普遍意义的系统给出的，如有兴趣，可查阅有关论著。

综上所述，系统稳定性是控制系统设计和实际应用中必须考虑的核心问题，它关系到系统的可靠性和性能。那么对一个实际的控制系统，如何判断它是否稳定？其稳定的条件应当是什么？

3.6.2　稳定性评判标准

描述线性定常系统的常微分方程和传递函数的一般形式为

$$a_n\frac{\mathrm{d}^n x_o(t)}{\mathrm{d}t^n}+a_{n-1}\frac{\mathrm{d}^{n-1}x_o(t)}{\mathrm{d}t^{n-1}}+\cdots+a_1\frac{\mathrm{d}x_o(t)}{\mathrm{d}t}+a_0x_o(t)=b_m\frac{\mathrm{d}^m x_i(t)}{\mathrm{d}t^m}+$$

$$b_{m-1}\frac{\mathrm{d}^{m-1}x_{\mathrm{i}}(t)}{\mathrm{d}t^{m-1}}+\cdots+b_1\frac{\mathrm{d}x_{\mathrm{i}}(t)}{\mathrm{d}t}+b_0x_{\mathrm{i}}(t)$$

$$\frac{X_{\mathrm{o}}(s)}{X_{\mathrm{i}}(s)}=\frac{b_ms^m+b_{m-1}s^{m-1}+\cdots+b_1s+b_0}{a_ns^n+a_{n-1}s^{n-1}+\cdots+a_1s+a_0}=\frac{N(s)}{D(s)}$$

其稳定性与输入信号无关，因此，研究其稳定性问题，就是研究系统去掉输入后的运动情况，即研究常微分方程对应的齐次微分方程，即

$$a_n\frac{\mathrm{d}^nx_{\mathrm{o}}(t)}{\mathrm{d}t^n}+a_{n-1}\frac{\mathrm{d}^{n-1}x_{\mathrm{o}}(t)}{\mathrm{d}t^{n-1}}+\cdots+a_1\frac{\mathrm{d}x_{\mathrm{o}}(t)}{\mathrm{d}t}+a_0x_{\mathrm{o}}(t)=0$$

其解 $x_{\mathrm{o}}(t)$ 即为瞬态响应 $x_{\mathrm{ot}}(t)$，若收敛，即 $\lim\limits_{t\to+\infty}x_{\mathrm{ot}}(t)=0$，则系统是稳定的。这也说明：对于一个稳定的控制系统，其瞬态响应随时间增长而趋于零。下面进行说明。

齐次微分方程的特征方程（即系统的特征方程）为

$$D(s)=a_ns^n+a_{n-1}s^{n-1}+\cdots+a_1s+a_0=a_n\prod_{i=1}^{n}(s-s_i)=0 \tag{3-38}$$

若系统特征根 $s_i(i=1, 2, \cdots, n)$ 两两互异，并有 q 个实根 $s_i(i=1, 2, \cdots, q)$，其余根 $s_i(i=q+1, q+2, \cdots, n-q)$ 为 r 对共轭复根 $\sigma_k\pm\mathrm{j}\omega_k$（$k=1, 2, \cdots, r$）且 $q+2r=n$，则特征式 $D(s)$ 对应的拉普拉斯反变换，即齐次微分方程的解 $x_{\mathrm{ot}}(t)$ 为

$$x_{\mathrm{ot}}(t)=\sum_{i=1}^{q}A_i\mathrm{e}^{s_it}+\sum_{k=1}^{r}C_k\mathrm{e}^{\sigma_kt}\sin(\omega_kt+\beta_k) \qquad (t\geqslant 0) \tag{3-39}$$

式中，C_k、β_k 可由求拉氏反变换的方法求解。

若系统的所有特征根 p_i 的实部 $\mathrm{Re}(s_i)<0$，则零输入响应最终将衰减为零，即

$$\lim_{t\to+\infty}x_{\mathrm{ot}}(t)=0$$

此时系统为稳定系统。

反之，若特征根 s_i 中有一个或多个根具有正实部，则零输入响应就会随着时间的推移而发散，即

$$\lim_{t\to+\infty}x_{\mathrm{o}}(t)=\infty$$

此时系统为不稳定系统。

当系统的特征根具有重根时，只要所有互异根和重根都满足 $\mathrm{Re}(s_i)<0$，就有 $\lim\limits_{t\to+\infty}x_{\mathrm{o}}(t)=0$，系统就是稳定的系统。

综上所述，当所有系统特征根 p_i 是负实部根（负实根或负实部共轭复根）时，有 $\lim\limits_{t\to+\infty}x_{\mathrm{ot}}(t)=0$，系统才能稳定。[$s$] 平面（即复平面）上系统特征根与稳定性的关系如图 3-21 所示。

因此，线性定常系统稳定的充要条件是系统特征根（闭环极点）全部为负实部根（在 [s] 平面的左半平面），即

$$\mathrm{Re}(s_i)<0 \qquad (i=1,2,\cdots,n) \tag{3-40}$$

这就是判断控制系统是否稳定的准则。从而，判别系统是否稳定可归结为对系统特征根是否都在 [s] 平面左半平面的判断。

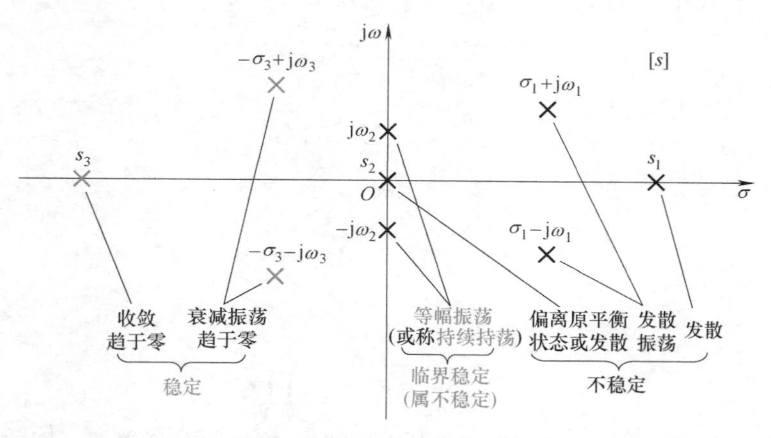

图 3-21　[s] 平面上系统特征根与稳定性的关系

例 3-4　已知系统的传递函数为

$$G(s)=\frac{X_o(s)}{X_i(s)}=\frac{1}{s^3+4s^2+5s+2}$$

判断系统的稳定性。

解：系统特征方程为

$$s^3+4s^2+5s+2=(s+1)^2(s+2)=0$$

系统特征方程的根为

$$s_{1,2}=-1, s_3=-2$$

由于系统特征方程的特征根全部具有负实部，因此系统稳定。

思考：一个系统的特征方程通常是高次方程，但高次方程求根困难，如 $s^5+5s^4+4s^3+6s^2+4s+6=0$，也就是说对于复杂的系统，求解特征根比较困难，是否存在简单的方法不用求解特征根即可判断系统是否稳定？

3.6.3　劳斯判据

线性定常系统稳定的充分必要条件是其特征根全部具有负实部。因此，判断系统的稳定性，就要求解出系统特征方程的根，并检验这些特征根是否都具有负实部。但是对于三阶以上的高阶系统，直接手工求根过于复杂。1877 年，英国数学家 Edward John Routh 提供了一种简单而有效的方法来判断系统的稳定性，减少了手工计算和分析的复杂性，该方法也被称为劳斯判据（Routh 判据）。

1. 系统稳定的必要条件

设线性系统的特征方程为

$$D(s)=a_ns^n+a_{n-1}s^{n-1}+\cdots+a_1s+a_0=0 \qquad (a_n>0) \tag{3-41}$$

假定系统的特征根分别为 s_1，s_2，…，s_n，则有

$$D(s)=a_n(s-s_1)(s-s_2)\cdots(s-s_n)=0 \qquad (a_n>0) \tag{3-42}$$

将式（3-42）展开，并与式（3-41）的系数做比较，得

$$\frac{a_{n-1}}{a_n}=-\sum_{i=1}^{n}s_i$$

$$\frac{a_{n-2}}{a_n}=\sum_{\substack{i,j=1\\ i\neq j}}^{n}s_is_j$$

$$\frac{a_{n-3}}{a_n}=-\sum_{\substack{i,j=1\\ i\neq j\neq k}}^{n}s_is_js_k$$

$$\vdots$$

$$\frac{a_0}{a_n}=(-1)^n\prod_{i=1}^{n}s_i \tag{3-43}$$

由式（3-43）可知，要使系统特征方程的全部根 s_i 均具有负实部，则式（3-43）左端必须大于零，也就是系统特征方程的各项系数必须同号且均不为零。

按习惯，一般取 a_n 为正值，因此系统稳定的必要条件为

$$a_n,a_{n-1},\cdots,a_1,a_0>0 \tag{3-44}$$

这一条件并不充分，对各项系数均为正且不为零的特征方程，还有可能具有正实部的根。因此稳定的系统肯定能满足上述必要条件，但满足必要条件的系统不一定都是稳定的系统，还须进一步判定其是否满足稳定的充分条件。

2. 劳斯判据的判断步骤

劳斯判据：系统稳定的充要条件是劳斯表中第一列各元素的符号均为正，且值不为零。如果劳斯表中第一列元素的符号有变化，其变化的次数等于该特征方程式的根在［s］平面右半平面上的个数。

采用劳斯判据判别系统的稳定性，步骤如下。

（1）列出系统特征方程

$$a_ns^n+a_{n-1}s^{n-1}+\cdots+a_1s+a_0=0$$

式中，$a_n>0$。检查各项系数是否都大于零，若都大于零，则进行下一步。

（2）按系统的特征方程式列写劳斯表

$$\begin{array}{c|ccccc}
s^n & a_n & a_{n-2} & a_{n-4} & a_{n-6} & \cdots \\
s^{n-1} & a_{n-1} & a_{n-3} & a_{n-5} & a_{n-7} & \cdots \\
s^{n-2} & A_1 & A_2 & A_3 & A_4 & \cdots \\
s^{n-3} & B_1 & B_2 & B_3 & B_4 & \cdots \\
\vdots & \vdots & \vdots & \vdots & \vdots & \\
s^2 & D_1 & D_2 & & & \\
s^1 & E_1 & & & & \\
s^0 & F_1 & & & &
\end{array}$$

表中，A_i 的计算方法为

$$A_1=\frac{a_{n-1}a_{n-2}-a_na_{n-3}}{a_{n-1}}=\frac{-1}{a_{n-1}}\begin{vmatrix}a_n & a_{n-2}\\ a_{n-1} & a_{n-3}\end{vmatrix}$$

$$A_2=\frac{a_{n-1}a_{n-4}-a_na_{n-5}}{a_{n-1}}=\frac{-1}{a_{n-1}}\begin{vmatrix}a_n & a_{n-4}\\ a_{n-1} & a_{n-5}\end{vmatrix}$$

$$A_3=\frac{a_{n-1}a_{n-6}-a_na_{n-7}}{a_{n-1}}=\frac{-1}{a_{n-1}}\begin{vmatrix}a_n & a_{n-6}\\ a_{n-1} & a_{n-7}\end{vmatrix}$$

$$\vdots$$

一直计算到 $A_i=0$ 为止。B_i 的计算方法为

$$B_1=\frac{A_1a_{n-3}-a_{n-1}A_2}{A_1}=\frac{-1}{A_1}\begin{vmatrix}a_{n-1} & a_{n-3}\\ A_1 & A_2\end{vmatrix}$$

$$B_2=\frac{A_1a_{n-5}-a_{n-1}A_3}{A_1}=\frac{-1}{A_1}\begin{vmatrix}a_{n-1} & a_{n-5}\\ A_1 & A_2\end{vmatrix}$$

$$B_3=\frac{A_1a_{n-7}-a_{n-1}A_4}{A_1}=\frac{-1}{A_1}\begin{vmatrix}a_{n-1} & a_{n-7}\\ A_1 & A_4\end{vmatrix}$$

$$\vdots$$

一直计算到 $B_i=0$ 为止。C_i，D_i，…的计算方法以此类推。

计算上述各表中元素的公式是有规律的，表中的第 1 行与第 2 行是由特征方程的系数直接写出的。第 1 行由特征方程的第 1，3，5，…项的系数组成；第 2 行由特征方程的第 2，4，6，…项的系数组成。自 s^{n-2} 行以下，每行的元素都是由该行之上两行的元素计算得来的，等号右边的二阶行列式中，第一列都是上两行中第一列的两个元素，第二列是待求元素右肩上的两个元素，等号右边的分母是上一行中左起第一个元素。

（3）考察表中第一列各元素的符号　若第一列各元素均为正数，则闭环特征方程所有根具有负实部，系统稳定。如果第一列中有负数，则系统不稳定，第一列中数值符号的改变次数即等于系统特征方程含有正实部根的数目。

注意：在具体计算中为了方便，常常把表中某一行的元素都乘（或除）以一个正数，而不会影响第一列数值的符号，即不影响稳定性的判别。表中空缺的项，运算时以零代入。

例 3-5　已知系统的特征方程为

$$s^4+2s^3+3s^2+4s+5=0$$

试用劳斯判据判断系统的稳定性。

解：特征方程的所有系数均为正实数，列写劳斯表，得

$$\begin{array}{c|ccc} s^4 & 1 & 3 & 5\\ s^3 & 2 & 4 & \\ s^2 & 1 & 5 & \\ s^1 & -6 & & \\ s^0 & 5 & & \end{array}$$

由于劳斯表第一列元素的符号改变了两次（注意，不是一次），因此系统不稳定，有两个具有正实部的根

3. 劳斯判据的两种特殊情况

构建劳斯表时会遇到如下两种特殊情况，给完整列出劳斯表带来困难，需要采取相应的

处理方法。

（1）仅行首元素为零　劳斯表中某一行第一列元素为零，该行的其他列元素不全为零。

出现这种情况将无法继续构造劳斯表，有如下两种正确的解决方法。

1）以一个任意小的正数 ε 代替零元素，然后继续列出劳斯表中其余的元素，从而完成劳斯表的构建。如果代替零元素的 ε 上、下元素符号相同，表示该方程中有一对共轭虚根存在，系统属于临界稳定。

2）用因子 $s+a$（a 为任意正数）乘以特征方程，然后对得到的新特征方程应用劳斯判据。

（2）行中元素全部为零　劳斯表中某一行的元素全部为零。

在这种情况下，可以用该零行的上一行元素构成一个辅助方程，取辅助方程的一阶导数所得到的一组系数来代替该零行，然后继续计算劳斯表中其他各个元素，最后再按照前述方法进行判别。

综上所述，劳斯判据下的系统稳定性情况如图 3-22 所示。

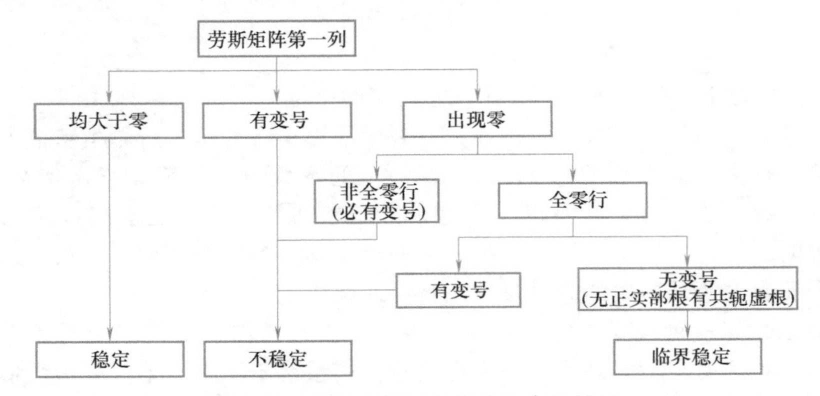

图 3-22　劳斯判据下的系统稳定性情况

例 3-6　已知控制系统框图如图 3-23 所示，试求系统稳定时 K 的取值范围。

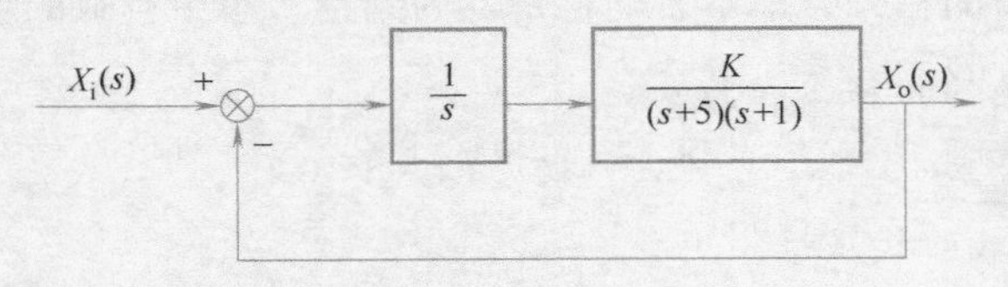

图 3-23　系统框图

解：系统的闭环传递函数为

$$G_B(s)=\frac{K}{s(s+1)(s+5)+K}$$

系统的特征方程为

$$s(s+1)(s+5)+K=0$$

可展开为

$$s^3+s^2+5s+K=0$$

列出劳斯表得

s^3	1	5
s^2	6	K
s^1	$\dfrac{30-K}{6}$	
s^0	K	

要使系统稳定，第一列须全部为正，故应有

$$0<K<30$$

综上所述，通过计算劳斯表，可以快速评估系统的稳定性，并根据判断结果进行相应的控制系统设计和优化。

3.7 控制系统的稳态误差分析

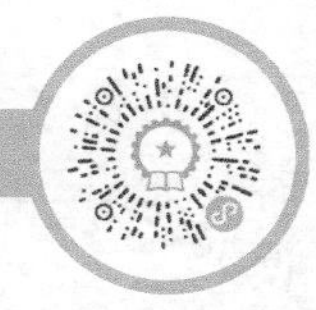

“准确性”是对控制系统提出的一个重要性能指标，对于实际系统来说，输出量常常不能绝对精确地达到所期望的数值，期望的数值与实际输出的差就是所谓的误差。

控制系统在输入信号的作用下，其时间响应被分为瞬态过程和稳态过程两个阶段。瞬态过程反映控制系统的动态响应性能，主要体现在系统对输入信号的响应速度和系统稳定性这两个方面，对于稳定的系统，它随着时间的推移将逐渐消失；稳态过程反映控制系统的稳态响应性能，主要表现在系统跟踪输入信号的准确性或抑制干扰信号的能力上。

3.7.1 误差与偏差

在实际工程应用中，对控制系统性能的要求可归结为：系统的输出应尽可能地跟随期望输出（或参考输入）的变化，并尽量不受干扰的影响，也就是要求系统的实际输出 $x_o(t)$ 应尽可能地等于期望输出 $x_{or}(t)$。系统框图如图 3-24 所示，于是，定义控制系统的输出误差 $e_r(t)$ 为

$$e_r(t)=x_{or}(t)-x_o(t)$$

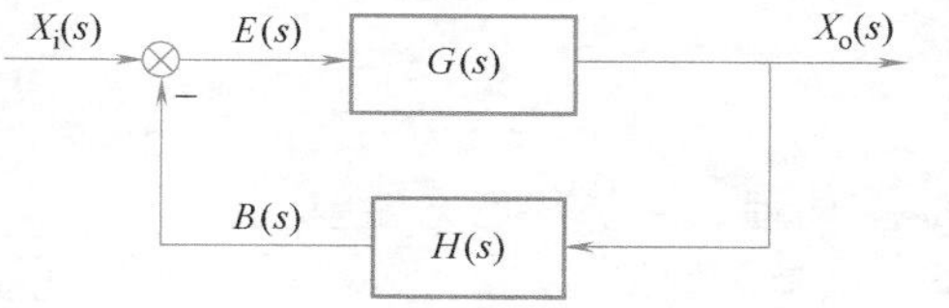

图 3-24　系统框图

其拉氏变换为

$$E_r(s)=X_{or}(s)-X_o(s) \tag{3-45}$$

系统的误差是以系统输出端为基准来定义的，系统输出量的实际值与期望值之差为误差，误差在实际系统中有时无法测量，因而只有数学上的意义。

系统的偏差则是以系统的输入端为基准来定义的，记为 $\varepsilon(t)$，即

$$\varepsilon(t)=x_i(t)-b(t)$$

其拉氏变换为

$$E(s)=X_i(s)-B(s)=X_i(s)-X_o(s)H(s) \tag{3-46}$$

式中，$H(s)$ 为反馈传递函数。如图 3-24 所示，系统的偏差在实际系统中是可以测量的，因而具有一定的物理意义。现求偏差 $E(s)$ 与误差 $E_r(s)$ 之间的关系。

如前所述，一个控制系统之所以能对输出 $X_o(s)$ 起控制作用，就在于运用偏差 $E(s)$

进行控制，即，当 $X_o(s) \neq X_{or}(s)$ 时，$E(s) \neq 0$，$E(s)$ 就起控制作用，力图将 $X_o(s)$ 调节到 $X_{or}(s)$ 值，反之，当 $X_o(s)=X_{or}(s)$ 时，$E(s)=0$，而使 $E(s)$ 不再对 $X_o(s)$ 起控制作用。因此当瞬态过程结束，$X_o(s)=X_{or}(s)$ 时，有

$$E(s)=X_i(s)-H(s)X_o(s)=X_i(s)-H(s)X_{or}(s)=0$$

故

$$X_i(s)=H(s)X_{or}(s)$$

即

$$X_{or}(s)=\frac{1}{H(s)}X_i(s) \tag{3-47}$$

由式（3-45）~式（3-47）可求得，在一般情况下系统的误差与偏差间的关系为

$$E_r(s)=\frac{1}{H(s)}E(s) \tag{3-48}$$

由式（3-48）可知，求出偏差后就可求出误差。当系统为单位反馈系统，即 $H(s)=1$ 时，如图 3-25 所示，系统的偏差就是系统的误差。

图 3-25　单位反馈系统框图

系统的稳态误差是指系统进入稳态后的误差，因此，不讨论动态过程中的情况。只有稳定的系统存在稳态误差。

稳态误差的定义为

$$e_{ss}=\lim_{t\to+\infty}e_r(t) \tag{3-49}$$

为了计算稳态误差，可先求出系统的误差信号的拉氏变换 $E_r(s)$，再用终值定理求解，即

$$e_{ss}=\lim_{t\to+\infty}e_r(t)=\lim_{s\to0}s\cdot E_r(s) \tag{3-50}$$

将式（3-48）代入得

$$e_{ss}=\lim_{s\to0}s\cdot E_r(s)=\lim_{s\to0}s\cdot\frac{1}{H(s)}E(s) \tag{3-51}$$

同理，系统的稳态偏差

$$\varepsilon_{ss}=\lim_{t\to+\infty}\varepsilon(t)=\lim_{s\to0}s\cdot E(s) \tag{3-52}$$

综上所述，虽然控制系统的偏差和误差是不同的概念，但是它们之间具有确定的对应关系，都是表示控制系统精度的量，从同一方面反映了控制系统的稳态性能。所以，在控制系统的误差分析中，常常分析和研究系统的偏差，即以偏差代替误差进行研究。在以下的讨论中，未做特别说明时，均将研究的偏差称为误差。

3.7.2 系统的类型

控制系统的偏差与系统特性和输入信号特性有关。这一点从图 3-24 所示典型结构的控制系统框图也可得到。由图 3-24 可知，系统的偏差为

$$E(s)=\frac{X_i(s)}{1+G(s)H(s)} \tag{3-53}$$

代入式（3-52）可得系统的稳态偏差为

$$\varepsilon_{ss}=\lim_{s\to 0}s\cdot E(s)=\lim_{s\to 0}s\cdot\frac{X_i(s)}{1+G(s)H(s)} \tag{3-54}$$

可见系统的稳态偏差由系统的开环传递函数 $G(s)H(s)$ 及输入信号的形式决定。

系统开环传递函数一般可以表示成

$$G(s)H(s)=\frac{K\prod_{i=1}^{m}(\tau_i s+1)}{s^{\nu}\prod_{j=1}^{n-\nu}(T_j s+1)} \tag{3-55}$$

式中，K 为系统的开环增益；$\tau_1,\tau_2,\cdots,\tau_m$ 和 $T_1,T_2,\cdots,T_{n-\nu}$ 都为时间常数；ν 为开环传递函数中积分环节的个数，也称为系统的无差度，它表征了系统的结构特征。

系统按 ν 的不同取值可以分为不同类型。$\nu=0$，1，2 时，系统分别称为 0 型、Ⅰ型和Ⅱ型系统。$\nu>2$ 的系统很少见，实际上很难使之稳定，所以这种系统在控制工程中一般不会遇到。

将式（3-55）代入（3-54）得

$$\varepsilon_{ss}=\lim_{s\to 0}s\cdot\frac{X_i(s)}{1+G(s)H(s)}=\lim_{s\to 0}s\cdot\frac{X_i(s)}{1+K/s^{\nu}} \tag{3-56}$$

可见，与系统稳态误差有关的因素为决定系统类型的无差度 ν、开环增益 K 和输入信号 $X_i(s)$。

3.7.3　稳态误差的计算分析

1. 单位阶跃信号输入

系统对单位阶跃信号输入 $X_i(s)=\frac{1}{s}$ 的稳态误差称为位置误差。由式（3-51）得到稳态误差为

$$e_{ss}=\lim_{s\to 0}\frac{s\cdot\frac{1}{s}}{1+G(s)H(s)}=\frac{1}{1+\lim\limits_{s\to 0}G(s)H(s)}=\frac{1}{1+K_p} \tag{3-57}$$

式中，K_p 为静态位置误差系数，定义为

$$K_p=\lim_{s\to 0}G(s)H(s)=\lim_{s\to 0}\frac{K\prod_{i=1}^{m}(\tau_i s+1)}{s^{\nu}\prod_{j=1}^{n-\nu}(T_j s+1)} \tag{3-58}$$

对 0 型系统，$\nu=0$，由式（3-58）得 $K_p=K$，代入式（3-57）得

$$e_{ss}=\frac{1}{1+K} \tag{3-59}$$

对Ⅰ型系统及Ⅰ型以上的系统，$\nu=1$ 或 $\nu\geqslant 2$，由式（3-58）得 $K_p=\infty$，代入式（3-59）得

$$e_{ss}=\frac{1}{1+K_p}=0 \tag{3-60}$$

可见，0型系统的单位阶跃响应有稳态误差，当开环增益足够大时，稳态误差可以足够小，但过高的开环增益会使系统不稳定，所以也不能太高。对于Ⅰ型及以上的系统，稳态误差为零。

2. 单位斜坡信号输入

系统对单位斜坡信号输入 $X_i(s)=\frac{1}{s^2}$ 的稳态误差称为速度误差。由式（3-51）得到稳态误差为

$$e_{ss}=\lim_{s\to 0}\frac{s\cdot\frac{1}{s^2}}{1+G(s)H(s)}=\lim_{s\to 0}\frac{1}{sG(s)H(s)}=\frac{1}{K_v} \tag{3-61}$$

式中，K_v 为静态速度误差系数，定义为

$$K_v=\lim_{s\to 0}sG(s)H(s)=\lim_{s\to 0}\frac{sK\prod_{i=1}^{m}(\tau_i s+1)}{s^{\nu}\prod_{j=1}^{n-\nu}(T_j s+1)} \tag{3-62}$$

对0型系统，$\nu=0$，代入式（3-62）得 $K_v=0$，代入式（3-61）得

$$e_{ss}=\infty$$

对Ⅰ型系统，$\nu=1$，代入式（3-62）得 $K_v=K$，代入式（3-61）得

$$e_{ss}=\frac{1}{K}$$

对Ⅱ型及以上的系统，$\nu\geqslant 2$，代入式（3-59）得 $K_v=\infty$，代入式（3-61）得

$$e_{ss}=0$$

由此可见，0型系统不能跟随单位斜坡信号输入，其稳态误差为无穷大；Ⅰ型系统可以跟随单位斜坡信号输入，但有稳态误差，同样可增大 K 值来减小稳态误差；Ⅱ型及以上的系统，对单位斜坡信号输入的响应无稳态误差。

3. 单位加速度信号输入

系统对单位加速度信号输入 $X_i(s)=\frac{1}{s^3}$ 的稳态误差称为加速度误差。由式（3-51）得到稳态误差为

$$e_{ss}=\lim_{s\to 0}\frac{s\cdot\frac{1}{s^3}}{1+G(s)H(s)}=\lim_{s\to 0}\frac{1}{s^2G(s)H(s)}=\frac{1}{K_a} \tag{3-63}$$

式中，K_a 为静态加速度误差系数，定义为

$$K_a=\lim_{s\to 0}s^2G(s)H(s)=\lim_{s\to 0}\frac{s^2K\prod_{i=1}^{m}(\tau_i s+1)}{s^{\nu}\prod_{j=1}^{n-\nu}(T_j s+1)} \tag{3-64}$$

对0型系统，$\nu=0$，代入式（3-64）得 $K_a=0$，代入式（3-63）得

$$e_{ss}=\infty$$

对Ⅰ型系统，$\nu=1$，代入式（3-64）得 $K_a=0$，代入式（3-63）得

$$e_{ss}=\infty$$

对Ⅱ型系统，$\nu=2$，代入式（3-64）得 $K_a=K$，代入式（3-63）得

$$e_{ss}=\frac{1}{K}$$

对Ⅲ型及以上系统，$\nu\geqslant3$，$K_a=\infty$，$e_{ss}=0$。

由此可知，当输入信号为单位加速度信号时，0型及Ⅰ型系统都不能跟随输入信号；Ⅱ型系统可以跟随输入信号，但存在一定的误差，这时可以适当增大开环增益以使稳态误差在允许的范围内。为了完全消除单位加速度信号输入引起的稳态误差，就需要把系统变成Ⅲ型或Ⅲ型以上的系统，但此时系统很难稳定。

为了便于比较和记忆，表3-1列出了不同类型系统的静态误差系数及在不同输入作用下的稳态误差。

表3-1　不同类型系统的静态误差系数及在不同输入作用下的稳态误差

系统类型	误差系数			典型输入作用下稳态误差		
	K_p	K_v	K_a	单位阶跃信号输入	单位斜坡信号输入	单位加速度信号输入
0型系统	K	0	0	$\frac{1}{1+K}$	∞	∞
Ⅰ型系统	∞	K	0	0	$\frac{1}{K}$	∞
Ⅱ型系统	∞	∞	K	0	0	$\frac{1}{K}$

当控制系统的输入信号由位置、速度和加速度分量组成时，即

$$x_i(t)=a+bt+ct^2$$

式中，a、b、c 分别为常数。这时依据线性系统的叠加原理，可得系统的稳态误差为

$$e_{ss}=\frac{a}{1+K_p}+\frac{b}{K_v}+\frac{c}{K_a} \tag{3-65}$$

从以上分析可以看到，系统的稳态误差与静态误差系数紧密相关。静态误差系数越大，系统的静态误差就越小。因此，静态误差系数表示了系统减少或消除稳态误差的能力，它们是对控制系统稳态特性的一种表示。

例3-7　已知具有单位负反馈的系统1和系统2的开环传递函数分别为

$$G_1(s)=\frac{10}{s(s+1)},G_2(s)=\frac{10}{s(2s+1)}$$

当输入信号分别为 $x_{i1}(t)=1+2t$，$x_{i2}(t)=1+2t+t^2$ 时，求两个系统的稳态误差。

解：系统1和系统2均为Ⅰ型系统，它们的结构参数不完全相同，依据表3-1，系统1和系统2的静态误差系数均为

$$K_p=\infty,K_v=10,K_a=0$$

则按式（3-61）计算可得系统1和系统2的稳态误差分别为

$$e_{ss1}=\frac{1}{1+K_p}+\frac{2}{K_v}=0.2$$

$$e_{ss2}=\frac{1}{1+K_p}+\frac{2}{K_v}+\frac{2}{K_a}=\infty$$

3.8 PID 控制规律

PID 控制是控制工程中应用广泛的一种控制策略。在反馈控制系统中，偏差信号 $\varepsilon(t)$ 是系统进行控制的最基本、最原始的信号。所谓 PID 控制就是对偏差信号 $\varepsilon(t)$ 进行比例、积分和微分运算变换，形成新的控制规律，从而使系统达到所要求的性能指标，即控制器的输出信号

$$u(t)=K_P\varepsilon(t)+K_D\frac{d}{dt}\varepsilon(t)+K_I\int_0^t\varepsilon(t)dt \tag{3-66}$$

式中，$K_P\varepsilon(t)$ 为比例控制项，$K_I\int_0^t\varepsilon(t)dt$ 为积分控制项，$K_D\frac{d}{dt}\varepsilon(t)$ 为微分控制项，其中 K_P、K_D、K_I 为可调系数。

PID 控制可以方便灵活地改变控制策略，实施 P、PD、PI 或 PID 控制。

3.8.1 P 控制（比例控制）

P 控制即比例控制，P 控制框图如图 3-26 所示。

控制器的输出 $U(s)$ 与偏差信号 $E(s)$ 之间的关系为

$$U(s)=K_PE(s) \tag{3-67}$$

控制器的传递函数为

$$G_c(s)=\frac{U(s)}{E(s)}=K_P \tag{3-68}$$

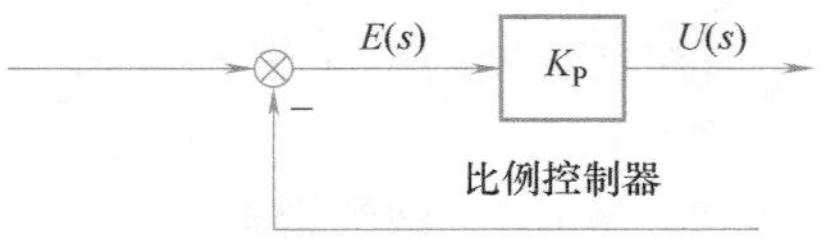

图 3-26 P 控制框图

由式（3-67）和（3-68）可知，比例控制器输出 $U(s)$ 与偏差信号 $E(s)$ 成正比关系。偏差一旦产生，比例控制器立即产生控制作用，使被控量朝着减少偏差的方向变化。K_P 越大，偏差减小得越快，但容易出现振荡；K_P 越小，出现振荡的可能性越小，但调节速度变慢；纯比例控制难以兼顾系统的稳态和瞬态性能和要求。

例 3-1 中，建立了某直流电动机表现为一阶系统的传递函数，求取了该直流电动机的单位阶跃响应。在留下的思考问题中，要求电动机转速在 0.5s 内便进入稳定状态（$\Delta\leqslant5\%$），且稳态精度达到 95%，该如何设计控制系统？能否根据本小节所介绍的比例控制器，通过设计比例控制系统，来满足系统工作要求呢？

例 3-8 已知某直流电动机的输出转速与输入电压的关系模型为

$$\frac{d\omega(t)}{dt}+\omega(t)=200u(t)$$

设计比例控制系统，使电动机实际速度 $\omega_a(t)$ 在 0.5s 内进入稳定状态，且稳态精度达到

95%以上。

解：(1) 确定要求

1) 准确性：$\omega_a(t)$ 的稳态值是期望值的95%以上。

2) 快速性：$\omega_a(t)$ 在0.5s内进入稳定状态。

(2) 建立数学模型　电动机是被控对象，其传递函数为

$$G(s)=\frac{\Omega_a(s)}{U(s)}=\frac{K}{Ts+1}=\frac{200}{s+1}$$

对电动机施加比例控制器，其比例控制系统框图如图3-27所示。

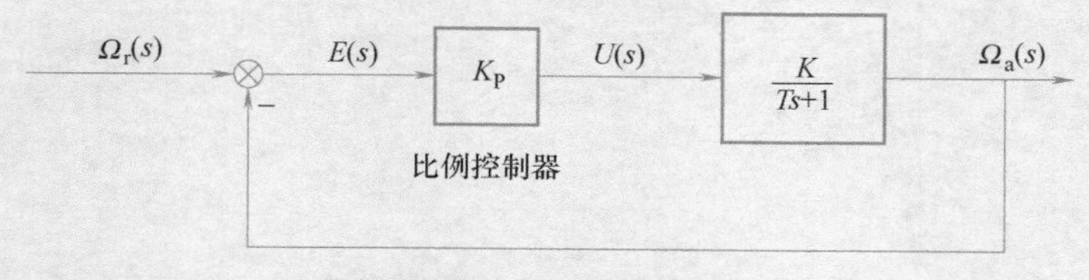

图3-27　比例控制系统框图

该比例控制系统的闭环传递函数为

$$G_B(S)=\frac{\Omega_a(s)}{\Omega_r(s)}=\frac{K_P G(s)}{1+K_P G(s)}=\frac{K_B}{T_B s+1}$$

该系统为一阶系统，其时间常数为

$$T_B=\frac{T}{1+K_P K}$$

系统的放大倍数为

$$K_B=\frac{K_P K}{1+K_P K}$$

(3) 理论设计

1) 稳态值是期望值的95%，因此放大倍数为

$$K_B=\frac{K_P K}{1+K_P K}=\frac{200K_P}{1+200K_P}\geqslant 0.95$$

可解得

$$K_P\geqslant 0.095$$

增大 K_P，放大倍数 K_B 增大，系统稳态误差减小。当 $K_P\to\infty$ 时，放大倍数 K_B 趋近于1，此时系统的输出量趋近于输入量，系统稳态误差趋近于0。

2) 0.5s内达到稳态值的95%，因此调整时间为

$$t_s=3T_B=\frac{3T}{1+K_P K}=\frac{3}{1+200K_P}\leqslant 0.5$$

可解得

$$K_P\geqslant 0.025$$

增大 K_P，时间参数 T_B 减小，系统的调整时间缩短，响应速度加快。

（4）实验验证　根据理论分析，采用 MATLAB 仿真验证，不同 K_P 取值下的比例控制系统单位阶跃响应曲线如图 3-28 所示

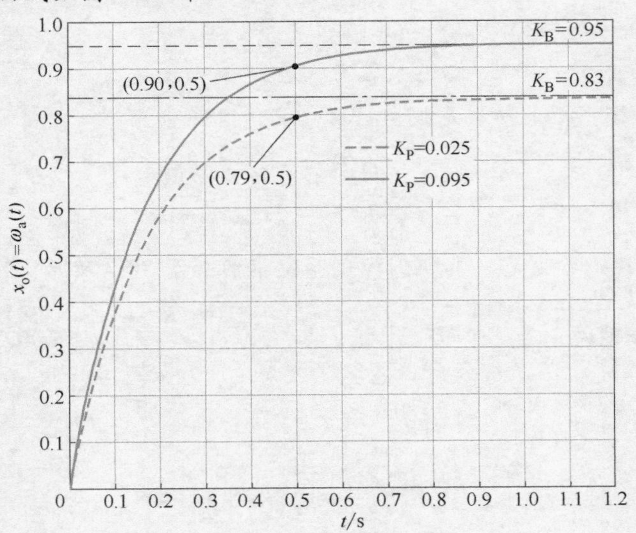

图 3-28　不同 K_P 取值下的比例控制系统单位阶跃响应曲线

由图 3-28 可以看出，当 $K_P=0.095$ 时，电动机转速在 0.5s 内便能进入稳定状态（$\Delta \leqslant 5\%$），且此时稳态输出转速达到了期望转速（输入转速）的 95%，满足系统性能要求。

3.8.2 PD 控制（比例加微分控制）

PD 控制即比例加微分控制，PD 控制框图如图 3-29 所示。

控制器的输出 $u(t)$ 与偏差信号 $\varepsilon(t)$ 之间的关系为

$$u(t)=K_P\varepsilon(t)+K_D\frac{\mathrm{d}}{\mathrm{d}t}\varepsilon(t) \tag{3-69}$$

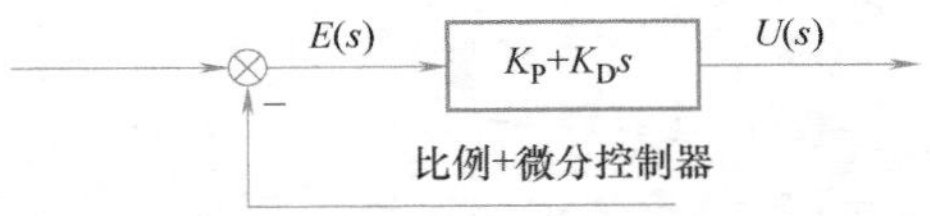

$E(s)$　K_P+K_Ds　$U(s)$

比例+微分控制器

图 3-29　PD 控制框图

控制器的传递函数为

$$G_c(s)=\frac{U(s)}{E(s)}=K_P+K_Ds \tag{3-70}$$

由式（3-70）可以看出，比例加微分控制器可通过 K_P 和 K_D 两个参数的调节，来对系统产生影响。由于比例加微分控制器中的微分控制能反映偏差信号的变化趋势，故在偏差信号量值变化太大之前，微分控制可基于偏差信号的变化趋势，为系统引入一个早期修正信号，以增加系统的阻尼，从而提高系统的稳定性。如图 3-30 所示为比例加微分控制器对斜坡信号的响应过程。可以看出，微分控制作用具有预测特性，其中$\dfrac{K_D}{K_P}$就是微分作用超前于比例控制作用效果的时间间隔。

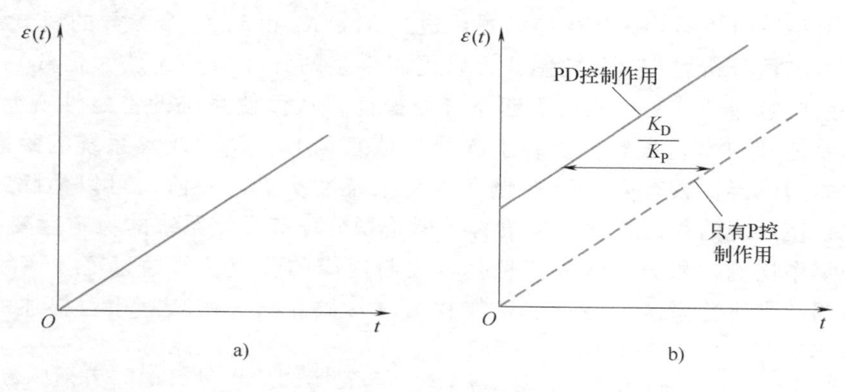

图 3-30　微分作用的预测特性

3.8.3　PI 控制（比例加积分控制）

PI 控制即比例加积分控制，PI 控制框图如图 3-31 所示。

控制器的输出 $u(t)$ 与偏差信号 $\varepsilon(t)$ 之间的关系为

$$u(t)=K_P\varepsilon(t)+K_I\int_0^t\varepsilon(t)\,\mathrm{d}t \tag{3-71}$$

$E(s)$　$K_P+K_I\frac{1}{s}$　$U(s)$

比例+微分控制器

图 3-31　PI 控制框图

控制器的传递函数为

$$G_c(s)=\frac{U(s)}{E(s)}=K_P+K_I\frac{1}{s} \tag{3-72}$$

由式（3-72）可以看出，比例加积分控制器可通过 K_P 和 K_I 两个参数的调节，来对系统产生影响。比例加积分控制器中的积分控制作用，可以使系统的型次得到提高，从而使系统的稳态误差得以减少或消除，系统的稳态精度得到改善。但是积分控制作用也会使系统产生 90°的相位移动，从而使系统的相位裕度有所下降，系统的稳定性降低，因此需要选择合适的 K_P 和 K_I 参数，使系统的性能满足要求。

3.8.4　PID 控制（比例加积分加微分控制）

PID 控制即比例加积分加微分控制，PID 控制框图如图 3-32 所示。

控制器的输出 $u(t)$ 与偏差信号 $\varepsilon(t)$ 之间的关系为

$$u(t)=K_P\varepsilon(t)+K_I\int_0^t\varepsilon(t)\,\mathrm{d}t+K_D\frac{\mathrm{d}}{\mathrm{d}t}\varepsilon(t) \tag{3-73}$$

$E(s)$　$K_P+K_I\frac{1}{s}+K_Ds$　$U(s)$

比例+积分+微分控制器

图 3-32　PID 控制框图

控制器的传递函数为

$$G_c(s)=\frac{U(s)}{E(s)}=K_P+K_I\frac{1}{s}+K_Ds \tag{3-74}$$

由式（3-74）可以看出，PID 控制器可通过 K_P、K_I 和 K_D 三个参数的调节，来对系统产生影响。由前面分析可知：P 控制器可以提高系统的开环增益（放大倍数），减少稳态误差，加快系统响应速度，但容易引起系统的振荡，从而使系统的稳定性变差；PD 控制器能够对偏差信号的变化进行预测，引入早期修正信号，从而改善系统的瞬态性能，但是对稳态性能的改善比较有限；PI 控制器可将系统型次提高一阶，可以消除或减小系统的稳态误差，使系统的稳态精度得到改善，但是积分环节会使系统的稳定性变差。而 PID 控制器则是集中比例、积分、微分三种基本控制规律的优点，并通过 K_P、K_I 和 K_D 三个参数的灵活调节来改善系统的性能。正如我国《吕氏春秋·用众》中曾描述的“物固莫不有长，莫不有短。人亦然。故善学者，假人之长以补其短。”说的正是取长补短的道理。我们每个人都有长处，也有自己的不足，在为人、处事、学习、生活上，学会和别人配合，优势互补，形成一个整体和团队，只有发挥集体的力量，才能将事情做好。

对于 PID 控制器来说，设计的关键是如何选择 K_P、K_I 和 K_D 三个参数。实践出真知，根据众多学者的研究结论和实际应用分析，对 3 个参数的选择有如下经验口诀，如图 3-33 所示。

先比例后积分，最后再把微分加
曲线振荡很频繁，比例系数可加大
曲线振幅比较大，比例系数可减小
曲线偏离恢复慢，积分系数可减小
曲线波动周期长，积分系数可加大
曲线振荡频率快，可把微分降下来
理想曲线两个波，前高后低四比一
一看二调多分析，调节质量不会低

图 3-33 参数选择口诀

上述 PID 控制器设计经验是基于 PID 发展史及众多学者的研究、算法应用总结出来的，当然在长期的工程实践中，学者们还总结了不少关于 PID 控制器参数选择的方法，读者可查阅有关资料。

3.9 项目三：垂直起降系统的时域设计

3.9.1 项目内容和要求

1）使用 MATLAB 对实验数据进行分析、解释，根据试验数据辨识模型参数。

2）学习比例、积分、微分控制，使用 MATLAB 对控制系统进行仿真，体验不同基本控制算法的特点。

3）编写程序实现控制算法，进行试验，收集整理试验数据。

4）结合理论仿真对实际运行数据进行分析、解释。

5）撰写项目报告，并利用 PPT、照片、视频等多媒体手段重点讲解实践过程，训练沟通交流、使用现代工具的能力。

3.9.2 垂直起降系统比例控制系统设计

2.8 节中已经建立了垂直起降系统的数学模型，如果实际工作中要求该系统的稳态输出角度能达到期望悬停角度（输入角度）的 95%，且整个响应过程中不出现振荡现象，能否采用比例控制器，来满足系统的稳定性和准确性要求呢？

在针对实际工程问题应用控制理论设计控制系统时，一般遵循如图 3-34 所示设计框架。首先明确实际工程问题的设计要求，然后将实际工程问题抽象为数学模型，建立系统输入量与输出量之间的相互关系，接着通过理论分析和设计解决问题，最后对进行试验验证，以验证理论设计的合理性。

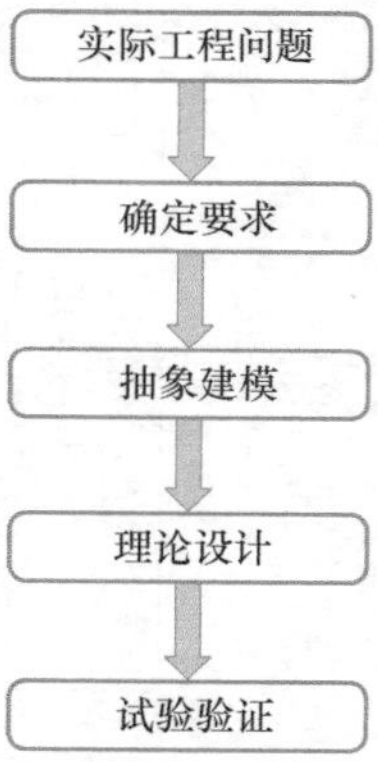

实际工程问题

确定要求

抽象建模

理论设计

试验验证

图 3-34　控制系统设计框架

根据上述设计框架，垂直起降系统比例控制系统的设计步骤如下。

1. 确定设计要求

1）准确性：稳态精度达到 95%。

2）稳定性：悬臂的响应过程不出现振荡，即超调量为 0%。

2. 建立数学模型

2.8 节中已经建立了垂直起降系统的数学模型，即式（2-55），该系统为三阶系统。设该系统的 3 个极点为 p_1，p_2，p_3，则有

$$G_{\mathrm{mp}}(s)=\frac{\Theta(s)}{U(s)}=\frac{K_{\mathrm{f}}K_{\mathrm{m}}}{(mls^2+bs-mg\sin\theta_0)(T_{\mathrm{m}}s+1)}=\frac{K}{(s-p_1)(s-p_2)(s-p_3)}$$

在实际系统中，电动机的反应速度非常快，远快于悬臂的响应速度，也就是说对应的极点远离虚轴，其他两个极点是主导极点，因此垂直起降系统简化为二阶系统，即

$$G_{\mathrm{mp}}(s)=\frac{\Theta(s)}{U(s)}=\frac{K\omega_{\mathrm{n}}^2}{s^2+2\xi\omega_{\mathrm{n}}s+\omega_{\mathrm{n}}^2}$$

式中，阻尼比 ξ、无阻尼固有频率 ω_{n}、比例系数 K 为系统参数，需要确定。在这里利用阶跃响应试验方法来辨识系统参数。具体过程为：在开环状态下给电动机施加某个电压值（工作点电压），使悬臂保持在一个角度（工作点角度）。系统稳定后在电动机电压上施加一个增量，悬臂摆角会产生一个变化，记录该过程中的电压、摆角随时间变化的数据。参数辨识试验原理框图如图 3-35 所示。

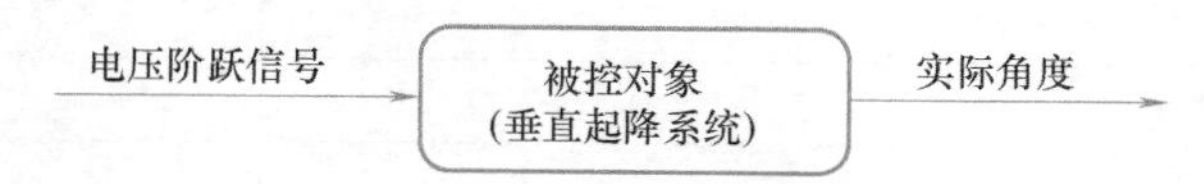

图 3-35　参数辨识试验原理框图

（1）数据处理　在参数辨识试验中获得了试验数据，利用 MATLAB 的系统辨识工具可以进行参数辨识。但首先需要对试验数据进行处理。在给定 1V 阶跃输入信号时，将原始实验数据以曲线图形式表示，如图 3-36 所示。

由图 3-36 可知系统的工作点为-40°，工作电压为 1.5V。

选取悬臂摆角阶跃响应曲线上升沿的一段作为系统辨识的数据，截取 30s 到 59.99s 之间的数据，并对该段数据进行处理，其结果见表 3-2。

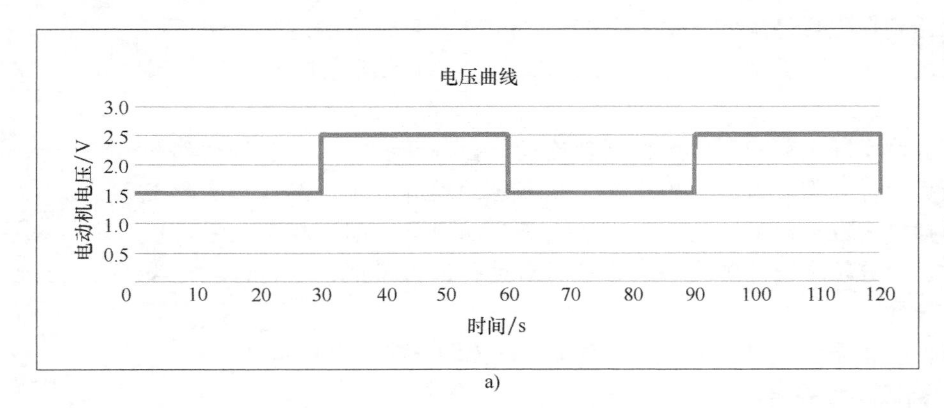

a)

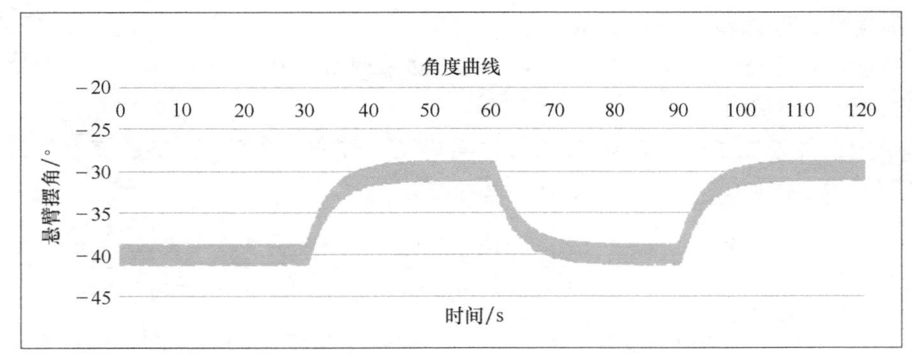

b)

图 3-36 数据显示

表 3-2 数据处理

时间/s	电压/V	角度/°
0	1	0. 5
0. 01	1	0. 9
0. 02	1	0. 1
0. 03	1	0. 9
0. 04	1	-0. 4
0. 05	1	-0. 8
0. 06	1	0. 9
0. 07	1	0. 7
0. 08	1	0. 6
0. 09	1	0. 3
…	…	…
29. 91	1	10. 1
29. 92	1	10. 2
29. 93	1	10. 6
29. 94	1	10. 2

将表 3-2 所列数据导入 MATLAB 并用图像显示，如 3-37 所示。

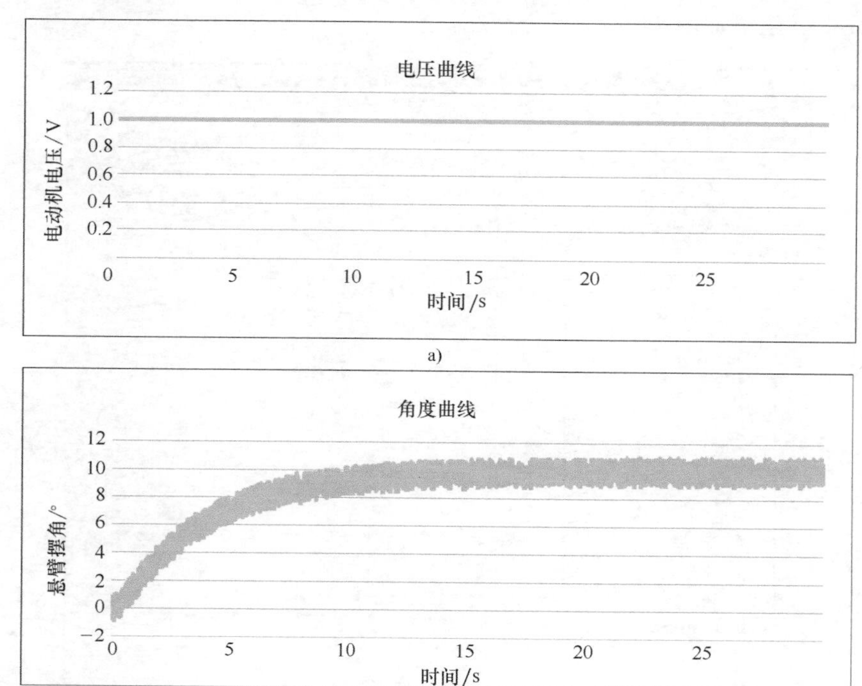

图 3-37　处理后的试验数据曲线表示

（2）参数辨识　利用 MATLAB 的系统辨识（System Identification）工具箱对处理后的数据进行系统辨识，具体步骤如下。

1）导入数据。在 MATLAB 主界面中单击“导入”按钮，选择 Excel 数据文件，系统弹出图 3-38 所示界面。

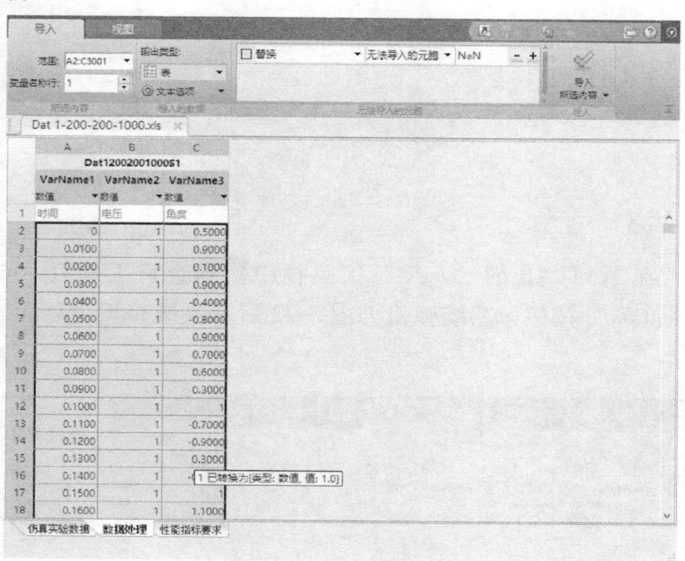

图 3-38　数据导入界面

在图 3-38 所示界面中设置输出类型为列向量，修改变量名称，这里设置为“datT”“datU”“datA”，结果如图 3-39 所示。

导入 视图
范围: A2:C3001 变量名称行: 1 输出类型: 列向量 文本选项
替换 无法导入的元胞 NaN
导入所选内容
所选内容 导入的数据 无法导入的元胞 导入
Dat 1-200-200-1000.xls

	A datT 数值	B datU 数值	C datA 数值
1	时间	电压	角度
2	0	1	0.5000
3	0.0100	1	0.9000
4	0.0200	1	0.1000
5	0.0300	1	0.9000
6	0.0400	1	-0.4000
7	0.0500	1	-0.8000
8	0.0600	1	0.9000
9	0.0700	1	0.7000
10	0.0800	1	0.6000
11	0.0900	1	0.3000
12	0.1000	1	1
13	0.1100	1	-0.7000
14	0.1200	1	-0.9000
15	0.1300	1	0.3000
16	0.1400	1	-0.1000
17	0.1500	1	1
18	0.1600	1	1.1000
19	0.1700	1	0.3000

仿真实验数据 数据处理 性能指标要求

图 3-39 数据导入界面（修改输出类型和变量名称）

最后单击“导入所选内容”按钮，即可将数据导入 MATLAB 变量空间，如图 3-40 所示。

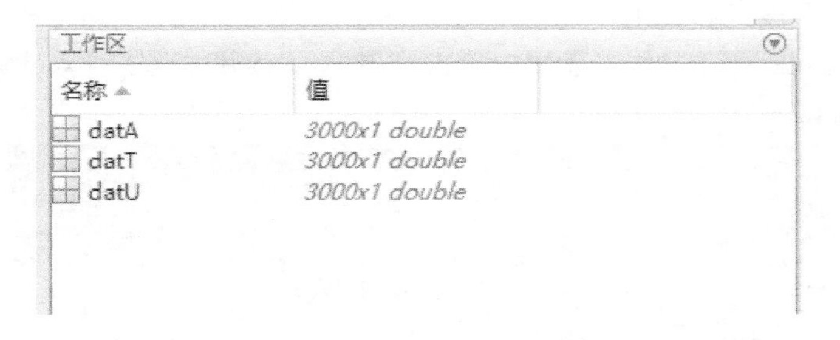

图 3-40 导入到变量空间

2）参数设置。在 MATLAB 的“APP”工具栏中找到辨识工具箱，如图 3-41 所示，单击“System Identification”按钮，系统弹出如图 3-42 所示系统辨识主界面，即“System Identification”对话框。

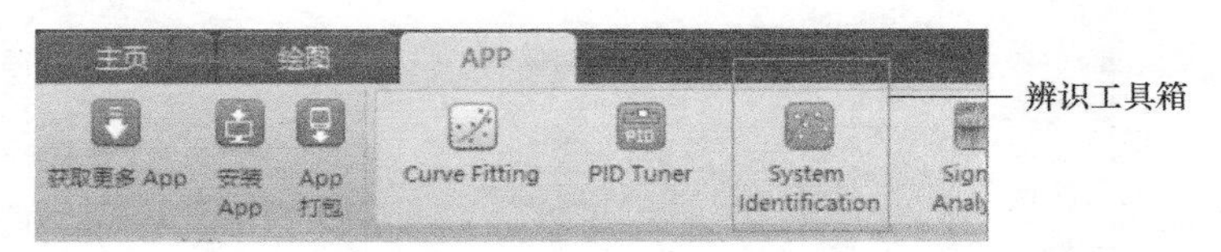

图 3-41 MATLAB 的“APP”工具栏

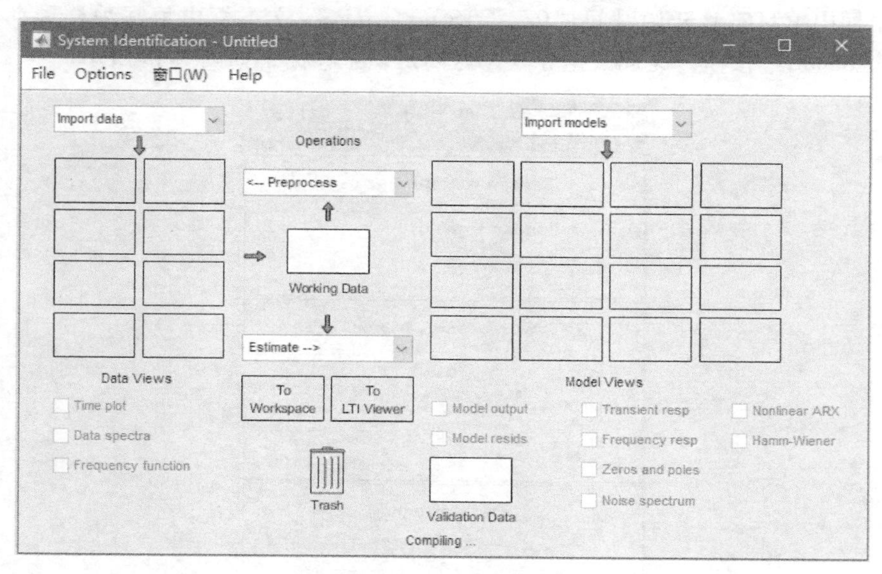

图 3-42　系统辨识主界面

在系统辨识主界面中单击“Import data”下拉列表框，选择“Time domain data”数据导入选项，如图 3-43 所示，系统弹出数据导入参数选择界面，即“Import Data”对话框，如图 3-44 所示。

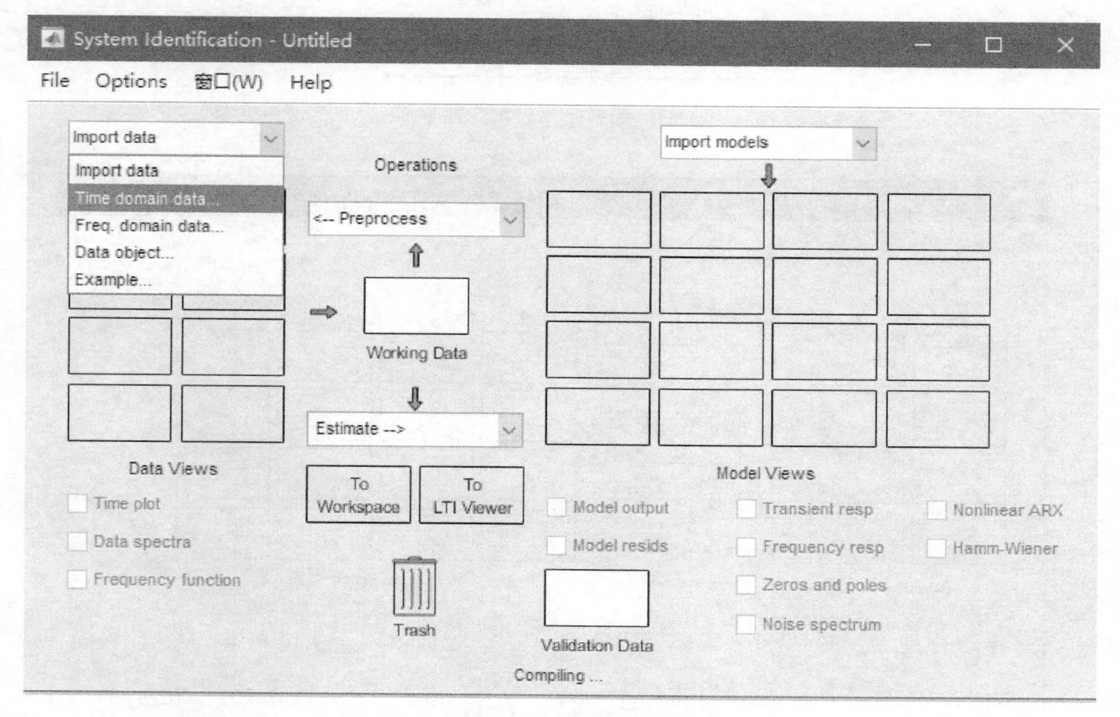

图 3-43　在系统辨识主界面选择数据导入选项

在图 3-44 所示界面“Input”文本框中填写输入变量名称“datU”，在“Output”文本框中填写输出变量名称“datA”，“Data name”文本框中填写数据名称“试验 1”，“Starting time”文本框中填写实验开始时间“0”，“Sample time”文本框中填写采样周期“0.01”。然后单击“Import”按钮，完成数据导入，返回辨识主界面，如图 3-45 所示。

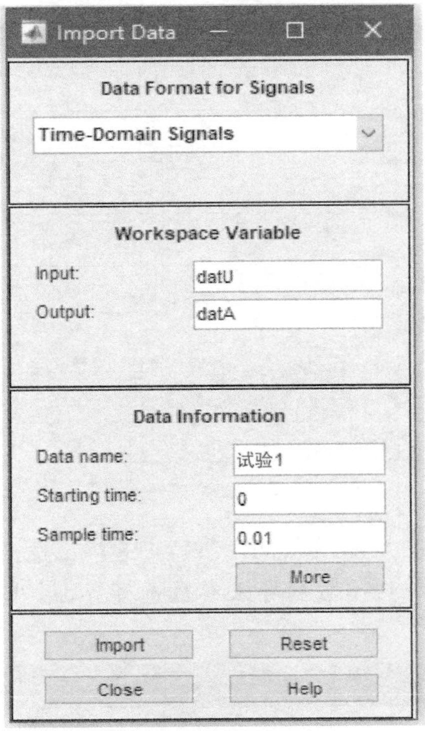

Import Data
Data Format for Signals
Time-Domain Signals
Workspace Variable
Input:
datU
Output:
datA
Data Information
Data name:
试验1
Starting time:
0
Sample time:
0.01
More
Import
Reset
Close
Help

图 3-44 数据导入参数选择界面

System Identification - Untitled
File
Options
窗口(W)
Help
Import data
Operations
Import models
试验1
<-- Preprocess
试验1
Working Data
Estimate -->
Data Views
Time plot
Data spectra
Frequency function
To Workspace
To LTI Viewer
Trash
试验1
Validation Data
Model Views
Model output
Model resids
Transient resp
Frequency resp
Zeros and poles
Noise spectrum
Nonlinear ARX
Hamm-Wiener
Data set 实验1 inserted. Double click on icon (right mouse) for text information.

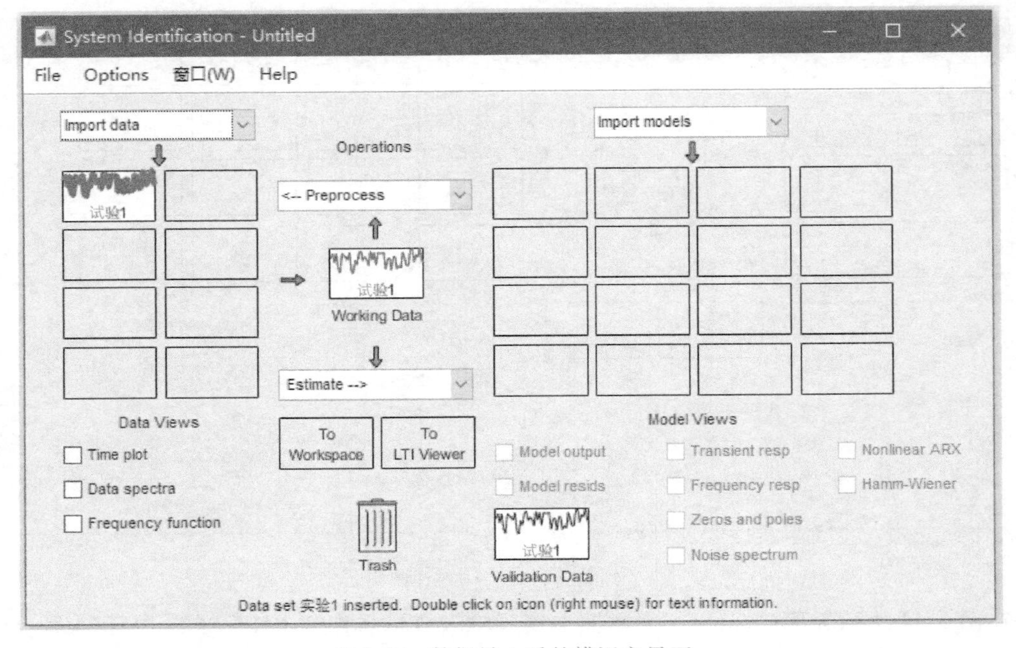

图 3-45 数据导入后的辨识主界面

3）辨识。在辨识主界面的“Estimate”下拉列表框中选择“Transfer Function Models”选项，如图 3-46 所示，系统弹出如图 3-47 所示的模型参数输入界面，即“Transfer Functions”对话框。在该界面中可以修改模型名称、输入期望模型的极点数和零点数等。

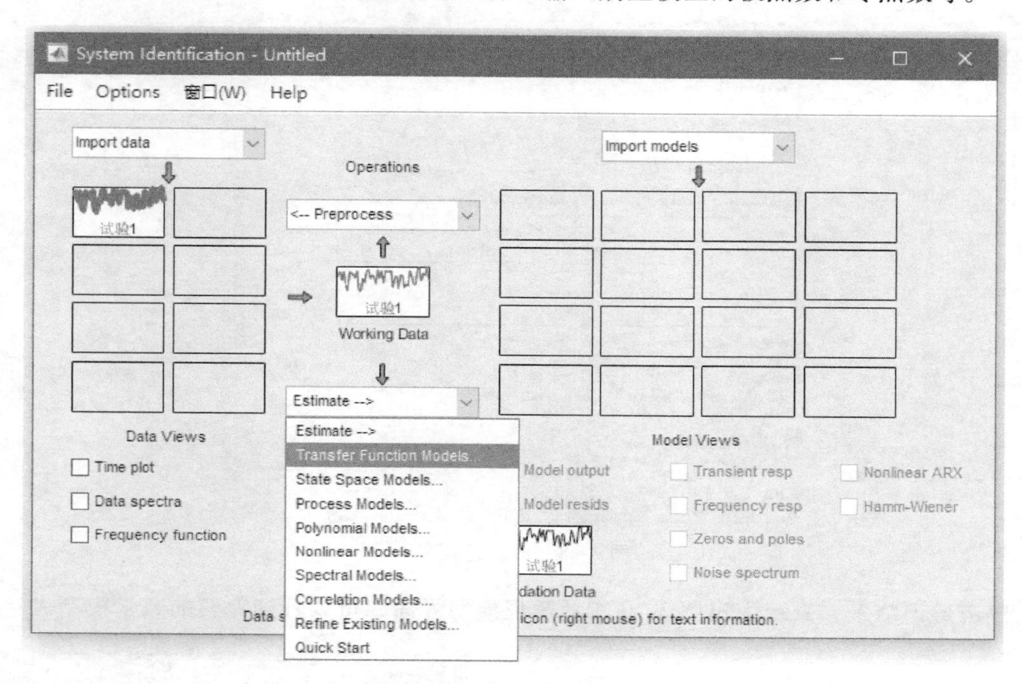

图 3-46　数据导入后的辨识主界面

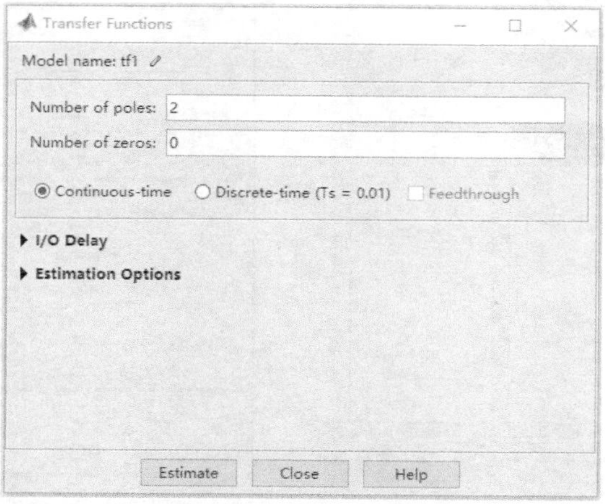

图 3-47　模型参数输入界面

根据试验曲线走势，本次试验与一阶系统或无超调二阶系统类似，辨识为一阶系统或二阶系统都可以。这里选择二阶系统，即 2 个极点，0 个零点。单击“Estimate”按钮，系统弹出图 3-48 所示辨识过程界面，即“Plant Identification Progress”对话框，开始辨识。辨识完成后关闭图 3-48 所示界面，退回到辨识主界面。

在辨识主界面右侧的模型部分已经可以看预览的辨识结果，选中试验数据和辨识结果两个框（加粗表示选中），再勾选“Model output”复选框，系统弹出图 3-49 所示的拟合情况界面，即“Model Output”对话框，拟合程度为 75.7%。

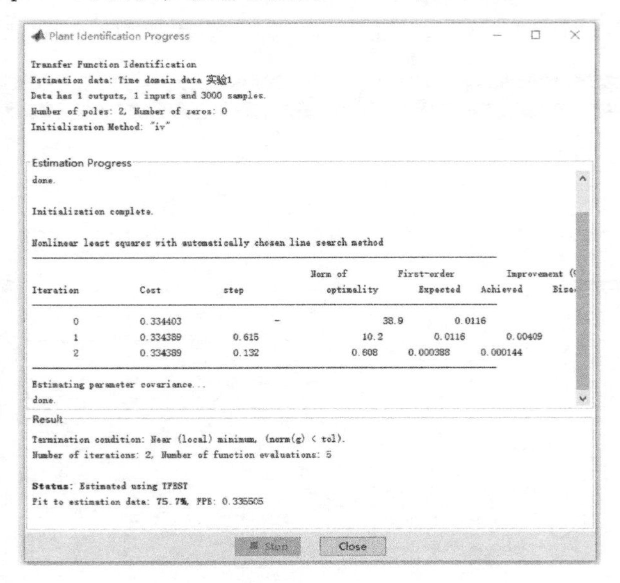

图 3-48　辨识过程界面

单击辨识结果，系统弹出图 3-50 所示辨识模型界面，可以看到完整的数学模型表达式。

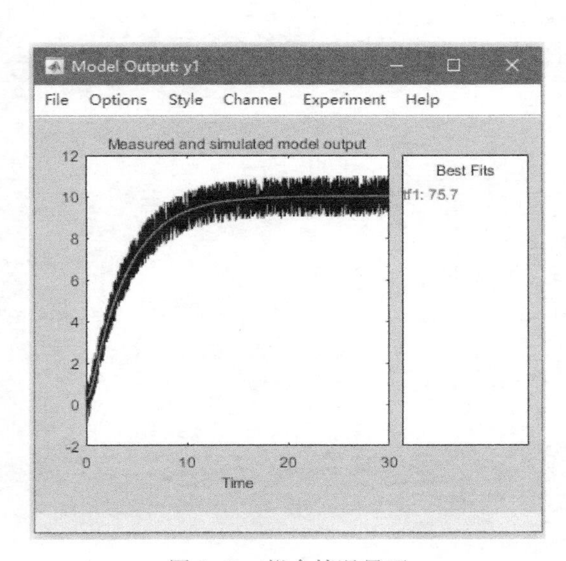

图 3-49　拟合情况界面

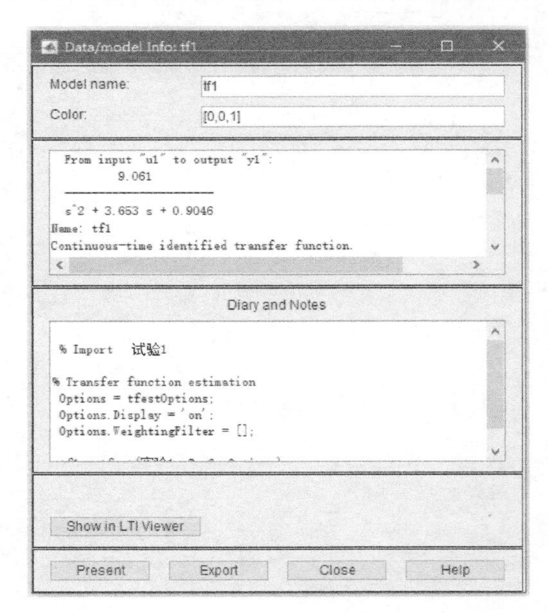

图 3-50　辨识模型界面

最终得到系统的传递函数为

$$G_{mp}(s)=\frac{\Theta(s)}{U(s)}=\frac{K\omega_n^2}{s^2+2\xi\omega_n s+\omega_n^2}=\frac{9.061}{s^2+3.653s+0.9046}$$

确定系统传递函数的参数 $K=10.017$，$\omega_n=0.951$，$\xi=1.921$。由于参数辨识结果是通过试验得到的，是存在误差的，因此可以对参数进行圆整，即取 $K=10$，$\omega_n=1$，$\xi=2$。

最终得到系统的传递函数为

$$G(s)=\frac{\Theta_a(s)}{U(s)}=\frac{K\omega_n^2}{s^2+2\xi\omega_n s+\omega_n^2}=\frac{10}{s^2+4s+1}$$

对该系统施加比例控制，其系统框图如 3-51 所示。

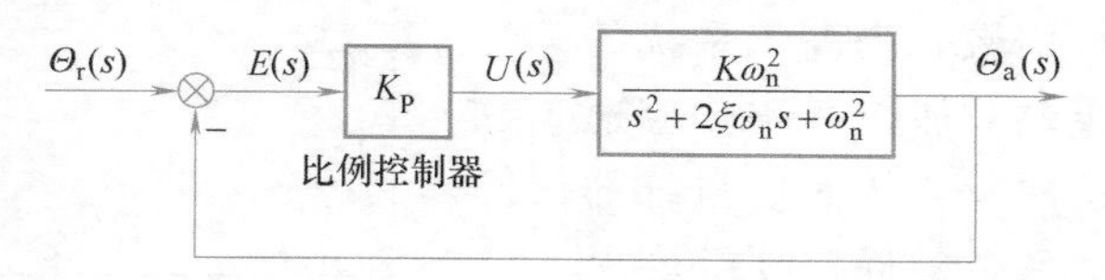

图 3-51　比例控制系统框图

该系统的闭环传递函数为

$$G_B(s)=\frac{\Theta_a(s)}{\Theta_r(s)}=\frac{K_P G(s)}{1+K_P G(s)}=\frac{K_c\omega_{nc}^2}{s^2+2\xi_c\omega_{nc}s+\omega_{nc}^2}$$

该系统为二阶系统，其阻尼比为

$$\xi_c=\frac{2}{\sqrt{1+10K_P}}$$

系统的放大倍数为

$$K_c=\frac{10K_P}{1+10K_P}$$

3. 理论设计

1）准确性：稳态精度达到期望值的 95%，因此放大倍数需满足

$$K_c=\frac{10K_P}{1+10K_P}\geqslant 0.95$$

可解得

$$K_P\geqslant 1.9,取\ K_P=1.9$$

2）稳定性：悬臂系统的单位阶跃响应不出现振荡，因此阻尼比需满足

$$\xi_c=\frac{2}{\sqrt{1+10K_P}}\geqslant 1$$

可解得

$$K_P\leqslant 0.3,取\ K_P=0.3$$

根据上述分析可以看到，一个 K_P 两个需求，且稳定性和准确性间没有交集，无法平衡，因此单独引入比例控制器无法同时满足系统对稳定性和准确性的要求。

4. 试验验证

根据理论分析，采用 MATLAB 仿真验证，分别取 $K_P=1.9$ 和 $K_P=0.3$ 时，该比例控制系统的单位阶跃响应曲线如图 3-52 所示。

由图 3-52 可以看出，当 $K_P=1.9$ 时，悬臂系统的稳态输出角度能达到期望悬停角度（输入角度）的 95%，但响应过程出现振荡现象。当 $K_P=0.3$ 时，系统的响应过程没有出现振荡现象，但是悬臂系统的稳态输出角度仅能达到期望悬停角度（输入角度）的 75%，稳态精度不满足系统要求，因此单独引入比例控制器无法同时满足系统对稳定性和准确性的要求。

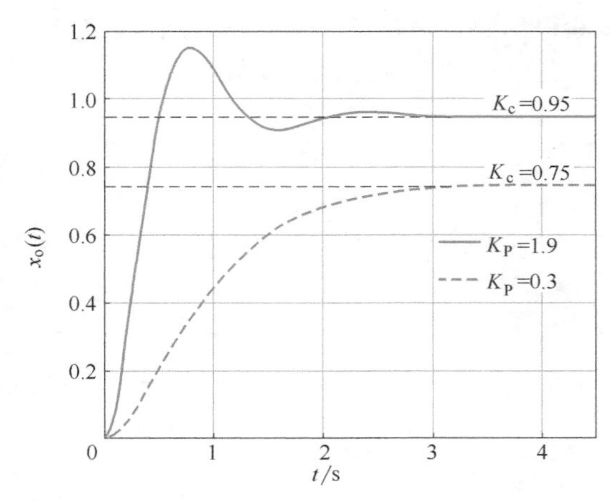

图 3-52 不同 K_P 取值下的比例控制系统单位阶跃响应曲线

综上所述，调整比例控制的比例系数 K_P 相当于调整系统的放大倍数，提高了系统的开环增益，减少稳态误差，加快系统响应速度，但会增大系统的超调量，从而使系统的稳定性变差。因此比例系数的确定要综合考虑，某种程度上是一种折中的选择。但有时仅靠调整比例系数无法同时满足系统的各项性能指标要求。

思考：比例控制器与其他控制规律结合，如微分控制和积分控制一起应用，能否同时满足系统对稳定性和准确性的要求。

3.9.3 垂直起降系统比例加微分控制器设计

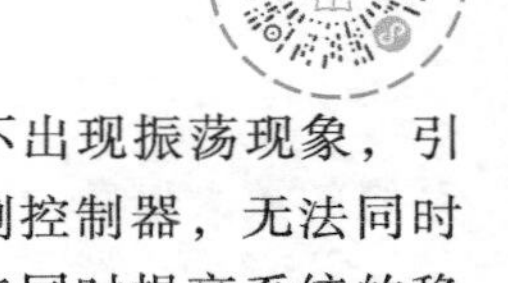

在 3.9.2 小节中，为使系统的稳态精度达到 95%，且整个响应过程不出现振荡现象，引入了比例控制器，但从理论分析和实验验证结果可以看出，单纯引入比例控制器，无法同时满足系统对稳定性和准确性的要求，那么能否采用比例加微分控制器，来同时提高系统的稳定性和准确性，使其满足工作要求呢？

1. 确定设计要求

1）准确性：稳态精度达到 95%。

2）稳定性：悬臂的响应过程不出现振荡。

2. 建立数学模型

悬臂系统传递函数为

$$G(s)=\frac{\Theta_a(s)}{U(s)}=\frac{K\omega_n^2}{s^2+2\xi\omega_n s+\omega_n^2}=\frac{10}{s+4s+1}$$

对该系统施加比例加微分控制，其系统框图如 3-53 所示。

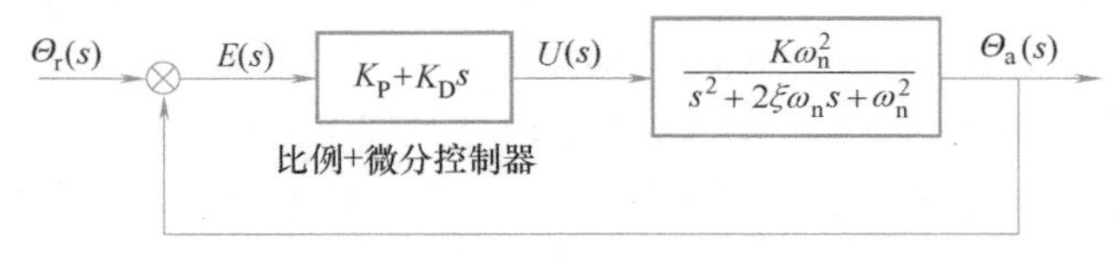

图 3-53 比例加微分控制系统框图

该系统的闭环传递函数为

$$G_B(s)=\frac{\Theta_a(s)}{\Theta_r(s)}=\frac{(K_P+K_Ds)G(s)}{1+(K_P+K_Ds)G(s)}=\frac{K_DK\omega_n^2s+K_PK\omega_n^2}{s^2+(2\xi+K_DK\omega_n)\omega_n s+(1+K_PK)\omega_n^2}$$

式中，$K_D K\omega_n^2 s$ 项虽然为非常数项，但该系统传递函数分母仍为一个二阶系统，因此该系统可近似为一个二阶系统以进行分析，其闭环传递函数为

$$G_B(s)=\frac{\Theta_a(s)}{\Theta_r(s)}=\frac{K_P K\omega_n^2}{s^2+(2\xi+K_D K\omega_n)\omega_n s+(1+K_P K)\omega_n^2}=\frac{K_c\omega_{nc}^2}{1+2\xi_c+\omega_{nc}+\omega_{nc}^2}$$

该系统为二阶系统，其阻尼比为

$$\xi_c=\frac{2\xi+K_D K\omega_n}{2\sqrt{1+K_P K}}$$

系统的放大倍数为

$$K_c=\frac{K_P K}{1+K_P K}$$

3. 理论设计

1）准确性：稳态精度达到95%，因此放大倍数需满足

$$K_c=\frac{K_P K}{1+K_P K}=\frac{10K_P}{1+10K_P}\geqslant 0.95$$

可解得

$$K_P\geqslant 1.9$$

增大 K_P，放大倍数 K_c 也会增大，系统的稳态精度得到提高。

2）稳定性：悬臂系统的单位阶跃响应不出现振荡，因此阻尼比需满足

$$\xi_c=\frac{2\xi+K_D K\omega_n}{2\sqrt{1+K_P K}}=\frac{4+10K_D}{2\sqrt{1+10\times 1.9}}\geqslant 1$$

可解得

$$K_D\geqslant 0.49$$

当 K_P 一定时，增大 K_D，阻尼比 ξ_c 也会增大，而阻尼比 ξ_c 的增大可以有效抑制振荡，提高了系统的稳定性。

理论上 K_P 与 K_c 成正比，当 $K_P\to\infty$ 时，放大倍数 $K_c\to 1$，此时系统的输出量等于输入量，系统的稳态误差为0。但阻尼比 ξ_c 与 K_P 成反比，当 K_D 一定时，阻尼比 ξ_c 随着 K_P 增大而减小，系统抑制振荡的能力减弱，系统的稳定性降低，因此设计系统时需要选择合适 K_P 和 K_D 值。

一般在选择 K_P 和 K_D 值时，先由小到大调节 K_P 值，在响应过程出现振荡后，再由小到大调节 K_D 值，抑制振荡，在系统稳定性和准确性之间寻找平衡。

4. 试验验证

根据上述理论分析，采用 MATLAB 仿真验证，分别取 $K_P=1.9$，$K_D=0.49$，得到比例加微分控制的悬臂系统的单位阶跃响应曲线如图 3-54 所示。

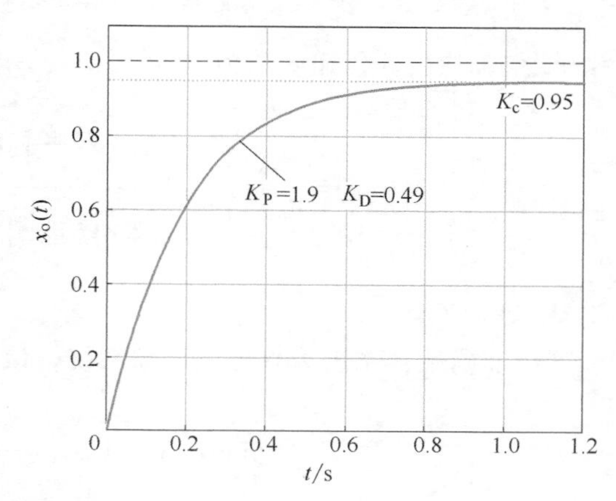

图 3-54　$K_P=1.9$，$K_D=0.49$ 时悬臂系统单位阶跃响应曲线

由图 3-54 可以看出，当 $K_P=1.9$，$K_D=0.49$ 时，系统输出既能满足系统的准确性要求（稳态精度达到95%），又能满足系统的稳定性要求（悬臂系统的整个响应过程没有出现振荡）。

综上所述，选用合适的比例加微分控制器参数 K_P 和 K_D，可以设计合理的阻尼比和无阻尼固有频率，从而使系统的超调量和调整时间都满足设计要求。但是微分控制作用只对瞬态过程有效，而对偏差信号无变化或变化极其缓慢的稳态过程无效，所以微分控制不能单独使用，它总是和比例控制一起应用于控制系统中。

思考：垂直起降系统在引入比例加微分控制后，悬臂的准确性和稳定性均满足系统性能指标要求，如果在实际应用中，需要进一步提高系统性能，在保证系统稳定的前提下，能否将系统稳态精度提高到 100%？

3.9.4 垂直起降系统比例加积分控制器设计

比例加积分控制器中的积分控制作用，可以使系统的型次得到提高，从而使系统的稳态误差得以减少或消除，系统的稳态精度得到改善。因此为将垂直起降系统的稳态精度提高到 100%，本小节引入比例加积分控制器，来提高系统的准确性，使系统满足工作要求。

1. 确定设计要求

1）准确性：稳态精度达到 100%。

2）稳定性：悬臂的单位阶跃响应不出现振荡。

2. 建立数学模型

悬臂系统传递函数为

$$G(s)=\frac{\Theta_a(s)}{U(s)}=\frac{K\omega_n^2}{s^2+2\xi\omega_n s+\omega_n^2}=\frac{10}{s+4s+1}$$

对该系统施加比例加积分控制，其系统框图如图 3-55 所示。

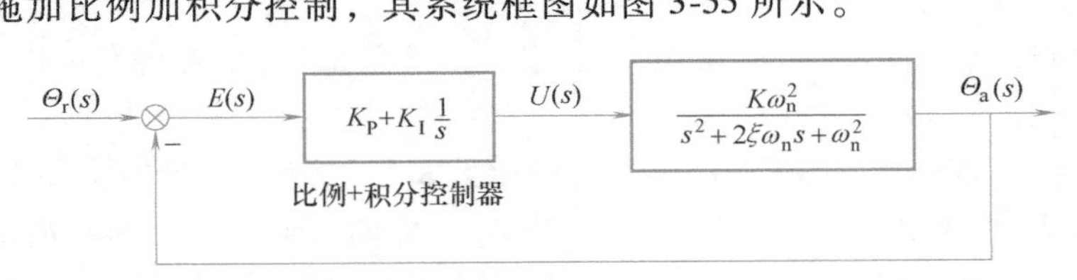

图 3-55 比例加积分控制系统框图

该系统的闭环传递函数为

$$G_B(s)=\frac{\Theta_a(s)}{\Theta_r(s)}=\frac{\left(K_P+K_I\dfrac{1}{s}\right)G(s)}{1+\left(K_P+K_I\dfrac{1}{s}\right)G(s)}=\frac{10(K_P s+K_I)}{s^3+4s^2+(10K_P+1)s+10K_I}$$

3. 理论设计

1）准确性：系统为单位负反馈系统，该系统的稳态误差 $e_{ss}(t)$ 为

$$e_{ss}(t)=\lim_{s\to 0}sE(s)=\lim_{s\to 0}s\frac{\Theta_r(s)}{1+\left(K_P+K_I\dfrac{1}{s}\right)K\dfrac{\omega_n^2}{s^2+2\xi\omega_n s+\omega_n^2}}=0$$

不管 K_P 和 K_I 如何变化，系统的稳态误差都为零。积分环节的引入使系统的型次增加，

系统由原来的 0 型系统提高到了Ⅰ型系统，从而使稳态精度大为改善。

2）稳定性：令系统闭环传递的分母等于零，得到系统的特征方程，即

$$s^3+4s^2+(10K_P+1)s+10K_I=0$$

要使系统稳定，首先应有特征方程的各项系数均大于零，满足系统稳定的必要条件，即

$$K_P>-0.10, K_I>0$$

由特征方程系数构成劳斯表为

$$\begin{array}{c|cc} s^3 & 1 & 10K_P+1 \\ s^2 & 4 & 10K_I \\ s^1 & 40K_P+4-10K_I & 0 \\ s^0 & 10K_I & \end{array}$$

要使系统稳定，劳斯表的第一列元素应均大于零，满足系统稳定的充分条件，因此有

$$20K_P-5K_I+2>0$$

对于 K_P 和 K_I 的选择，通过设计零点 $s=-\dfrac{K_I}{K_P}$ 的位置，确定 K_P 和 K_I 值。一般使所设计的零点距离原点最近，同时距离被控过程的主导极点又尽量远，且 K_P 和 K_I 值尽量小。

4. 试验验证

根据理论分析结果，采用 MATLAB 仿真验证，K_P 和 K_I 取值不同时，比例加积分控制系统的单位阶跃响应曲线如图 3-56 所示。

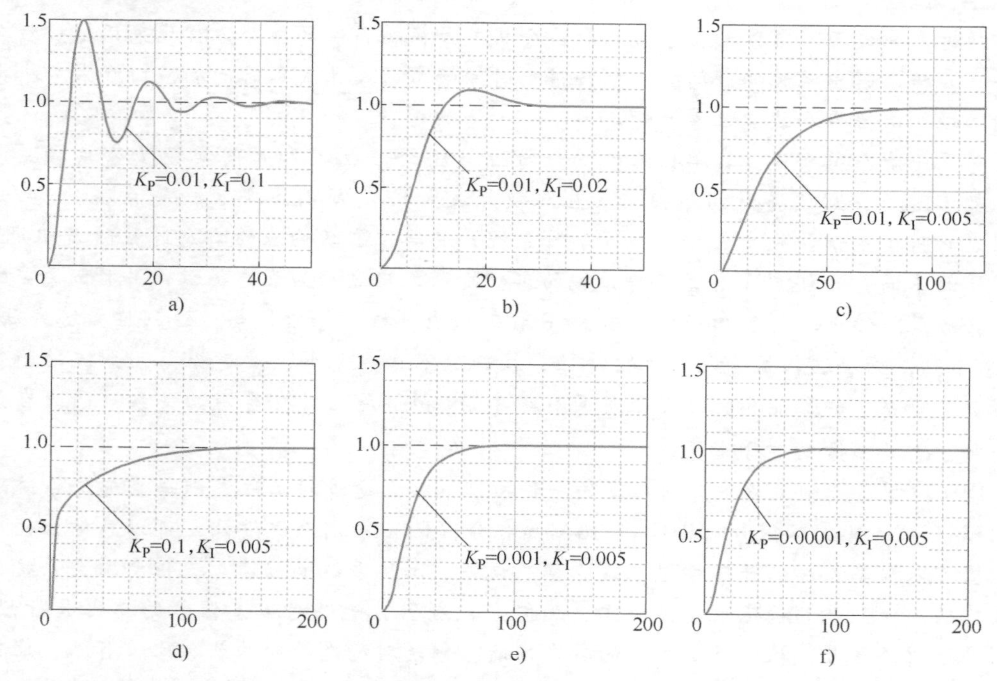

图 3-56　K_P 和 K_I 取值不同时系统单位阶跃响应曲线

由图 3-56 可以看出，在引入比例加积分控制器后，虽然 K_P 和 K_I 的取值不同，但系统的稳态误差均为零，稳态精度达到了 100%，满足了系统对准确性的要求。由图 3-56a ~ c 可

以看出，当 K_P 为定值 0.01 时，超调量随 K_I 减小而减小；由图 3-5d～f 可以看出，当 K_I 等于 0.005 时，系统的超调量为零，悬臂的单位阶跃响应不出现振荡，满足稳定性要求。不同 K_P 和 K_I 取值下的超调量、上升时间及调整时间等性能指标见表 3-3。

表 3-3 不同 K_P 和 K_I 取值下的系统性能指标

性能指标	K_I/K_P	K_I	K_P	超调量(%)	上升时间 t_r/s	调整时间 t_s/s
1	10	0.1	0.01	49.5	2.43	33.3
2	2	0.02	0.01	9.15	8.02	25.4
3	0.5	0.005	0.01	0	40	71.4
4	5	0.005	0.001	0	35.7	64.6
5	50	0.005	0.00001	0	35.2	63.8
6	0.05	0.005	0.1	0	60.3	122

由图 3-56 和表 3-3 可以看出，当 K_I 为定值 0.005 时，系统的上升时间和调整时间则随 K_P 的减小而减小，系统的快速性增加。

综上所述，引入比例加积分控制器，系统的型次提高，使系统的稳态误差得以消除或减小，系统的稳态精度得到改善；但同时，积分环节也增加了相位滞后，使系统的相位裕度减小，系统的稳定性变差，适当选取 K_P 和 K_I 参数，能够使系统的稳定性和准确性满足要求。

本章小结

通过本章学习，可以看出系统的时域分析就是根据系统的微分方程，采用拉普拉斯变换法来直接求解出系统的时间响应，再根据时间响应的表达式和时间响应曲线来分析系统的稳定性、准确性和快速性等性能。

对于一阶系统来说，其单位阶跃响应特性与放大倍数 K 和时间常数 T 密切相关。时间常数 T 越小，则调整时间越短，反应越快。放大倍数 K 则决定了一阶系统的稳态值，即稳态时将输入信号放大 K 倍。对于二阶系统，其单位阶跃响应的瞬态过程随着阻尼比 ξ 的不同而不同，当 $0<\xi<1$ 时，二阶系统的单位阶跃响应过程为衰减振荡，并且随着 ξ 的减小，其振荡特性表现得愈加强烈。当 $\xi=0$ 时，响应过程为等幅振荡，达到临界稳定状态。在 $\xi\geqslant1$ 时，响应过程呈单调上升的特性，且响应不存在超调，没有振荡，系统的稳定性较好。二阶系统的性能指标与无阻尼固有频率 ω_n 和阻尼比 ξ 有着密切关系，因此在设计系统时，需要多方面综合考虑。

PID 控制是控制工程中应用广泛的一种控制策略。通过对工程案例垂直起降系统进行的比例（P）、比例加微分（PD）和比例加积分（PI）控制系统设计，可以总结出：比例控制器可以提高系统的开环增益，减少稳态误差，加快系统响应速度，但会增大系统的超调量，从而使系统的稳定性变差；比例加微分控制器，能够对偏差信号的变化进行预测，引入早期纠正信号，从而改善系统的瞬态性能，但是对稳态性能的改善比较有限；比例加积分控制器可将系统型次提高一阶，可以消除或减小系统的稳态误差，使系统的稳态精度得到改善，但是积分环节会使系统的相位裕度减小，从而使系统的稳定性变差。而 PID 控制器则是集中比例、积分、微分三种基本控制规律的优点，并通过系数 K_P、K_I 和 K_D

三个参数的灵活调节来改善系统的性能。对于 PID 控制器来说，关键是如何选择 K_P、K_I 和 K_D 三个参数。

通过垂直起降系统的比例、比例加微分、比例加积分控制系统的设计过程，我们可以总结出在应用基本控制规律解决实际工程问题时，一般所遵循的设计思路：首先确定系统的要求，然后对系统进行抽象建模，其次对系统进行理论设计，最后进行试验验证。

为更好地给读者呈现不同控制器下，系统的响应规律，本章对垂直起降系统的验证工作主要采用 MATLAB 软件进行验证。但是学贵于知之，更贵于行之，我们在学习过程中组建自己的设计团队，借助团队力量来共同搭建出垂直起降系统的机械和电气系统，并通过对所搭建系统数学模型的建立、时域分析，以及后面章节所介绍的频域分析和系统校正等内容的实现，使我们更好地理解控制系统分析和设计理论，同时也可以培养我们应用基本控制规律解决复杂工程问题能力。在与团队成员共同完成垂直起降系统设计的过程中，也培养了我们的沟通表达、团队协作和终身学习能力。

习题与项目思考

3-1　什么是时间响应？时间响应由哪两部分组成？

3-2　试描述一阶系统的阶跃响应的定义及其曲线形状。

3-3　如何描述二阶系统的阶跃响应及其时域性能指标？

3-4　典型二阶系统传递函数的，两个重要参数是什么？对系统性能的影响如何？

3-5　试分析二阶系统特征根的位置与阶跃响应曲线之间的关系。

3-6　试分析 PID 控制器的作用及特点。

3-7　设单位负反馈系统的开环传递函数为

$$G(s)=\frac{4}{s(s+5)}$$

试求系统的单位阶跃响应。

3-8　设有一闭环系统的传递函数为

$$G_B(s)=\frac{X_o(s)}{X_i(s)}=\frac{\omega_n^2}{s^2+2\xi\omega_n s+\omega_n^2}$$

为使系统的单位阶跃响应有5%的超调量和 $t_s=2\text{s}$ 的调整时间，试求 ξ 和 ω_n 为多少。

3-9　试求如图 3-57 所示系统的闭环传递函数，并求出闭环阻尼比为 0.5 时所对应的 K 值，并求单位阶跃输入时该系统的调整时间、最大超调量和峰值时间。

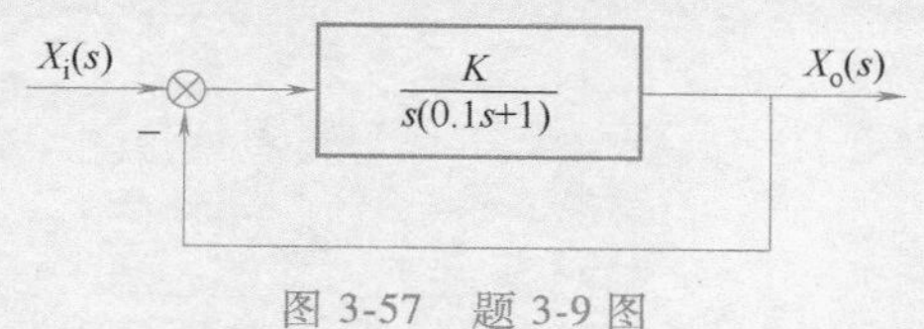

图 3-57　题 3-9 图

3-10　如图 3-58 所示的一个二阶系统，试分析采用 PD 控制器对系统控制性能的影响。

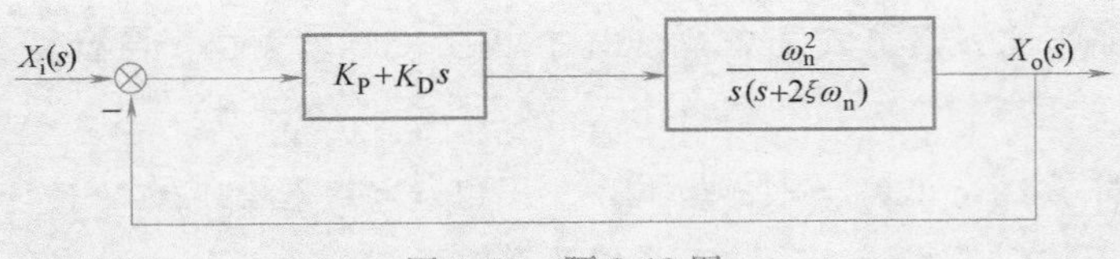

图 3-58 题 3-10 图

3-11 在图 3-59 所示的控制系统中采用了 PI 控制器，试分析它在改善系统稳定性中的作用。

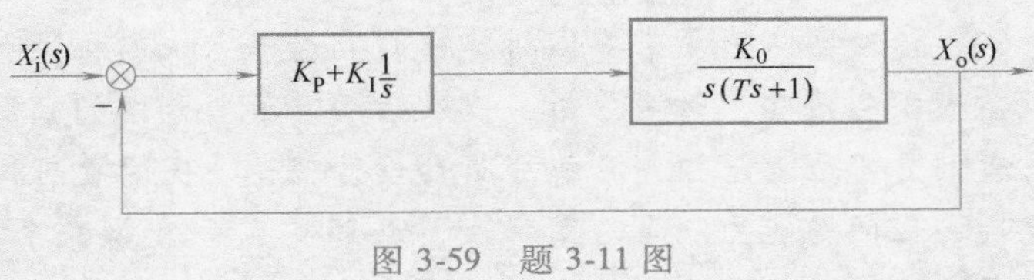

图 3-59 题 3-11 图

3-12 请查阅资料，自行编写垂直起降系统 PID 控制算法。

第 4 章 频域分析与设计

在第 3 章讨论了系统的时域特性，可以看出，利用微分方程求解系统动态响应过程和系统输出随时间的变化情况比较直观。但是，对于三阶及以上的高阶系统，用微分方程式求解系统的动态过程比较麻烦，系统越复杂，微分方程的阶次越高，求解微分方程的计算工作量越大。另外，也很难求得高阶系统结构、参数和响应性能之间的明确关系。因此，当系统响应不满足技术要求时，就很难确定如何调整系统，特别当环节或系统的微分方程难以列写时，也无法应用时间响应分析法对系统进行分析研究。

本章主要围绕频率响应的概念及其图解表示方法进行介绍，重点讲解频率特性的对数坐标图和极坐标图的绘制及系统的频率响应分析。频域分析法是分析线性定常系统性能的另一种广泛应用的方法，是进行系统稳定性研究、品质分析和系统设计的一种很有效的方法。频域分析法是一种图解分析方法，其特点是可根据开环频率响应特性来研究闭环系统的性能，而不用求解系统的微分方程。另外，频域性能指标与时域性能指标之间有着一定的对应关系，频率响应特性又能反映出系统的结构和参数，因此，利用频率响应分析方法可以方便地分析系统中的各参数对系统性能的影响，从而进一步指出改善系统性能的途径。对于高阶系统的性能分析，频域分析法较为方便。

另外，频率特性可以由试验确定，这在难以列写系统动态数学模型时更为有用。在机械工程领域中，有许多问题需要研究系统在不同频率输入信号作用下的响应特性。例如，机械振动学主要研究机械结构在受到不同频率的作用力时产生的受迫振动和由系统本身内在反馈所引起的自激振动，还有与其相关的谐振频率、机械阻抗、动刚度、抗振稳定性等，这实质上就是机械系统的频率特性。再如，在机械加工过程中产品的加工精度、表面质量及加工过程中的自激振动都与加工工艺装备所构成机械系统的频率特性密切相关。因此，频率响应分析方法对于机械系统及过程的分析和设计是一种十分重要的方法。

本章学习要点：了解频率特性的基本概念，知悉频率特性的表示方法，熟练运用几何稳定判据，掌握系统的相对稳定性及闭环频率特性。

在实践项目中，针对垂直起降系统工程案例，结合本章学习知识点，对系统进行频域分析与设计，以满足设计要求。

4.1 问题引入

在针对实际工程问题应用控制理论设计控制系统时，一般设计步骤包括明确设计要求、建立系统数学模型（传递函数，系统辨识）、设计控制器类型和参数及试验验证。前文已对垂直起降系统进行理论建模，确定了系统的传递函数，并通过使用系统辨识工具箱辨识系统传递函数，对数据进行处理，得到垂直起降系统的数学模型；同时也根据性能指标的要求及系统辨识出来的参数选择合适的 K_P、K_D 的值，分别设计了比例（P）、比例加微分（PD）和比例加积分（PI）控制器，并在 MATLAB 中进行了仿真检验。

思考：针对垂直起降系统，在进行时域分析时，将数学模型简化为二阶系统，而实际上垂直起降系统是高阶系统，如何对垂直起降高阶系统进行频域分析，如何利用频域分析方法确定系统的稳定性及稳定程度呢？

4.2 频率特性

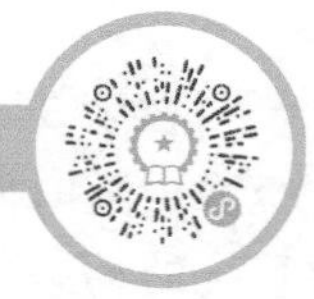

4.2.1 频率响应

频率响应是线性定常系统对正弦输入信号的稳态响应。即对于线性定常系统，输入某一频率的正弦信号，经过足够长的时间后，系统的输出响应仍是同频率的正弦信号，但幅值和相位发生了变化。其输出信号的幅值正比于输入信号的幅值，且是输入信号的频率 ω 的非线性函数；其输出信号的相位与输入信号幅值无关，与输入信号的相位之差是 ω 的非线性函数。

对传递函数为 $G(s)$ 的线性系统输入正弦信号，如图 4-1 所示，输入正弦信号为

$$x_i(t)=A\sin\omega t \tag{4-1}$$

则系统的稳态输出也是同频率的正弦信号，如图 4-2 所示，即系统对正弦输入的稳态响应为

$$x_o(t)=B\sin(\omega t+\varphi) \tag{4-2}$$

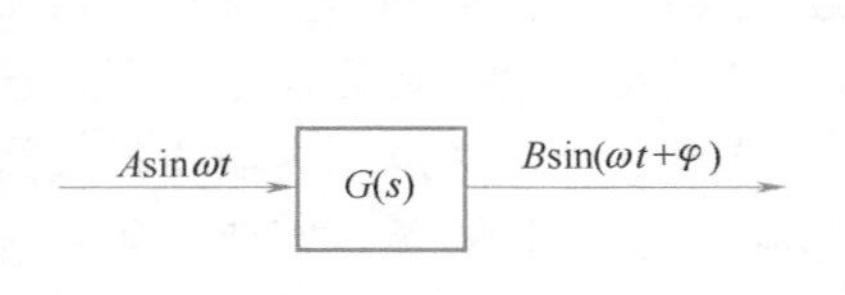

图 4-1 输入正弦信号的线性系统

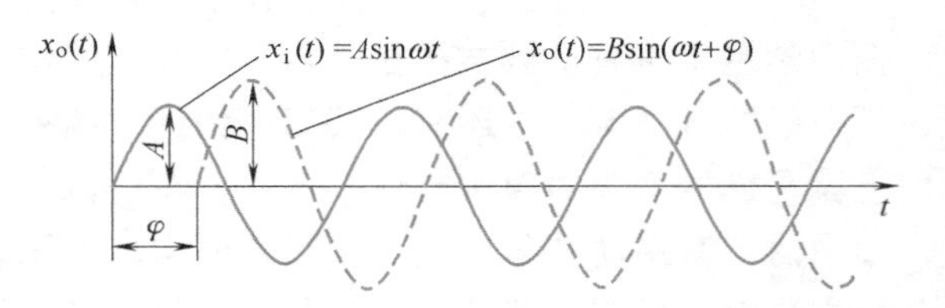

图 4-2 正弦输入及稳态输出波形

例 4-1 有一 RC 电路如图 4-3 所示，求系统的稳态响应。

解：该电路的传递函数为

$$G(s)=\frac{1}{Ts+1}$$

式中，T 为时间常数，$T=RC$。

图 4-3 RC 电路

设正弦输入信号为

$$u_i(t)=A\sin\omega t$$

取拉氏变换为

$$U_{\mathrm{i}}(s)=\frac{A\omega}{s^2+\omega^2}$$

因而电路的输出为

$$U_{\mathrm{o}}(s)=G(s)U_{\mathrm{i}}(s)=\frac{1}{Ts+1}\cdot\frac{A\omega}{s^2+\omega^2}$$

取拉氏反变换并整理得

$$u_{\mathrm{o}}(t)=\frac{AT\omega}{1+T^2\omega^2}\mathrm{e}^{-t/T}+\frac{A}{\sqrt{1+T^2\omega^2}}\sin(\omega t-\arctan T\omega)$$

即得到由输入信号引起的时间响应。其中，第一项是瞬态分量，第二项是稳态分量。当 $t\to\infty$ 时，瞬态分量趋近于零，所以系统的稳态响应为

$$\begin{aligned}u_{\mathrm{o}}(t)&=\frac{A}{\sqrt{1+T^2\omega^2}}\sin(\omega t-\arctan T\omega)\\&=A|G(\mathrm{j}\omega)|\sin[\omega t+\angle G(\mathrm{j}\omega)]\\&=B\sin[\omega t+\varphi(\omega)]\end{aligned}$$

上述分析表明，当电路的输入信号为正弦信号时，其输出信号的稳态响应（即频率响应）也是一个正弦信号，其频率与输入信号的频率相同，但幅值和相位发生了变化，幅值 $B=A|G(\mathrm{j}\omega)|=\frac{A}{\sqrt{1+T^2\omega^2}}$，相位 $\varphi(\omega)=\angle G(\mathrm{j}\omega)=-\arctan T\omega$，其变化取决于 ω。显然，频率响应只是时间响应的一个特例。

4.2.2 频率特性

线性系统在正弦输入信号作用下，其稳态输出信号与输入信号的幅值比是输入信号频率 ω 的函数，称其为系统的幅频特性，记为 $|G(\mathrm{j}\omega)|$，即

$$|G(\mathrm{j}\omega)|=\frac{B\sin[\omega t+\varphi(\omega)]}{A\sin\omega t} \tag{4-3}$$

系统的幅频特性描述了在稳态情况下，当系统输入不同频率的正弦信号时，其幅值的衰减或增大的特性。

稳态输出信号与输入信号的相位差 $\varphi(\omega)$ 也是 ω 的函数，称其为系统的相频特性，即

$$\varphi(\omega)=\angle G(\mathrm{j}\omega) \tag{4-4}$$

系统的相频特性描述了在稳态情况下，当系统输入不同频率的正弦信号时，其相位产生超前或滞后的特性。

幅频特性 $|G(\mathrm{j}\omega)|$ 和相频特性 $\varphi(\omega)$ 合称为系统的频率特性。

从 RC 电路的频率特性可见电路参数（R、C）给定后，$G(\mathrm{j}\omega)$ 随频率的变化规律就完全确定。所以频率特性反映了电路的自身性质，与外界因素无关。

下面分析线性定常系统的一般情况。

对于线性定常系统，传递函数的表达式为

$$G(s)=\frac{X_o(s)}{X_i(s)}=\frac{B(s)}{A(s)}=\frac{B(s)}{(s-p_1)(s-p_2)\cdots(s-p_n)} \tag{4-5}$$

式中，$B(s)$、$A(s)$分别为分子和分母多项式；$X_o(s)$、$X_i(s)$分别为输出信号和输入信号的拉氏变换；p_1，p_2，…，p_n 为传递函数的极点，对于稳定的系统，它们都具有负实部。

当系统输入 $x_i(t)=A\sin\omega t$ 时，则系统输入、输出的拉氏变换分别为

$$X_i(s)=L[x_i(t)]=\frac{A\omega}{s^2+\omega^2} \tag{4-6}$$

$$X_o(s)=X_i(s)G(s)=\frac{A\omega}{s^2+\omega^2}G(s) \tag{4-7}$$

$$X_o(s)=\frac{B(s)}{(s-p_1)(s-p_2)\cdots(s-p_n)}\frac{A\omega}{s^2+\omega^2} \tag{4-8}$$

若系统无重极点，则式（4-8）可写为

$$X_o(s)=\frac{a_1}{s+\mathrm{j}\omega}+\frac{a_2}{s-\mathrm{j}\omega}+\sum_{i=1}^{n}\frac{b_i}{s-p_i} \tag{4-9}$$

进行拉氏反变换，可得输出信号

$$x_o(t)=a_1\mathrm{e}^{-\mathrm{j}\omega t}+a_2\mathrm{e}^{+\mathrm{j}\omega t}+\sum_{i=1}^{n}b_i\mathrm{e}^{p_it} \tag{4-10}$$

若系统稳定，则 p_i 都具有负实部。当 $t\to+\infty$ 时，式（4-10）中的最后一项暂态分量将衰减至零。这时，可得到系统的稳态响应

$$\lim_{t\to+\infty}x_o(t)=a_1\mathrm{e}^{-\mathrm{j}\omega t}+a_2\mathrm{e}^{\mathrm{j}\omega t} \tag{4-11}$$

根据拉氏反变换的部分分式法求出待定系数 a_1 和 a_2，代入式（4-10）可得

$$\begin{aligned}x_o(t)&=A|G(\mathrm{j}\omega)|\frac{\mathrm{e}^{\mathrm{j}[\omega t+\angle G(\mathrm{j}\omega)]}-\mathrm{e}^{-\mathrm{j}[\omega t+\angle G(\mathrm{j}\omega)]}}{2\mathrm{j}}\\&=A|G(\mathrm{j}\omega)|\sin[\omega t+\angle G(\mathrm{j}\omega)]\\&=B\sin(\omega t+\varphi)\end{aligned} \tag{4-12}$$

式中，$B=A|G(\mathrm{j}\omega)|$即为输出正弦信号的幅值。以上分析表明，在正弦输入信号的作用下，系统的稳态响应仍然是一个正弦函数，其频率与输入信号的频率相同，振幅为输入信号幅值的$|G(\mathrm{j}\omega)|$倍，相移为 $\varphi(\omega)=\angle G(\mathrm{j}\omega)$。从而证明了前述的结论。

系统的频率特性 $G(\mathrm{j}\omega)$ 与系统的传递函数 $G(s)$ 有着密切的联系。令 $G(s)$ 中的 $s=\mathrm{j}\omega$，当 ω 从 $0\to\infty$ 变化时，就可求出系统的频率特性。

事实上，频率特性是传递函数的一种特殊情形。由拉氏变换可知，传递函数中的复变量 $s=\sigma+\mathrm{j}\omega$；若 $\sigma=0$，则 $s=\mathrm{j}\omega$；所以，$G(\mathrm{j}\omega)$ 就是 $\sigma=0$ 时的 $G(s)$。

既然频率特性是传递函数的一种特殊情形，那么，传递函数的有关性质和运算规律对于频率特性也是适用的。

4.2.3 频率特性的求法

1）根据已知系统的微分方程，把输入量以正弦函数代入，求输出的稳态解，取输出稳态分量和输入正弦信号的复数之比得到。

2）根据传递函数来求取。

3）通过试验测得。

由于频率特性和传递函数、微分方程一样，都表征了系统的内在规律，所以可以简单地进行相互转换，得到相应的表达式。三者间的关系可以用图 4-4 来说明。

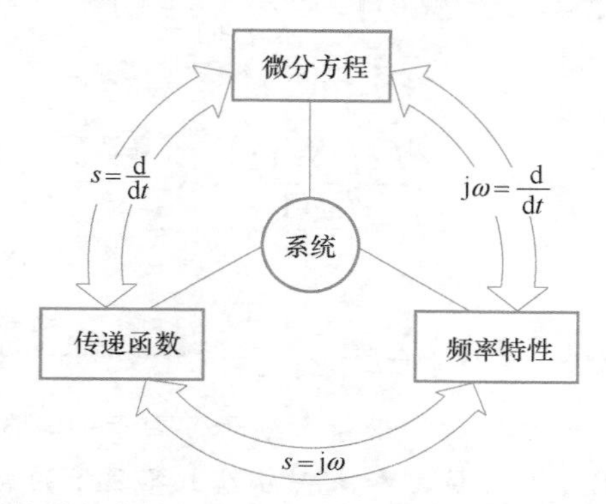

图 4-4 系统的频率特性、传递函数和微分方程之间的转换关系

例 4-2 以典型二阶系统为例来说明系统的频率特性、传递函数和微分方程之间的转换关系。

解： 一个典型二阶系统的传递函数为

$$G(s)=\frac{X_o(s)}{X_i(s)}=\frac{\omega_n^2}{s^2+2\xi\omega_n s+\omega_n^2}$$

以 $j\omega$ 代换 s，则频率特性为

$$G(j\omega)=\frac{X_o(j\omega)}{X_i(j\omega)}=\frac{\omega_n^2}{-\omega^2+2\xi\omega_n j\omega+\omega_n^2}$$

通常以幅频特性和相频特性来表示，即

$$|G(j\omega)|=\frac{\omega_n^2}{\sqrt{(\omega_n^2-\omega^2)^2-4\xi^2\omega_n^2\omega^2}}=\frac{1}{\sqrt{\left(1-\frac{\omega^2}{\omega_n^2}\right)^2-4\xi^2\frac{\omega^2}{\omega_n^2}}}$$

$$\angle G(j\omega)=-\arctan\frac{2\xi\omega_n\omega}{\omega_n^2-\omega^2}=-\arctan\frac{2\xi\frac{\omega}{\omega_n}}{1-\frac{\omega^2}{\omega_n^2}}$$

以 $\frac{d}{dt}$ 代换 s，可以化成所熟悉的微分方程形式

$$\frac{d^2x_o(t)}{dt}+2\xi\omega_n\frac{dx_o(t)}{dt}+\omega_n^2x_o(t)=\omega_n^2x_i(t)$$

可见，控制系统的三种表达式之间，能够很方便地进行转换。

例 4-3 已知 $G(s)=\dfrac{K(\tau s+1)}{Ts+1}$，求系统的频率特性。

解：令 $s=\mathrm{j}\omega$，则频率特性为

$$G(\mathrm{j}\omega)=\frac{K(\tau \mathrm{j}\omega+1)}{T\mathrm{j}\omega+1}$$

幅频特性为

$$|G(\mathrm{j}\omega)|=\left|\frac{K(\mathrm{j}\tau\omega+1)}{\mathrm{j}T\omega+1}\right|=K\sqrt{\frac{\tau^2\omega^2+1}{T^2\omega^2+1}}$$

相频特性为

$$\varphi(\omega)=\angle G(\mathrm{j}\omega)=\angle\frac{K(\mathrm{j}\tau\omega+1)}{\mathrm{j}T\omega+1}=\arctan\omega\tau-\arctan\omega T$$

复数模和相位的求法：一个复数的模等于分子各因子的模除以分母各因子的模；一个复数的相位等于分子上各因子的相位之和减去分母上各因子的相位。

4.2.4 频率特性的表示方法

系统或环节的频率特性的表示方法很多，其本质都是一样的，只是表示的形式不同而已。为了直观表示系统在比较宽的频率范围中的频率响应，最常用的是图形表示法，有如下三种。

1）对数坐标图或称伯德图（Bode 图）。

2）极坐标图或称奈奎斯特图（Nyquisit 图），也称为幅相频率特性图。

3）对数幅相图或称尼柯尔斯图。

4.3 频率特性图形表示方法

4.3.1 对数坐标图（伯德图）

对数坐标图又称为伯德图，由两张图组成，即对数幅频特性图和对数相频特性图，伯德图的横纵坐标分别按如下方式确定。

1）伯德图的横坐标：按频率的常用对数 $\lg\omega$ 分度，单位是 $\mathrm{rad}\cdot\mathrm{s}^{-1}$。但在以 $\lg\omega$ 分度的横坐标上，只标注 ω 的自然数值，如图 4-5 所示。频率每变化一倍，称为一倍频程，记为 oct，坐标间距为 0.301 长度单位。频率每变化十倍，称为十倍频程，记为 dec，坐标间距为一个长度单位。横坐标按频率 ω 的对数分度的优点在于：便于在较宽的频率范围内研究系统的频率特性，而且系统的幅频特性渐近线呈线性特征，总的频率特性等于各典型环节频率特性图的叠加。

2）对数幅频特性图的纵坐标：采用均匀分度，坐标值取 $G(\mathrm{j}\omega)$ 幅值的对数，坐标值为 $L(\omega)=20\lg|G(\mathrm{j}\omega)|$，其单位称为分贝，记为 dB。

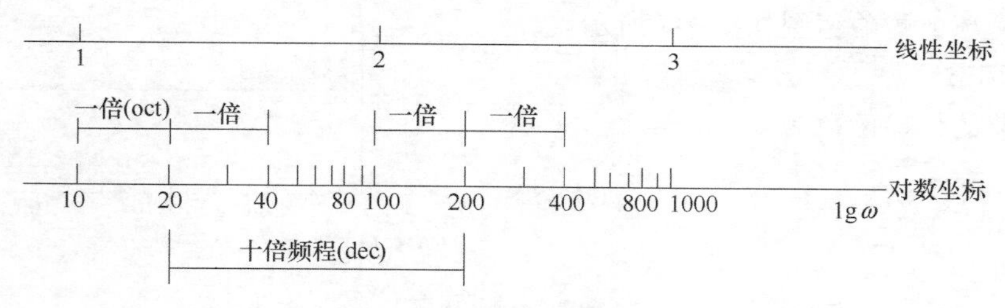

图 4-5　伯德图的横坐标

3）对数相频特性图的纵坐标：采用均匀分度，坐标值取 $G(\mathrm{j}\omega)$ 的相位角，记为 $\varphi(\omega)=\angle G(\mathrm{j}\omega)$，单位为度（°）。

图 4-6 表示了伯德图坐标系。

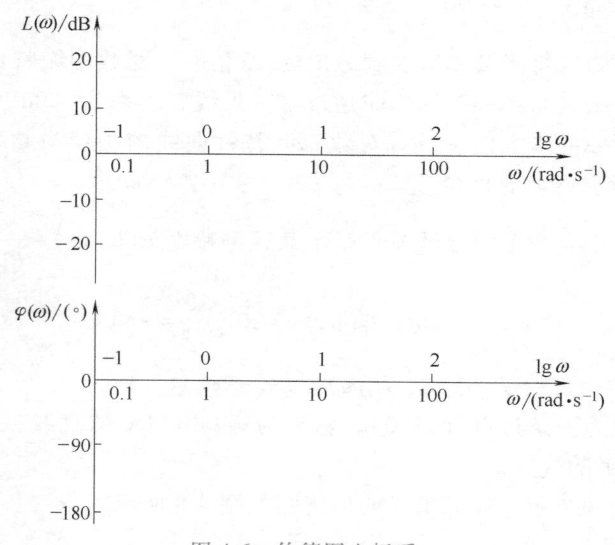

图 4-6　伯德图坐标系

4.3.2　典型环节的伯德图

1. 比例环节的频率特性

比例环节的传递函数为

$$G(s)=K \tag{4-13}$$

其频率特性为

$$G(\mathrm{j}\omega)=K \tag{4-14}$$

对数幅频特性为

$$L(\omega)=20\lg|G(\mathrm{j}\omega)|=20\lg K \tag{4-15}$$

对数相频特性

$$\varphi(\omega)=0° \tag{4-16}$$

比例环节的对数幅频特性图为幅值等于 20lg$K$dB 的一条平行于横坐标的水平直线。对数相频特性图的相位为零，与频率无关。它表明无论输入频率怎样变化，系统对输入的放大倍数不变。比例环节的伯德图如图 4-7 所示。

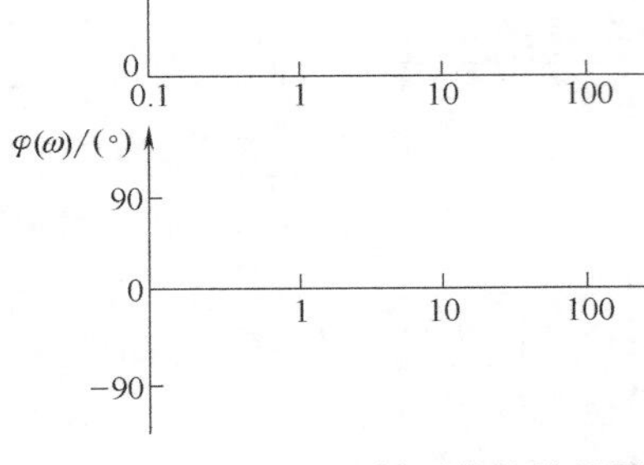

图 4-7 比例环节的伯德图

2. 积分环节

积分环节的传递函数为

$$G(s)=\frac{1}{s} \tag{4-17}$$

对数幅频特性为

$$\begin{aligned}L(\omega)&=20\lg|G(j\omega)|\\&=20\lg\frac{1}{\omega}=-20\lg\omega\end{aligned} \tag{4-18}$$

对数相频特性为

$$\varphi(\omega)=\arctan\frac{-1/\omega}{0}=-90° \tag{4-19}$$

由式（4-19）可知，每当频率增加到原值的 10 倍时，对数幅频特性就下降 20dB，故对数幅频特性曲线是一条在 $\omega=1\text{rad}\cdot\text{s}^{-1}$ 时通过零分贝线、斜率为−20dB/dec 的直线，表明系统输出的幅值随着频率的增大而衰减。对数相频特性曲线的相位与频率 ω 无关，在整个频率范围内为一条恒等于−90°的直线。

如果在传递函数中有两个积分环节串联，其频率特性为 $G(j\omega)=\frac{1}{(j\omega)^2}$，则有

$$L(\omega)=20\lg|G(j\omega)|=20\lg\frac{1}{\omega^2}=-40\lg\omega \tag{4-20}$$

$$\varphi(\omega)=\angle G(j\omega)=2\times(-90°)=-180° \tag{4-21}$$

其对数幅频特性曲线为一条过点（1，0）、斜率为−40dB/dec 的直线。对数相频特性曲线为一条相位恒等于−180°的直线。

一个积分环节和两个积分环节串联的伯德图如图 4-8 所示。

3. 微分环节的频率特性

微分环节的传递函数为

$$G(s)=s \tag{4-22}$$

其频率特性为

$$G(j\omega)=\omega \tag{4-23}$$

对数幅频特性为

$$L(\omega)=20\lg|G(j\omega)|=20\lg\omega \tag{4-24}$$

对数相频特性为

$$\varphi(\omega)=\angle G(j\omega)=\arctan\frac{\omega}{0}=90° \tag{4-25}$$

由式（4-25）可知，每当频率增加到原值的 10 倍时，对数幅频特性就增加 20dB，故对数幅频特性曲线是一条在 $\omega=1\text{rad}\cdot\text{s}^{-1}$ 时通过零分贝线、斜率为 20dB/dec 的直线。对数相频特性曲线的相位与频率 ω 无关，在整个频率范围内为一条恒等于 90°的直线。微分环节的伯德图如图 4-9 所示。

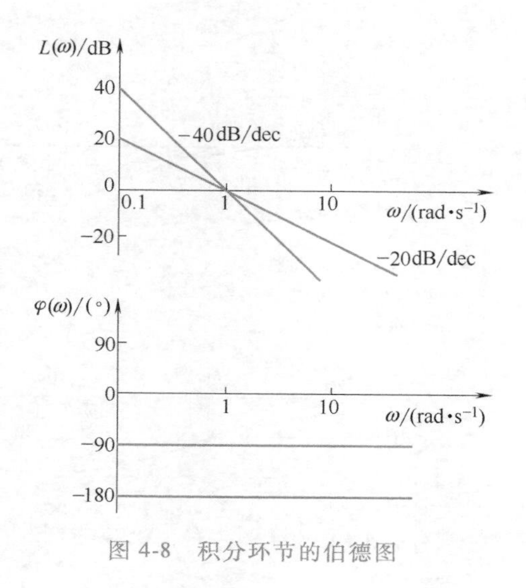

图 4-8 积分环节的伯德图

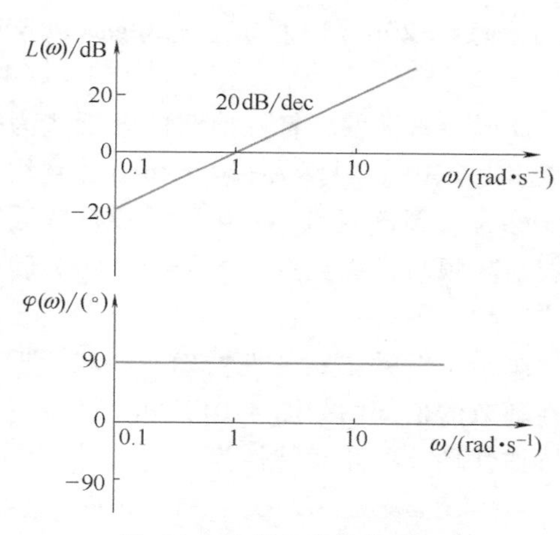

图 4-9 微分环节的伯德图

4. 惯性环节

惯性环节的传递函数为

$$G(s)=\frac{1}{1+Ts} \tag{4-26}$$

式中，T 为惯性环节的时间常数。

频率特性为

$$G(\mathrm{j}\omega)=\frac{1}{1+\mathrm{j}T\omega} \tag{4-27}$$

对数幅频特性为

$$L(\omega)=20\lg\left|\frac{1}{1+\mathrm{j}T\omega}\right|=-20\lg\sqrt{1+T^2\omega^2} \tag{4-28}$$

对数相频特性为

$$\varphi(\omega)=\angle G(\mathrm{j}\omega)=\angle\frac{1-\mathrm{j}T\omega}{1+T^2\omega^2}=-\arctan T\omega \tag{4-29}$$

当 ω 从 $0\to\infty$ 变化时，可计算出相应的 $L(\omega)$ 和 $\varphi(\omega)$，画出对数幅频特性和对数相频特性曲线。在工程上常采用近似作图法，即用渐近线表示幅频特性图，下面说明其原理。

令

$$\omega_{\mathrm{T}}=\frac{1}{T} \tag{4-30}$$

当 $\omega\ll\omega_{\mathrm{T}}$ 时，则有

$$L(\omega)=-20\lg\sqrt{1+T^2\omega^2}\approx-20\lg1=0(\mathrm{dB}) \tag{4-31}$$

即 $\omega\ll\omega_{\mathrm{T}}$ 时，对数幅频特性曲线在低频段近似为一条零分贝线，此零分贝线称为低频渐近线。

当 $\omega \gg \omega_T$ 时，则有

$$L(\omega)=-20\lg\sqrt{1+T^2\omega^2}\approx-20\lg\omega T(\mathrm{dB}) \tag{4-32}$$

此时，对数幅频特性曲线的渐近线为一条过点（$1/T,0$）、斜率为$-20\mathrm{dB/dec}$的直线。此斜线称为高频渐近线。$\omega=\omega_T=1/T$ 是低频渐近线与高频渐近线交点处的频率，称为转折频率或转角频率。

画出了对数幅频特性精确曲线和渐近线的惯性环节的伯德图如图 4-10 所示。

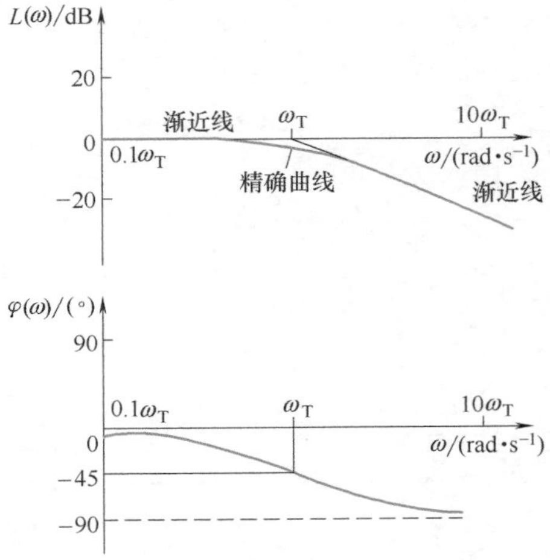

图 4-10　惯性环节的伯德图

惯性环节的相频特性为

$$\varphi(\omega)=\angle G(\mathrm{j}\omega)=-\arctan T\omega \tag{4-33}$$

当 $\omega=0$ 时，

$$\angle G(\mathrm{j}\omega)=0°$$

当 $\omega=1/T$ 时，

$$\angle G(\mathrm{j}\omega)=-45°$$

当 $\omega=+\infty$ 时，

$$\angle G(\mathrm{j}\omega)=-90°$$

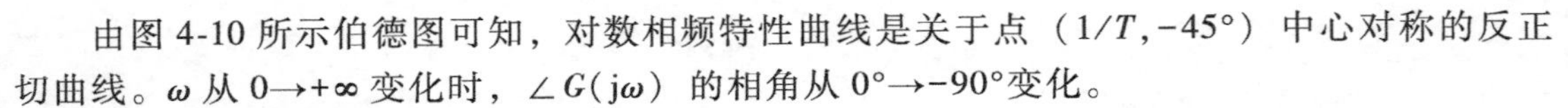

由图 4-10 所示伯德图可知，对数相频特性曲线是关于点（$1/T,-45°$）中心对称的反正切曲线。ω 从 $0\to+\infty$ 变化时，$\angle G(\mathrm{j}\omega)$ 的相角从 $0°\to-90°$变化。

渐近线与精确的对数幅频特性曲线之间有误差，但用渐近线作图简单方便，且足以接近其精确曲线，若需精确曲线，可参照图 4-11 所示的误差曲线对渐近线进行修正。

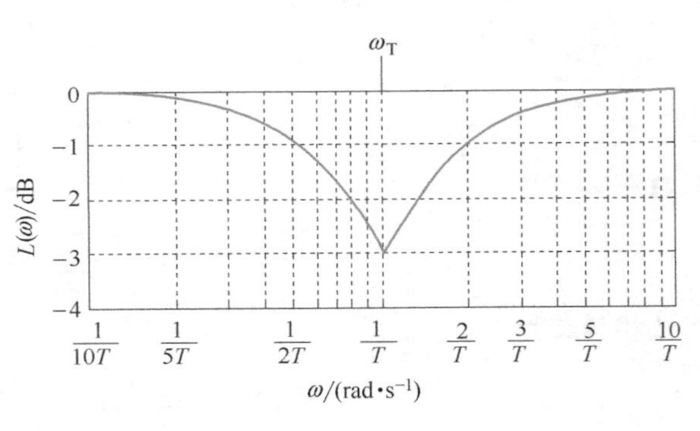

图 4-11　误差修正曲线

由图 4-11 可见，最大误差出现在转折频率，即 $\omega=\omega_T=\dfrac{1}{T}$处，其误差值为

$$-20\lg\sqrt{1+1}-(-20\lg 1)=-3.03(\mathrm{dB}) \tag{4-34}$$

由惯性环节的伯德图可见，惯性环节具有低通滤波器的作用，对于高频信号，输出信号的幅值迅速衰减，即滤掉输入信号的高频部分。在低频段，输出信号能较准确地反映输入信号。

当改变时间常数 T 时，转折频率也发生变化，但对数幅频特性和对数相频特性曲线的形状仍保持不变。

5. 一阶微分环节

一阶微分环节传递函数为

$$G(s)=1+Ts \tag{4-35}$$

其频率特性为

$$G(\mathrm{j}\omega)=1+\mathrm{j}T\omega \tag{4-36}$$

对数幅频特性为

$$L(\omega)=20\lg\sqrt{1+(T\omega)^2} \tag{4-37}$$

对数相频特性为

$$\varphi(\omega)=\arctan T\omega \tag{4-38}$$

与惯性环节的对数幅频特性和对数相频特性相比较，可以发现一阶微分环节与惯性环节的对数幅频特性和对数相频特性都仅相差一个符号。

当 $\omega \ll \omega_{\mathrm{T}}=1/T$ 时，$L(\omega)\approx 20\lg1=0(\mathrm{dB})$，对数幅频特性曲线为一条零分贝线。

当 $\omega \gg \omega_{\mathrm{T}}=1/T$ 时，$L(\omega)\approx 20\lg\omega T(\mathrm{dB})$。

所以，一阶微分环节和惯性环节的对数幅频特性曲线对称于零分贝线，对数相频特性曲线对称于0°线，如图 4-12 所示。

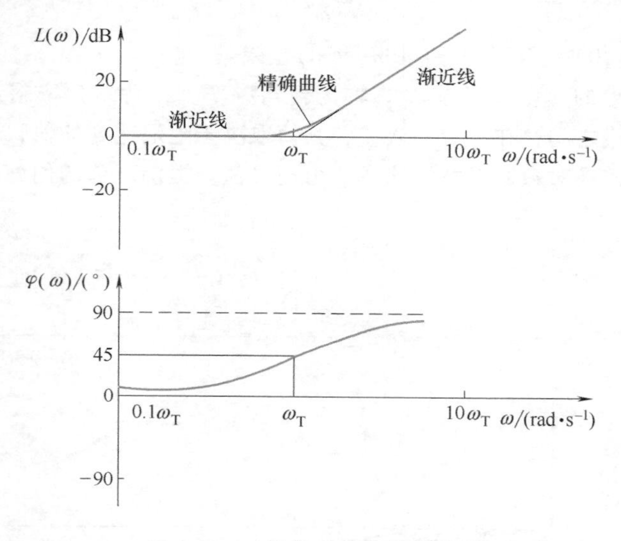

图 4-12　一阶微分环节的伯德图

6. 振荡环节

振荡环节的传递函数为

$$G(s)=\frac{\omega_{\mathrm{n}}^2}{s^2+2\xi\omega_{\mathrm{n}}s+\omega_{\mathrm{n}}^2}=\frac{1}{\dfrac{s^2}{\omega_{\mathrm{n}}^2}+2\xi\dfrac{s}{\omega_{\mathrm{n}}}+1} \tag{4-39}$$

其频率特性为

$$G(\mathrm{j}\omega)=\frac{1}{\dfrac{(\mathrm{j}\omega)^2}{\omega_{\mathrm{n}}^2}+2\xi\dfrac{\mathrm{j}\omega}{\omega_{\mathrm{n}}}+1}=\frac{1}{1-\dfrac{\omega^2}{\omega_{\mathrm{n}}^2}+\mathrm{j}2\xi\dfrac{\omega}{\omega_{\mathrm{n}}}} \tag{4-40}$$

对数幅频特性为

$$L(\omega)=20\lg\frac{1}{\frac{(\mathrm{j}\omega)^2}{\omega_n^2}+2\xi\frac{\mathrm{j}\omega}{\omega_n}+1}=-20\lg\sqrt{\left(1-\frac{\omega^2}{\omega_n^2}\right)^2+\left(2\xi\frac{\omega}{\omega_n}\right)^2}\tag{4-41}$$

对数相频特性为

$$\varphi(\omega)=\angle G(\mathrm{j}\omega)=-\arctan\frac{2\xi\frac{\omega}{\omega_n}}{1-\frac{\omega^2}{\omega_n^2}}\tag{4-42}$$

在 $\omega\ll\omega_n$ 的低频段，$L(\omega)\approx-20\lg1=0(\mathrm{dB})$，即对数幅频特性曲线的渐近线为一条零分贝线；在 $\omega\gg\omega_n$ 的高频段，$L(\omega)\approx-20\lg\frac{\omega^2}{\omega_n^2}=-40\lg\frac{\omega}{\omega_n}(\mathrm{dB})$，即对数幅频特性曲线的渐近线为一条过点（$\omega_n$,0）、斜率为-40dB/dec 的直线。

两条渐近线相交处的交点频率为 ω_n，称为转角频率。在转角频率附近，对数幅频特性曲线的精确曲线与渐近线之间存在一定的误差，其值取决于阻尼比 ξ 的值，阻尼比越小，则误差越大。当 $\xi<0.707$ 时，在对数幅频特性曲线上出现峰值。振荡环节的伯德图如图 4-13 所示。

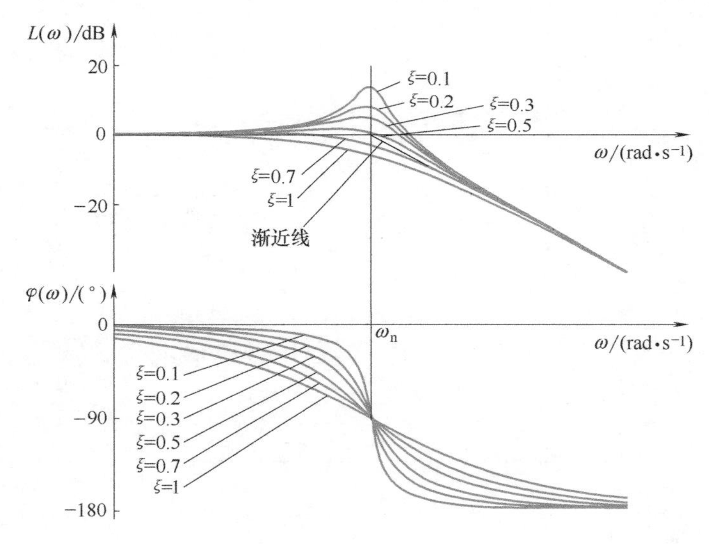

图 4-13 振荡环节的伯德图

由振荡环节的对数相频特性可知，当 $\omega=0$ 时，

$$\varphi(\omega)=\angle G(\mathrm{j}\omega)=0°$$

当 $\omega=\omega_n$ 时，

$$\varphi(\omega)=-90°$$

当 $\omega=+\infty$ 时，

$$\varphi(\omega)=-180°。$$

可画出对数相频特性曲线，对应于不同的 ξ 值，振荡环节的对数相频曲线是关于（ω_n，

-90°）点中心对称的反正切曲线，如图 4-13 所示。

7. 二阶微分环节

二阶微分环节的传递函数为

$$G(s)=1+2\xi\frac{s}{\omega_n}+\frac{s^2}{\omega_n^2} \tag{4-43}$$

其频率特性为

$$G(j\omega)=1+2\xi\frac{j\omega}{\omega_n}+\left(\frac{j\omega}{\omega_n}\right)^2 \tag{4-44}$$

对数幅频特性为

$$L(\omega)=20\lg|G(j\omega)|=20\lg\sqrt{\left(1-\frac{\omega^2}{\omega_n^2}\right)^2+\left(2\xi\frac{\omega}{\omega_n}\right)^2} \tag{4-45}$$

对数相频特性为

$$\angle\varphi(\omega)=\angle G(j\omega)=\arctan\frac{2\xi\frac{\omega}{\omega_n}}{1-\frac{\omega^2}{\omega_n^2}} \tag{4-46}$$

显然，二阶微分环节和振荡环节的对数幅频特性和对数相频特性都仅相差一个符号。因此，二阶微分环节与振荡环节的对数幅频特性曲线对称于零分贝线，对数相频特性曲线对称于0°线，其伯德图如图 4-14 所示。

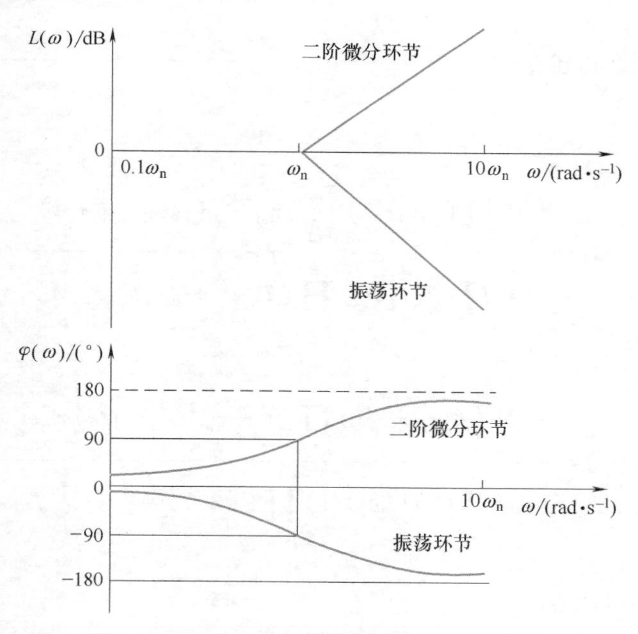

图 4-14　二阶微分环节和振荡环节的伯德图

8. 延时环节

延时环节的传递函数为

$$G(s)=e^{-\tau s} \tag{4-47}$$

其频率特性为

$$G(\mathrm{j}\omega)=\mathrm{e}^{-\mathrm{j}\tau\omega} \tag{4-48}$$

对数幅频特性为

$$L(\omega)=20\lg|G(\mathrm{j}\omega)|=0(\mathrm{dB}) \tag{4-49}$$

对数相频特性为

$$\varphi(\omega)=-\tau\omega \tag{4-50}$$

所以，对数幅频特性曲线为零分贝线，相位随着 ω 增加而线性增加，在线性坐标中，$\angle G(\mathrm{j}\omega)$ 应是一条直线；但对数相频特性曲线 $\varphi(\omega)$ 是一条曲线。延时环节的伯德图如图 4-15 所示。

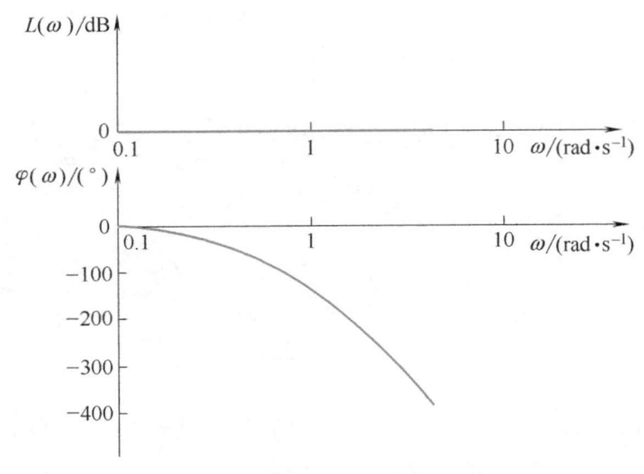

图 4-15 延时环节的伯德图

4.3.3 开环伯德图的绘制

任意一个控制系统的传递函数可写成

$$G(s)=\frac{K\prod_{i=1}^{m-l}(\tau_i s+1)\prod_{j=1}^{l}(\tau_{nj}{}^2 s^2+2\xi_{nj}\tau_{nj}s+1)}{s^{\nu}\prod_{p=1}^{n-k}(T_p s+1)\prod_{q=1}^{k}(T_{nq}s^2+2\xi_q T_{nq}s+1)} \tag{4-51}$$

其频率特性为

$$G(\mathrm{j}\omega)=\frac{K\prod_{i=1}^{m-l}(\mathrm{j}\tau_i\omega+1)\prod_{j=1}^{l}(1-\tau_{nj}{}^2\omega^2+\mathrm{j}2\xi_{nj}\tau_{nj}\omega)}{(\mathrm{j}\omega)^{\nu}\prod_{p=1}^{n-k}(\mathrm{j}T_p\omega+1)\prod_{q=1}^{k}(1-T_{nq}^2\omega^2+\mathrm{j}2\xi_q T_{ni}\omega)} \tag{4-52}$$

对数频率特性为

$$\begin{aligned}L(\omega)&=20\lg|G(\mathrm{j}\omega)|\\&=20\lg K+20\sum_{i=1}^{m-l}\lg\sqrt{\tau_i{}^2\omega^2+1}+20\sum_{j=1}^{l}\lg\sqrt{(1-\tau_{nj}{}^2\omega^2)^2+(2\xi_{nj}\tau_{nj}\omega)^2}-\\&\quad 20\nu\lg\omega-20\sum_{p=1}^{n-k}\lg\sqrt{T_p^2\omega^2+1}-20\sum_{q=1}^{k}\lg\sqrt{(1-T_{nq}{}^2\omega^2)^2+(2\xi_{nq}T_{nq}\omega)^2}\end{aligned} \tag{4-53}$$

$$\varphi(\omega)=\sum_{i=1}^{m-l}\arctan\tau_i\omega+\sum_{j=1}^{l}\arctan\frac{2\xi_{nj}\tau_{nj}\omega}{1-\tau_{nj}^2\omega^2}-\nu 90°-\sum_{p=1}^{n-k}\arctan T_p\omega-\sum_{q=1}^{k}\arctan\frac{2\xi_q T_{nq}\omega}{1-T_{nq}^2\omega^2} \tag{4-54}$$

当 $\omega\ll\omega_T$ （$\omega_T=\min\left(\frac{1}{\tau_i},\frac{1}{\tau_{nj}},\frac{1}{T_p},\frac{1}{T_{nq}}\right)$），即频率远小于系统中的最小转折频率时，有

$$L(\omega)=20\lg|G(j\omega)|\approx 20\lg K-20\nu\lg\omega \tag{4-55}$$

$$\varphi(\omega)=-\nu 90° \tag{4-56}$$

显然，对数幅频特性曲线的低频渐近线是一条过点（1，$20\lg K$）、斜率为-20νdB/dec 的直线，相频特性曲线起始于$-\nu 90°$；随着频率的逐渐增大，依次叠加各环节的幅频和相频部分。对数幅频特性曲线的渐近线遇到转折频率就转弯，微分环节向上转，积分环节向下转，一阶斜率变化 20dB/dec，二阶斜率变化 40dB/dec；对数相频特性曲线按反正切曲线的特征，微分向上，积分向下，在转折频率处约等于所叠加环节相位变化的一半。

此外，也可以按典型环节叠加的方法求得伯德图，其步骤如下。

1）由传递函数 $G(s)$ 求出频率特性 $G(j\omega)$，并将 $G(j\omega)$ 化为若干典型环节频率特性相乘的形式。

2）求出各典型环节的转折频率、阻尼比 ξ 等参数。

3）分别画出各典型环节的对数幅频特性曲线的渐近线和对数相频特性曲线。

4）将各环节的对数幅频特性曲线的渐近线进行叠加，得到系统对数幅频特性曲线的渐近线，并对其进行修正。

5）将各环节的对数相频特性曲线叠加，得到系统的对数相频特性曲线。

例 4-4　已知系统的开环传递函数为 $G(s)=\frac{K}{s(Ts+1)}$，其中 $K=10$，$T=0.087$，试绘制系统的伯德图。

解：（1）方法一　按典型环节叠加的方法绘制伯德图。

1）由系统的开环传递函数 $G(s)$ 求得系统的频率特性 $G(j\omega)$，并化为典型环节相乘的形式，即

$$G(j\omega)=\frac{K}{j\omega(Tj\omega+1)}$$

系统由三个典型环节组成，即比例环节、积分环节和惯性环节。

2）确定各环节的参数

对于比例环节，有

$$L(\omega)=20\lg K=20$$

$$\varphi(\omega)=0°$$

对于积分环节$\frac{1}{j\omega}$，幅频特性 $L(\omega)$ 为过点（1，0）、斜率为-20dB/dec 的直线。相频特性为

$$\varphi(\omega)=-90°$$

对于惯性环节$\frac{1}{Tj\omega+1}$，转折频率为

$$\omega_T=\frac{1}{T}=\frac{1}{0.087}=11.5$$

3）分别画出三个典型环节对数幅频特性曲线的渐近线和对数相频特性曲线，如图 4-16 中的虚线所示。

4）将三个环节对数幅频特性曲线的渐近线进行叠加，并进行修正。

5）将三个环节的对数相频特性曲线叠加。得到的系统的伯德图如图 4-16 中的实线所示。

（2）方法二　采用直接法绘制伯德图。

1）对数幅频特性曲线渐近线的低频段过点（$\omega=1$，$20\lg K=20$），斜率为 $-20\nu=-20$（dB/dec）的直线；随着频率的增大，遇到转折频率 $\omega_T=\frac{1}{T}=\frac{1}{0.087}=11.5\ (\mathrm{rad\cdot s^{-1}})$ 时，需要叠加的是一个积分环节，所以渐近线向下转折，斜率在原来 −20dB/dec 的基础上再叠加 −20dB/dec，变为 −40dB/dec；此后没有其他环节了，以如此形成的斜线无限向后延伸。

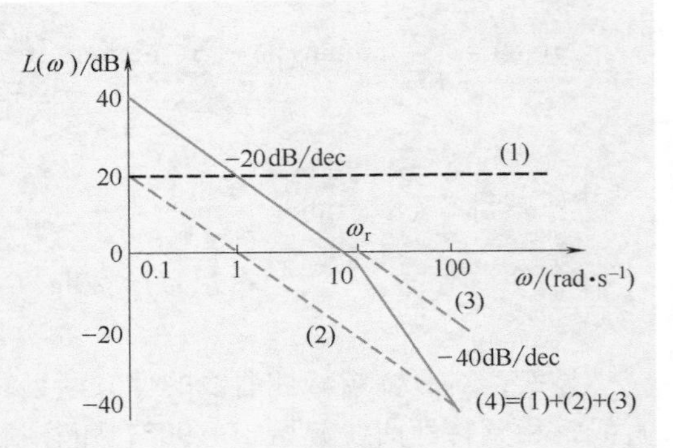

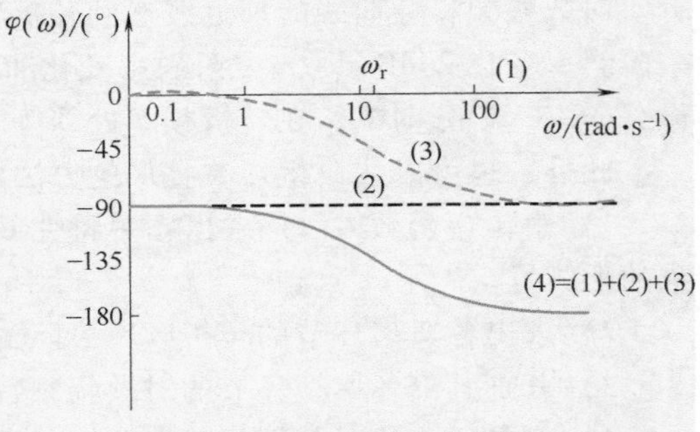

图 4-16　例 4-4 系统伯德图

2）对数相频特性曲线起始于−90°，遇到转折频率 11.5rad·s^{-1} 向下转，一阶环节相位变化−90°，转折频率处在原−90°的基础上叠加−45°，即相位变为−135°，最后趋于−180°。

例 4-5　已知系统的开环传递函数为

$$G(s)=\frac{7.5\left(\frac{1}{3}s+1\right)}{s\left(\frac{1}{2}s+1\right)\left(\frac{1}{2}s^2+s+1\right)}$$

试绘制系统的伯德图。

解： 1）对数幅频特性曲线渐近线在低频段过点（$\omega=1$，$20\lg7.5=17.5$），斜率为 −20dB/dec；转折频率依次为二阶振荡环节 $\omega_{T1}=\sqrt{2}\ \mathrm{rad\cdot s^{-1}}$、惯性环节 $\omega_{T2}=2\mathrm{rad\cdot s^{-1}}$ 和一阶微分环节 $\omega_{T2}=3\mathrm{rad\cdot s^{-1}}$，渐近线斜率依次转为 −60dB/dec、−80dB/dec 和 −60dB/dec。

2）对数相频特性曲线起始于无穷小，遇到转折频率 $\sqrt{2}\ \mathrm{rad\cdot s^{-1}}$ 时向下转 −180°，在 $\sqrt{2}\ \mathrm{rad\cdot s^{-1}}$ 处约等于 $-90°-\frac{180°}{2}=-180°$；遇到转折频率 2rad·s^{-1} 时向下转 −90°，在 2rad·s^{-1} 处约等于 $-270°-\frac{90°}{2}=-315°$；遇到转折频率 3rad·s^{-1} 时向上转 90°，在 3rad·s^{-1}

处约等于$-360°+\dfrac{90°}{2}=-315°$，最后趋于$-270°$。

伯德图如图4-17所示。

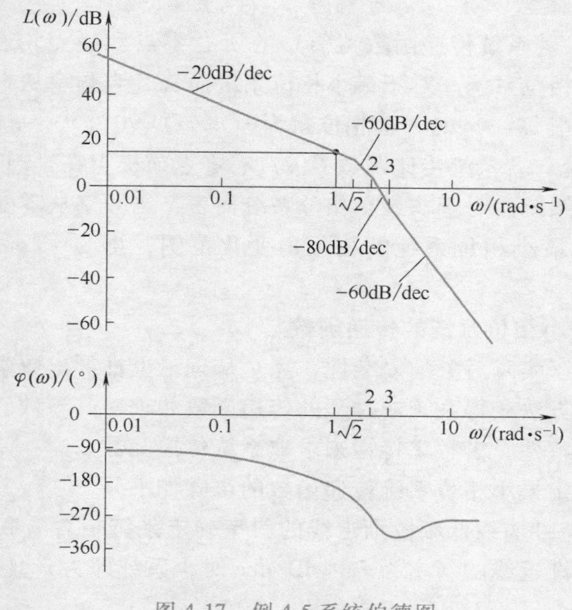

图4-17　例4-5系统伯德图

例4-6　系统的开环传递函数为

$$G(s)H(s)=\frac{50(s+1)}{s(5s+1)(s^2+s+25)}$$

试直接绘制系统的开环伯德图。

解：1）对数幅频特性曲线的渐近线在低频为过点（$\omega=1$，$20\lg K=20\lg\dfrac{50}{25}=6.02$）、斜率为$-20\text{dB/dec}$的直线；遇到的转折频率依次为惯性环节$\omega_{T1}=0.2\text{rad}\cdot\text{s}^{-1}$、一阶微分环节$\omega_{T2}=1\text{rad}\cdot\text{s}^{-1}$和振荡环节$\omega_{T3}=5\text{rad}\cdot\text{s}^{-1}$，斜率依次转变为$-40\text{dB/dec}$、$-20\text{dB/dec}$和$-60\text{dB/dec}$。

2）对数相频特性曲线起始点为$-90°$，在三个转折频率处依次向下变化$-90°$、向上变化$90°$和向下变化$-180°$，且在转折频率处约等于$-135°$、$-135°$和$-180°$，最终趋于$-270°$。

伯德图如图4-18所示。

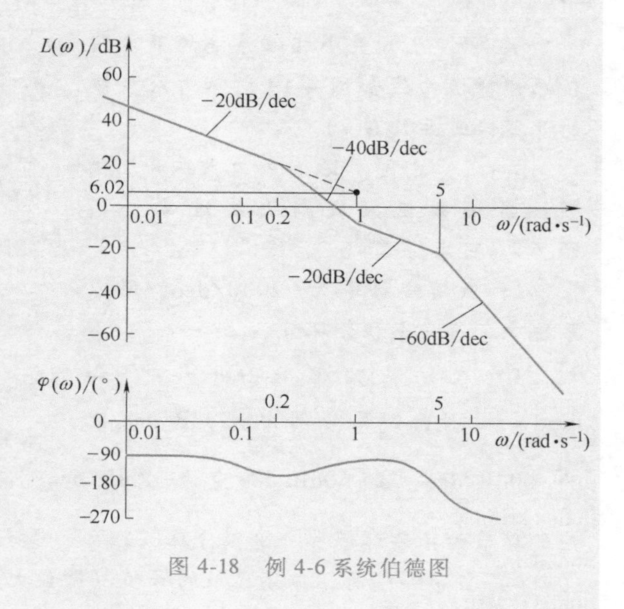

图4-18　例4-6系统伯德图

4.3.4 最小相位系统

1. 最小相位系统的概念

1）最小相位系统：若系统传递函数 $G(s)$ 的所有零点和极点均在［s］平面的左半平面，则该系统称为最小相位系统。对于最小相位系统而言，当频率从零变化到无穷大时，相位角的变化范围最小，当 $\omega=+\infty$ 时，其相位角为 $-(n-m)\times 90°$。

2）非最小相位系统：若系统传递函数 $G(s)$ 有零点或极点在［s］平面的右半平面，则该系统称为非最小相位系统。对于非最小相位系统而言，当频率从零变化到无穷大时，相位角的变化范围总是大于最小相位系统的相位角变化范围，当 $\omega=+\infty$ 时，其相位角不等于 $-(n-m)\times 90°$。

2. 由伯德图估计最小相位系统的传递函数

在很多情况下，由于实际对象的复杂性，完全从理论上推导出数学模型及其参数往往很困难。可以采用试验的方法获得系统或过程的传递函数并求得其参数。可以直接利用频率特性测试仪器来测得频率特性，由频率特性来求取系统传递函数。

根据系统伯德图确定最小相位系统传递函数的步骤如下。

1）根据对数幅频特性曲线低频段渐近线的斜率确定系统中含有积分环节的个数。当对数幅频特性曲线低频段渐近线的斜率为 -20νdB/dec 时，系统即为 ν 型系统。ν 即为系统中串联积分环节的个数。

2）根据对数幅频特性曲线低频渐近线过点（1，20lg$K$）确定系统的放大倍数 K。

3）根据对数幅频特性曲线渐近线在转折频率处斜率的变化，确定系统的串联环节。

4）进一步根据对数幅频特性曲线的形状及参量，计算二阶振荡环节中的阻尼比 ξ。也可以根据最小相位系统对数幅频特性曲线的斜率与相频特性之间的单值对应关系，检验系统是否串联有延时环节，并计算延时环节的参数。

例 4-7 已知最小相位系统的开环对数幅频特性曲线如图 4-19 所示，求系统的开环传递函数 $G(s)$。

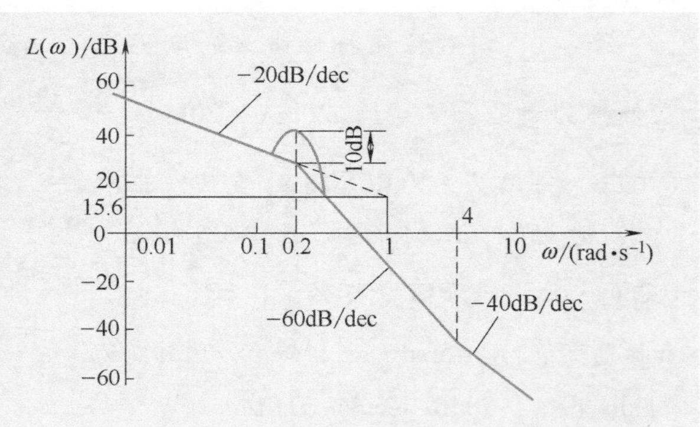

图 4-19 例 4-7 系统的开环对数幅频特性曲线

解：1）由图 4-19 可知，系统开环幅频特性曲线低频段渐近线过点（1，15.6），可求得 $K=6$。

2）低频段斜率为 −20dB/dec，所以系统中含有一个积分环节。

3）在转折频率 0.2rad · s^{-1} 和 4rad · s^{-1} 处，斜率分别由 −20dB/dec 变为 −60dB/dec、由 −60dB/dec 变为 −40dB/dec，说明 $T_1=\dfrac{1}{0.2}=5\text{s}$ 和 $T_2=\dfrac{1}{4}=0.25\text{s}$，且所对应的环节为振荡环节和一阶微分环节。

4）当 $\omega=\omega_n$ 时，振荡环节的峰值（即最大误差值）为 10dB，即

$$20\lg \frac{1}{2\xi}=10, \quad \xi=0.158$$

从而，系统的传递函数为

$$G(s)=\frac{6(s+1)}{s(25s^2+1.58s+1)}$$

4.3.5　极坐标图（奈奎斯特图）

当 ω 从 $0\to+\infty$ 变化时，根据频率特性的极坐标表达式

$$G(\mathrm{j}\omega)=|G(\mathrm{j}\omega)|\angle G(\mathrm{j}\omega) \tag{4-57}$$

可以计算出每一个 ω 值所对应的幅值 $|G(\mathrm{j}\omega)|$ 和相位 $\angle G(\mathrm{j}\omega)$。将各极坐标表示的向量端点连成曲线即得到表示系统频率特性的极坐标图，如图 4-20 所示。它不仅表示了幅频特性和相频特性，而且也表示了实频特性和虚频特性。极坐标图中 ω 的箭头方向为 ω 从小到大的方向。正相位角是从正实轴开始以沿逆时针方向旋转定义，而负相位角则以沿顺时针方向旋转来定义。

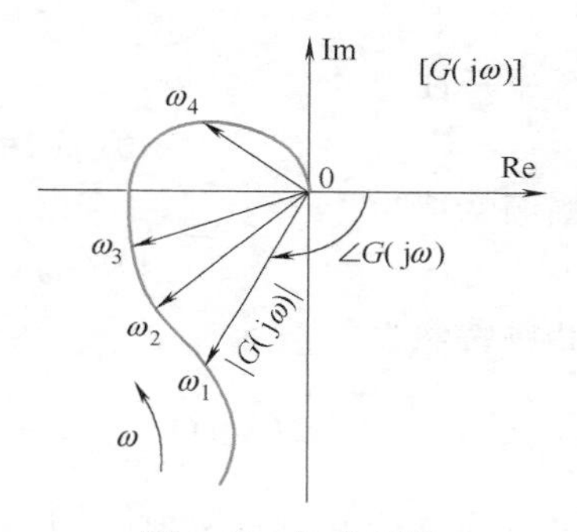

图 4-20　极坐标图

采用极坐标图的主要优点是能在一张图上表示出整个频率范围中系统的频率特性，在对系统进行稳定性分析及系统校正时，应用极坐标图较方便。

4.3.6　典型环节的奈奎斯特图

1. 比例环节

比例环节的传递函数为

$$G(s)=K \tag{4-58}$$

幅频特性为

$$|G(\mathrm{j}\omega)|=K \tag{4-59}$$

相频特性为

$$\angle G(\mathrm{j}\omega)=0° \tag{4-60}$$

比例环节的奈奎斯特图是实轴上的一个点，如图 4-21 所示。特点是输出信号能够无滞后、无失真地复现输入信号。

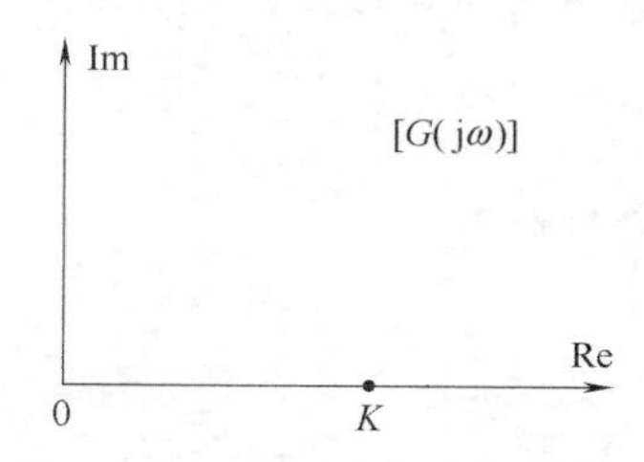

图 4-21　比例环节的奈奎斯特图

2. 积分环节

积分环节的传递函数为

$$G(s)=\frac{1}{s} \tag{4-61}$$

频率特性为

$$G(\mathrm{j}\omega)=\frac{1}{\mathrm{j}\omega}=-\mathrm{j}\frac{1}{\omega} \tag{4-62}$$

幅频特性为

$$|G(\mathrm{j}\omega)|=\frac{1}{\omega} \tag{4-63}$$

相频特性为

$$\angle G(\mathrm{j}\omega)=\angle -\mathrm{j}\frac{1}{\omega}=\arctan\frac{-1/\omega}{0}=-90° \tag{4-64}$$

积分环节的奈奎斯特图是负虚轴，且由负无穷远处指向原点，如图 4-22 所示。可以看出，积分环节具有恒定的相位滞后。

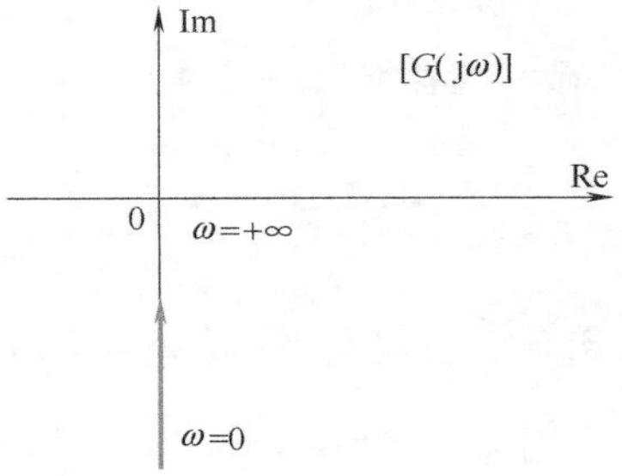

图 4-22 积分环节的奈奎斯特图

3. 微分环节

微分环节的传递函数为

$$G(s)=s \tag{4-65}$$

频率特性为

$$G(\mathrm{j}\omega)=\mathrm{j}\omega \tag{4-66}$$

幅频特性为

$$|G(\mathrm{j}\omega)|=\omega \tag{4-67}$$

相频特性为

$$\angle G(\mathrm{j}\omega)=\angle \mathrm{j}\omega=\arctan\frac{\omega}{0}=90° \tag{4-68}$$

微分环节的奈奎斯特图是正虚轴，且由原点指向正无穷远处，如图 4-23 所示。可以看出，微分环节具有恒定的相位超前。

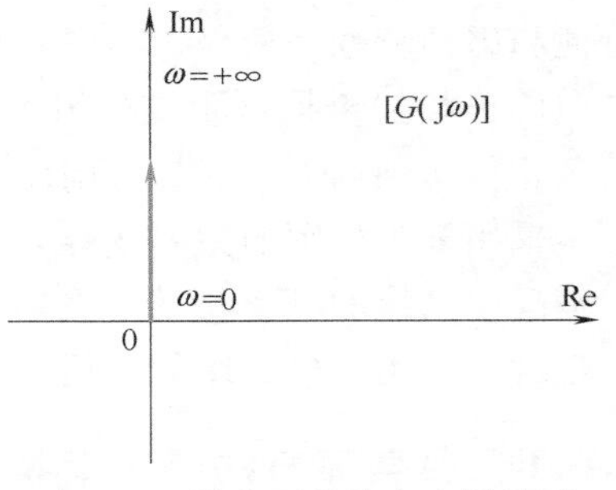

图 4-23 微分环节的奈奎斯特图

4. 惯性环节

惯性环节的传递函数为

$$G(s)=\frac{1}{1+Ts} \tag{4-69}$$

频率特性为

$$G(\mathrm{j}\omega)=\frac{1}{\mathrm{j}\omega T+1} \tag{4-70}$$

$$G(\mathrm{j}\omega)=\frac{1}{1+\mathrm{j}T\omega}=u(\omega)+\mathrm{j}v(\omega)=\frac{1}{1+T^2\omega^2}-\mathrm{j}\frac{T\omega}{1+T^2\omega^2} \tag{4-71}$$

幅频特性为

$$|G(\mathrm{j}\omega)|=\frac{1}{\sqrt{1+T^2\omega^2}} \tag{4-72}$$

相频特性为

$$\angle G(\mathrm{j}\omega)=-\arctan T\omega \tag{4-73}$$

实频特性为

$$u(\omega)=\frac{1}{1+T^2\omega^2} \tag{4-74}$$

虚频特性为

$$v(\omega)=-\frac{T\omega}{1+T^2\omega^2} \tag{4-75}$$

因此，当 $\omega=0$ 时，

$$|G(\mathrm{j}\omega)|=1\ ,\ \angle G(\mathrm{j}\omega)=0°$$

当 $\omega=1/T$ 时，

$$|G(\mathrm{j}\omega)|=\frac{1}{\sqrt{2}},\angle G(\mathrm{j}\omega)=-45°$$

当 $\omega=+\infty$ 时，

$$|G(\mathrm{j}\omega)|=0,\angle G(\mathrm{j}\omega)=-90°$$

虚频特性与实频特性之比为$\dfrac{v(\omega)}{u(\omega)}=-T\omega$，代入实频特性表达式（4-73）中并整理可得

$$\left(u-\frac{1}{2}\right)^2+v^2=\left(\frac{1}{2}\right)^2 \tag{4-76}$$

式（4-75）表明，惯性环节的奈奎斯特图是一个圆心在点$\left(\dfrac{1}{2},\ 0\right)$、半径为$\dfrac{1}{2}$的下半圆，如图 4-24 所示。

5. 一阶微分环节

一阶微分环节的传递函数为

$$G(s)=1+Ts \tag{4-77}$$

频率特性为

$$G(\mathrm{j}\omega)=1+\mathrm{j}T\omega \tag{4-78}$$

实频特性为

$$u(\omega)=1 \tag{4-79}$$

虚频特性为

$$v(\omega)=T\omega \tag{4-80}$$

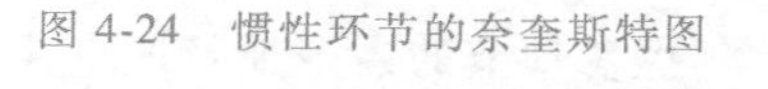

图 4-24 惯性环节的奈奎斯特图

幅频特性为

$$|G(\mathrm{j}\omega)|=\sqrt{1+(T\omega)^2} \tag{4-81}$$

相频特性为

$$\angle G(\mathrm{j}\omega)=\arctan T\omega \tag{4-82}$$

因此，当 $\omega=0$ 时，

$$|G(\mathrm{j}\omega)|=1,\ \angle G(\mathrm{j}\omega)=0°$$

当 $\omega=1/T$ 时，

$$|G(\mathrm{j}\omega)|=\sqrt{2},\ \angle G(\mathrm{j}\omega)=45°$$

当 $\omega=+\infty$ 时，

$$|G(\mathrm{j}\omega)|=+\infty\ ,\ \angle G(\mathrm{j}\omega)=90°$$

一阶微分环节的奈奎斯特图为过点（1,0）、平行于虚轴的上半部直线，如图 4-25 所示。

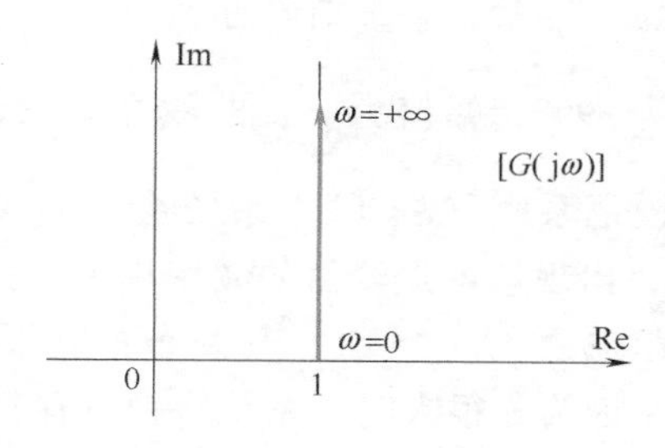

图 4-25 一阶微分环节的奈奎斯特图

6. 振荡环节

振荡环节的传递函数为

$$G(s)=\frac{\omega_n^2}{s^2+2\xi\omega_n s+\omega_n^2}=\frac{1}{\dfrac{s^2}{\omega_n^2}+2\xi\dfrac{s}{\omega_n}+1} \tag{4-83}$$

频率特性为

$$G(j\omega)=\frac{1}{\dfrac{(j\omega)^2}{\omega_n^2}+2\xi\dfrac{j\omega}{\omega_n}+1}=\frac{1}{\left(1-\dfrac{\omega^2}{\omega_n^2}\right)+j2\xi\dfrac{\omega}{\omega_n}} \tag{4-84}$$

幅频特性为

$$|G(j\omega)|=\frac{1}{\sqrt{\left(1-\dfrac{\omega^2}{\omega_n^2}\right)^2+\left(2\xi\dfrac{\omega}{\omega_n}\right)^2}} \tag{4-85}$$

相频特性为

$$\angle G(j\omega)=-\arctan\frac{2\xi\dfrac{\omega}{\omega_n}}{1-\dfrac{\omega^2}{\omega_n^2}} \tag{4-86}$$

因此，当 $\omega=0$ 时，

$$|G(j\omega)|=1,\ \angle G(j\omega)=0°$$

当 $\omega=\omega_n$ 时，

$$|G(j\omega)|=\frac{1}{2\xi},\ \angle G(j\omega)=-90°$$

当 $\omega=+\infty$ 时，

$$|G(j\omega)|=0,\ \angle G(j\omega)=-180°$$

振荡环节的奈奎斯特图与阻尼比 ξ 有关，对应于不同的 ξ 值，形成一簇奈奎斯特曲线，如图 4-26 所示。由图 4-26 可见，当 ω 由 $0\to+\infty$ 变化时，不论 ξ 取值如何，奈奎斯特曲线均从点（1,0）开始，到点（0,0）结束，相位角相应由 0°变化到−180°。当 $\omega=\omega_n$ 时，奈奎斯特曲线均交于负虚轴，其相位角为−90°，幅值为$\dfrac{1}{2\xi}$，曲线在第三、四象限。对于欠阻尼系统（$\xi<1$），系统会出现谐振峰值，记为 M_r，出现该谐振峰值的频率称为谐振频率 ω_r。对于过阻尼系统（$\xi>1$），其奈奎斯特图接近一个半圆，这是因为 ξ 很大时，系统特征方程根全为实根，而起主导作用的是靠近原点的实根，此时系统已接近为一阶惯性环节。

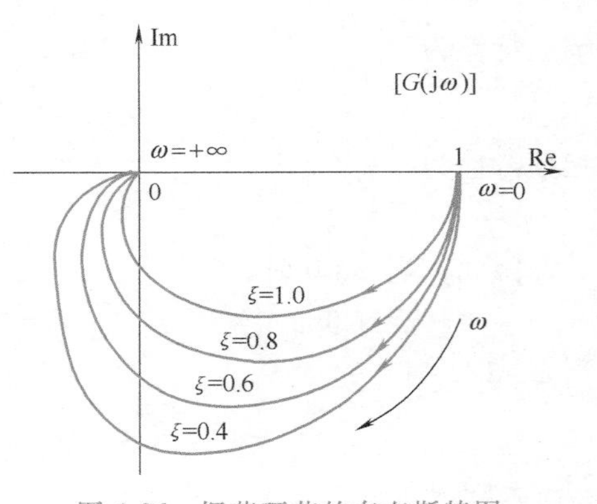

图 4-26 振荡环节的奈奎斯特图

7. 二阶微分环节

二阶微分环节的传递函数为

$$G(s)=1+2\xi\frac{s}{\omega_n}+\frac{s^2}{\omega_n^2} \tag{4-87}$$

频率特性为

$$G(j\omega)=1+2\xi\frac{j\omega}{\omega_n}+\left(\frac{j\omega}{\omega_n}\right)^2 \tag{4-88}$$

幅频特性为

$$|G(j\omega)|=\sqrt{\left(1-\frac{\omega^2}{\omega_n^2}\right)^2+\left(2\xi\frac{\omega}{\omega_n}\right)^2} \tag{4-89}$$

相频特性为

$$\angle G(j\omega)=\arctan\frac{2\xi\frac{\omega}{\omega_n}}{1-\frac{\omega^2}{\omega_n^2}} \tag{4-90}$$

因此，当 $\omega=0$ 时，

$$|G(j\omega)|=1,\quad \angle G(j\omega)=0°$$

当 $\omega=\omega_n$ 时，

$$|G(j\omega)|=2\xi,\quad \angle G(j\omega)=90°$$

当 $\omega=+\infty$ 时，

$$|G(j\omega)|=+\infty,\quad \angle G(j\omega)=-180°$$

二阶微分环节的奈奎斯特图也与阻尼比有关，对应不同的 ξ 值，形成一簇奈奎斯特曲线，如图 4-27 所示。不论 ξ 取值如何，当 $\omega=0$ 时，极坐标曲线均从点 (1,0) 开始，在 $\omega=+\infty$ 时指向无穷远处。

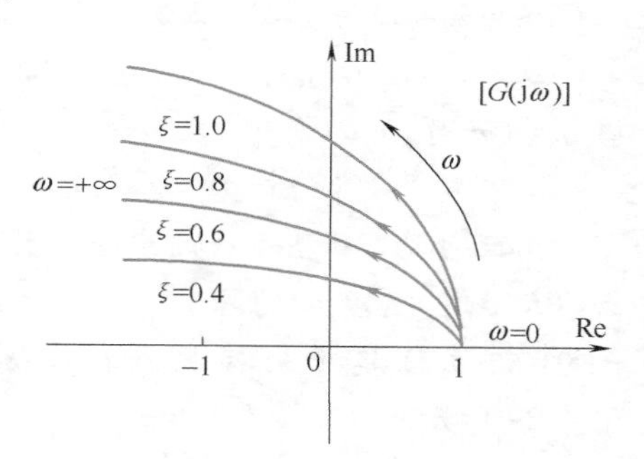

图 4-27 二阶微分环节的奈奎斯特图

8. 延时环节

延时环节的传递函数为

$$G(s)=e^{-\tau s} \tag{4-91}$$

频率特性为

$$G(j\omega)=e^{-j\tau\omega} \tag{4-92}$$

幅频特性为

$$|G(j\omega)|=1$$

相频特性为

$$\angle G(j\omega)=-\tau\omega$$

延时环节的奈奎斯特图是一个以原点为圆心，半径为 1 的圆，如图 4-28 所示。

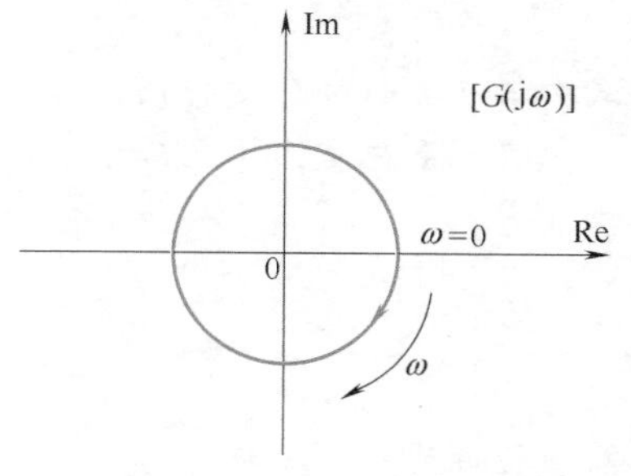

图 4-28 延时环节的奈奎斯特图

4.3.7 奈奎斯特图的绘制

手工绘制准确的奈奎斯特图很困难甚至无法实现，因此，在一般情况下，可在一些特殊点处取准确值，然后绘制概略奈奎斯特曲线。

例 4-8 已知系统的开环传递函数为

$$G(s)=\frac{K}{(1+T_1 s)(1+T_2 s)}$$

试绘制系统的奈奎斯特图。

解： 该系统为 0 型系统，系统的开环频率特性为

$$G(\mathrm{j}\omega)=\frac{K}{(1+\mathrm{j}T_1\omega)(1+\mathrm{j}T_2\omega)}$$

$$=\frac{K(1-T_1T_2\omega^2)}{(1+T_1^2\omega^2)(1+T_2^2\omega^2)}-\mathrm{j}\frac{K\omega(T_1+T_2)}{(1+T_1^2\omega^2)(1+T_2^2\omega^2)}$$

幅频特性为

$$|G(\mathrm{j}\omega)|=\frac{K}{\sqrt{(T_1\omega)^2+1}\sqrt{(T_2\omega)^2+1}}$$

相频特性为

$$\angle G(\mathrm{j}\omega)=-\arctan T_1\omega-\arctan T_2\omega$$

根据频率特性公式，求某些特殊点的值。当 $\omega=0$ 时，

$$|G(\mathrm{j}\omega)|=K,\ \angle G(\mathrm{j}\omega)=0^\circ$$

当 $\omega=+\infty$ 时，

$$|G(\mathrm{j}\omega)|=0,\ \angle G(\mathrm{j}\omega)=-180^\circ$$

由此可见，0 型系统的奈奎斯特图始于正实轴上的点（K,0），随着 ω 的增大，当 $\omega=+\infty$ 时，$G(\mathrm{j}\omega)$ 以 -180°相位角趋于坐标原点。系统的奈奎斯特图如图 4-29 所示。

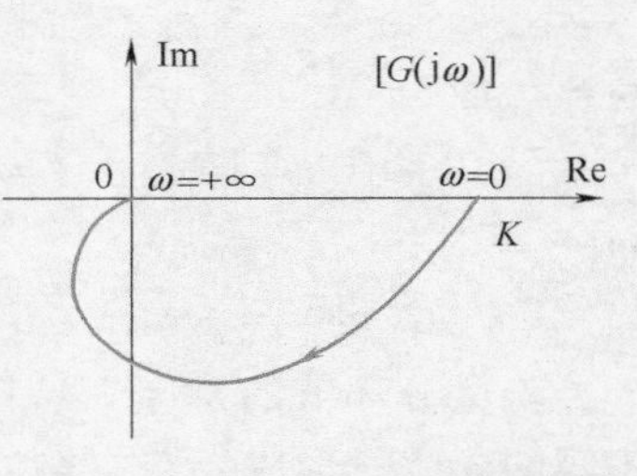

图 4-29 例 4-8 系统的奈奎斯特图

例 4-9 已知系统的开环传递函数为

$$G(s)=\frac{K}{s(1+Ts)}$$

试绘制系统的奈奎斯特图。

解： 系统是由比例环节、积分环节和惯性环节串联组成，该系统为 Ⅰ 型系统，其频率特性为

$$G(\mathrm{j}\omega)=\frac{K}{\mathrm{j}\omega(1+\mathrm{j}T\omega)}$$

幅频特性为

$$|G(\mathrm{j}\omega)|=\frac{K}{\omega\sqrt{1+(T\omega)^2}}$$

相频特性为

$$\angle G(\mathrm{j}\omega)=-90^\circ-\arctan T\omega$$

根据频率特性公式，求某些特殊点的值。当 $\omega=0$ 时，

$$|G(\mathrm{j}\omega)|=+\infty,\ \angle G(\mathrm{j}\omega)=-90^\circ$$

当 $\omega=+\infty$ 时，

$$|G(\mathrm{j}\omega)|=0,\ \angle G(\mathrm{j}\omega)=-180^\circ$$

由此可见，系统的奈奎斯特图在低频段与负虚轴平行，在高频段由负实轴趋于原点。

由系统的频率特性

$$G(\mathrm{j}\omega)=\frac{K}{\mathrm{j}\omega(1+\mathrm{j}T\omega)}=\frac{K\mathrm{j}\omega(1-\mathrm{j}T\omega)}{(\mathrm{j}\omega)^2(1+\mathrm{j}T\omega)(1-\mathrm{j}T\omega)}=\frac{-KT}{1+T^2\omega^2}+\mathrm{j}\frac{-K}{\omega(1+T^2\omega^2)}$$

可得系统的实频特性为

$$u(\omega)=\mathrm{Re}[G(\mathrm{j}\omega)]=\frac{-KT}{1+T^2\omega^2}$$

虚频特性为

$$v(\omega)=\mathrm{Im}[G(\mathrm{j}\omega)]=\frac{-K}{\omega(1+T^2\omega^2)}$$

系统的奈奎斯特图起始于平行负虚轴位置，有

$$\lim_{\omega\to0}\mathrm{Re}[G(\mathrm{j}\omega)]=\lim_{\omega\to0}\frac{-KT}{1+T^2\omega^2}=-KT$$

$$\lim_{\omega\to0}\mathrm{Im}[G(\mathrm{j}\omega)]=\lim_{\omega\to0}\frac{-K}{\omega(1+T^2\omega^2)}=-\infty$$

由 $\omega\to0$ 时的实频和虚频特性的取值可知，系统奈奎斯特图的起始渐近线过点 $(-KT,\ \mathrm{j}0)$，且平行于负虚轴。系统的奈奎斯特图如图 4-30 所示。

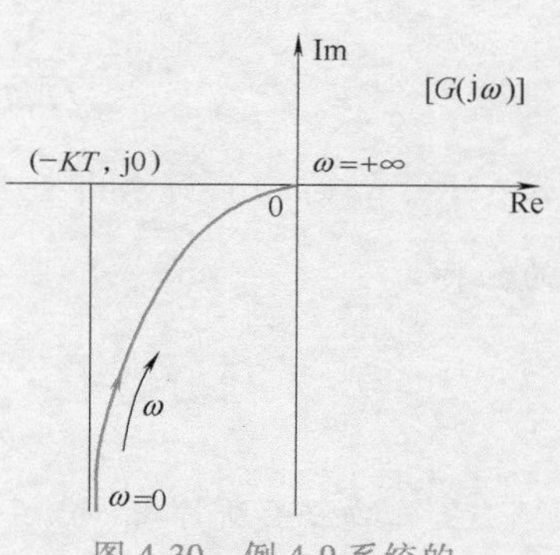

图 4-30　例 4-9 系统的奈奎斯特图

例 4-10　已知系统的开环传递函数为

$$G(s)=\frac{K}{s(T_1s+1)(T_2s+1)}$$

试绘制其奈奎斯特图。

解： 由系统的开环传递函数可知，系统是由一个比例环节、一个积分环节和两个惯性环节串联组成，该系统为Ⅰ型系统，其频率特性为

$$G(\mathrm{j}\omega)=\frac{K}{\mathrm{j}\omega(\mathrm{j}T_1\omega+1)(\mathrm{j}T_2\omega+1)}$$

幅频特性为

$$|G(\mathrm{j}\omega)|=\frac{K}{\omega\sqrt{(T_1\omega)^2+1}\sqrt{(T_2\omega)^2+1}}$$

相频特性为

$$\angle G(\mathrm{j}\omega)=-90^\circ-\arctan T_1\omega-\arctan T_2\omega$$

根据频率特性公式，求某些特殊点的值。当 $\omega\to 0$ 时，

$$|G(\mathrm{j}\omega)|=+\infty,\ \angle G(\mathrm{j}\omega)=-90^\circ$$

当 $\omega\to+\infty$ 时，

$$|G(\mathrm{j}\omega)|=0,\ \angle G(\mathrm{j}\omega)=-(n-m)\times 90^\circ=-(3-0)\times 90^\circ=-270^\circ$$

由 $\omega\to+\infty$ 时的实频和虚频特性的取值可知，系统奈奎斯特图的终止位置与正虚轴相切于坐标原点。

系统的奈奎斯特图起始于平行负虚轴位置，有

$$\lim_{\omega\to 0}\mathrm{Re}[G(\mathrm{j}\omega)]=\lim_{\omega\to 0}\mathrm{Re}\frac{K}{\mathrm{j}\omega(\mathrm{j}T_1\omega+1)(\mathrm{j}T_2\omega+1)}$$

$$=\lim_{\omega\to 0}\mathrm{Re}\left[\frac{-K(T_1+T_2)-\mathrm{j}(K/\omega)(1-T_1T_2\omega^2)}{1+(T_1^2+T_2^2)\omega^2+T_1^2T_2^2\omega^4}\right]=-K(T_1+T_2)$$

令 $\mathrm{Im}[G(s)]=0$，可求出开环奈奎斯特曲线与负实轴交点处的频率为

$$\omega_{\mathrm{g}}=\frac{1}{\sqrt{T_1T_2}}$$

代入 $\mathrm{Re}[G(\mathrm{j}\omega)]$ 可求出奈奎斯特图与负实轴交点的坐标为

$$|G(\mathrm{j}\omega_{\mathrm{g}})|=\frac{KT_1T_2}{T_1+T_2}$$

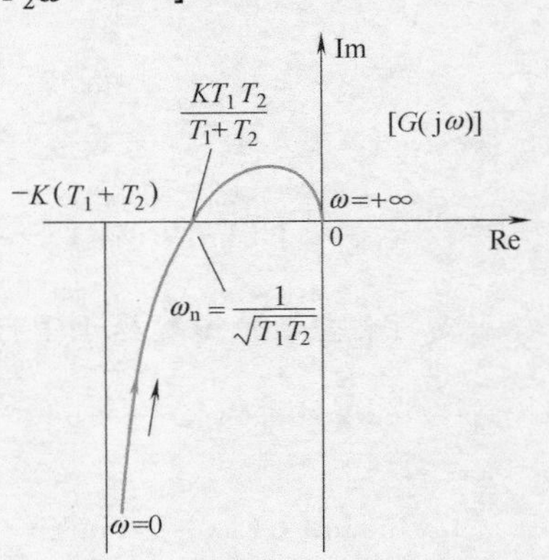

图 4-31 例 4-10 系统的奈奎斯特图

系统的奈奎斯特图如图 4-31 所示。

例 4-11 已知系统的开环传递函数为

$$G(s)=\frac{K}{s^2(1+T_1s)(1+T_2s)}$$

试绘制系统的奈奎斯特图。

解： 系统由一个比例环节、两个积分环节和两个惯性环节串联组成，该系统为Ⅱ型系统，其频率特性为

$$G(\mathrm{j}\omega)=\frac{K}{(\mathrm{j}\omega)^2(1+\mathrm{j}T_1\omega)(1+\mathrm{j}T_2\omega)}=K\frac{1}{\mathrm{j}\omega}\frac{1}{\mathrm{j}\omega}\frac{1}{(1+\mathrm{j}T_1\omega)(1+\mathrm{j}T_2\omega)}$$

幅频特性为

$$|G(\mathrm{j}\omega)|=\frac{K}{\omega^2\sqrt{1+T_1^2\omega^2}\sqrt{1+T_2^2\omega^2}}$$

相频特性为

$$\angle G(\mathrm{j}\omega)=-180^\circ-\arctan T_1\omega-\arctan T_2\omega$$

根据频率特性公式，求某些特殊点的值。当 $\omega=0$ 时，

$$|G(j\omega)|=+\infty,\ \angle G(j\omega)=-180°$$

当 $\omega=+\infty$ 时，

$$|G(j\omega)|=0,\ \angle G(j\omega)=-360°$$

由此可见，系统的奈奎斯特图在低频段与负实轴平行，在高频段由正实轴趋于原点。

由系统的频率特性

$$G(j\omega)=\frac{K}{-\omega^2(1+jT_1\omega)(1+jT_2\omega)}$$

$$=\frac{K(1-T_1T_2\omega^2)}{-\omega^2(1+T_1^2\omega^2)(1+T_2^2\omega^2)}+j\frac{K(T_1+T_2)}{\omega(1+T_1^2\omega^2)(1+T_2^2\omega^2)}$$

可知系统的实频特性和虚频特性。为了求系统奈奎斯特图与虚轴的交点坐标，令实频特性 $\mathrm{Re}[G(s)]=0$，求得 $\omega=\dfrac{1}{\sqrt{T_1T_2}}$，代入虚频特性得

$$\mathrm{Im}[G(s)]=\frac{K(T_1T_2)^{\frac{3}{2}}}{T_1+T_2}$$

此即奈奎斯特图与正虚轴的交点。

另有

$$\lim_{\omega\to0}\mathrm{Re}[G(s)]\to-\infty$$

$$\lim_{\omega\to0}\mathrm{Im}[G(s)]\to+\infty$$

由以上分析计算可知，当 ω 由 $0\to+\infty$ 时，$\mathrm{Re}[G(s)]$ 和 $\mathrm{Im}[G(s)]$ 均从 $\infty\to0$，并且 $\mathrm{Im}[G(j\omega)]$ 始终为正值，与虚轴的交点坐标为 $\left(0,\ j\dfrac{K(T_1T_2)^{\frac{3}{2}}}{T_1+T_2}\right)$。这说明系统的奈奎斯特图在复平面 $[G(j\omega)]$ 的上半平面，如图 4-32 所示。

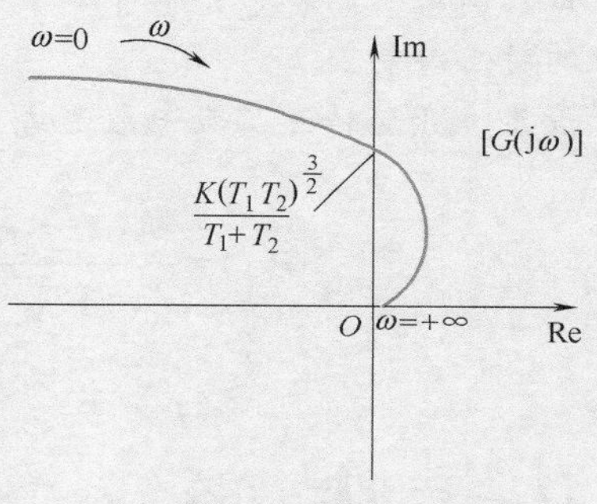

图 4-32　例 4-11 系统的奈奎斯特图

例 4-12　已知系统的传递函数为

$$G(s)=\frac{K(T_1s+1)}{s(T_2s+1)}$$

式中，$T_1>T_2$。试绘制系统的奈奎斯特图。

解： 由系统的开环传递函数可知，该系统是由一个比例环节、一个积分环节、一个一阶微分环节和一个惯性环节串联组成，其频率特性为

$$G(j\omega)=\frac{K(jT_1\omega+1)}{j\omega(jT_2\omega+1)}=\frac{K(T_1-T_2)}{1+T_2^2\omega^2}-j\frac{K(1+T_1T_2\omega^2)}{\omega(1+T_2^2\omega^2)}$$

幅频特性为

$$|G(j\omega)|=\frac{K\sqrt{1+T_1{}^2\omega^2}}{\omega\sqrt{1+T_2{}^2\omega^2}}$$

相频特性为

$$\angle G(j\omega)=\arctan T_1\omega-90^\circ-\arctan T_2\omega$$

根据频率特性公式，求某些特殊点的值。当 $\omega=0$ 时，

$$|G(j\omega)|=+\infty,\ \angle G(j\omega)=-90^\circ$$

当 $\omega=+\infty$ 时，

$$|G(j\omega)|=0,\ \angle G(j\omega)=-90^\circ$$

因为 $T_1>T_2$，故

$$\mathrm{Re}[G(j\omega)]>0,\ \mathrm{Im}[G(j\omega)]<0$$

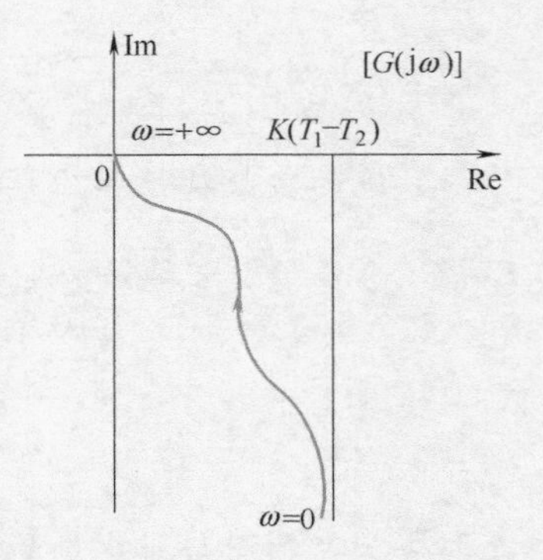

图 4-33 例 4-12 系统的奈奎斯特图

系统的奈奎斯特图如图 4-33 所示。由图 4-33 所示奈奎斯特图可知，若传递函数有一阶微分环节，即超前环节，则奈奎斯特曲线发生弯曲，即相位可能非单调变化。

根据上述举例分析，概略奈奎斯特曲线可根据系统传递函数的特点绘制。

设系统开环传递函数一般形式为

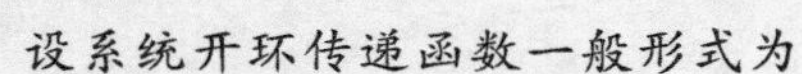

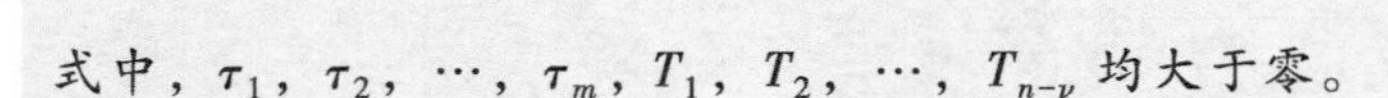

$$G(s)=\frac{K(1+\tau_1 s)(1+\tau_2 s)\cdots(1+\tau_m s)}{s^\nu(1+T_1 s)(1+T_2 s)\cdots(1+T_{n-\nu} s)}\qquad (n\geqslant m)$$

式中，τ_1，τ_2，…，τ_m，T_1，T_2，…，$T_{n-\nu}$ 均大于零。

1）当 $\omega=0$ 时（即奈奎斯特图的起点），$\varphi(\omega)=-\nu\cdot 90^\circ$。

2）当 $\omega\to+\infty$ 时（即奈奎斯特图的终点），$\varphi(\omega)=-(n-m)\times 90^\circ$。

3）当 $G(s)$ 中含有一阶微分环节时，相位非单调下降，奈奎斯特图发生弯曲。

由上述特点分析可得出绘制系统奈奎斯特图的基本步骤如下。

1）根据传递函数写出系统的幅频特性、相频特性的表达式，必要时还要写出实频特性和虚频特性的表达式。

2）分别求出起点（$\omega=0$）和终点（$\omega=+\infty$）时的幅值和相位，并表示在奈奎斯特图上。

3）找出必要的特殊点，如与实轴的交点、与虚轴的交点等，并表示在奈奎斯特图上。

4）补充必要的点，根据已知点和 $|G(j\omega)|$、$\angle G(j\omega)$ 的变化趋势以及 $G(j\omega)$ 所处的象限，绘制奈奎斯特曲线的大致图形。

4.4 频率稳定性分析

4.4.1 奈奎斯特稳定判据

奈奎斯特稳定判据是以系统特征方程的根全部具有负实部为判断基础，但是它是根据系统开环传递函数来判别闭环系统的稳定性，即通过系统开环传递函数的奈奎斯特曲线来判别闭环系统的稳定性，并能揭示改善系统性能的途径。

如图 4-34 所示的闭环系统，设其开环传递函数为

$$G_K(s)=G(s)H(s)=\frac{K(s-z_1)(s-z_2)\cdots(s-z_m)}{(s-p_1)(s-p_2)\cdots(s-p_n)}\qquad(n\geqslant m)$$

系统的闭环传递函数为

$$G_B(s)=\frac{G(s)}{1+G(s)H(s)}$$

图 4-34　闭环系统框图

特征方程为

$$1+G(s)H(s)=0$$

令

$$F(s)=1+G(s)H(s)$$

故有

$$F(s)=\frac{(s-p_1)(s-p_2)\cdots(s-p_n)+K(s-z_1)(s-z_2)\cdots(s-z_m)}{(s-p_1)(s-p_2)\cdots(s-p_n)}$$

$$=\frac{(s-s_1)(s-s_2)\cdots(s-s_{n'})}{(s-p_1)(s-p_2)\cdots(s-p_n)}\qquad(n\geqslant n')$$

由此可知：$F(s)$ 的零点 s_1，s_2，…，$s_{n'}$ 即为系统闭环传递函数 $G_B(s)$ 的极点，亦即系统特征方程的根；$F(s)$ 的极点 p_1，p_2，…，p_n 即为开环传递函数 $G_K(s)$ 的极点。

线性定常系统稳定的充分必要条件是，其闭环系统的特征方程 $1+G(s)H(s)=0$ 的全部根具有负实部，即 $G_B(s)$ 在 [s] 平面的右半部分没有极点，亦即 $F(s)$ 在 [s] 平面的右半部分没有零点。

由此，应用辐角原理，可导出奈奎斯特稳定判据（简称为奈氏判据）。

奈氏判据 1：当 ω 从 $-\infty$ 变化到 $+\infty$ 时，如果 [GH] 平面上的开环奈奎斯特曲线逆时针包围点（-1,j0）的圈数 N 等于开环右极点数 P，则闭环系统稳定，即

$$N=P\tag{4-93}$$

否则系统不稳定。系统不稳定根（即位于 [s] 平面右半平面的闭环极点）的个数 $Z=P-N$。

因为通常只画出 ω 从 0 变化到 $+\infty$ 的奈奎斯特曲线，此时的奈氏判据可表述如下。

奈氏判据 2：当 ω 从 0 变化到 $+\infty$ 时，[GH] 平面上的开环奈奎斯特曲线逆时针包围点（-1,j0）的圈数 N，如果它等开开环右极点数的一半 $P/2$，则闭环系统稳定，即

$$N=P/2\tag{4-94}$$

否则系统不稳定。不稳定系统闭环右极点（或具有正实部的特征根）的个数 $Z=P-2N$。

需要注意的是，对于开环传递函数中含有积分环节的系统，绘制开环奈奎斯特曲线后，还应从 $\omega=0^+$ 对应的点开始，沿逆时针方向用虚线补画一条半径为无穷大、角度为 $90°\cdot\nu$

的圆弧与实轴相交，作为辅助曲线，ν 是开环传递函数中含有积分环节的个数，系统的开环奈奎斯特曲线应包括补画的虚线部分，如图 4-35 所示。

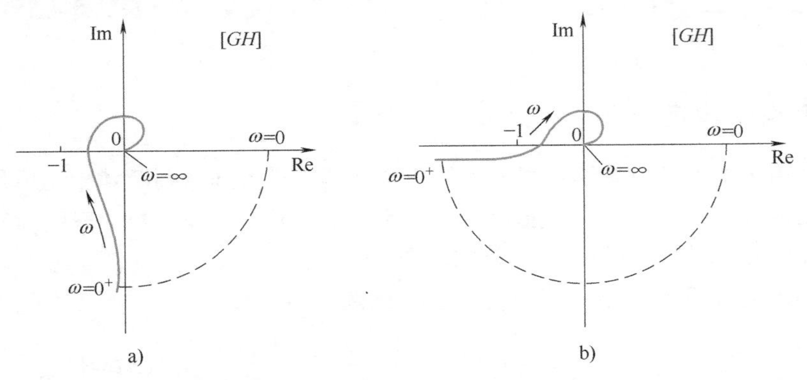

图 4-35　开环奈奎斯特曲线的补画方法

图 4-35a 所示奈奎斯特曲线的表达式为 $G(s)H(s)=\dfrac{K}{s(1+sT_1)(1+sT_2)(1+sT_3)}$，图 4-35b 所示奈奎斯特曲线的表达式为 $G(s)H(s)=\dfrac{K}{s^2(1+sT_1)(1+sT_2)}$。

例 4-13　图 4-36a、b、c 所示奈奎斯特图对应的开环传递函数分别如下，判断各系统的稳定性。

1）$G(s)H(s)=\dfrac{K}{(T_1s+1)(T_2s+1)}\qquad (T_1,T_2>0)$

2）$G(s)H(s)=\dfrac{K}{(T_1s+1)(T_2s+1)(T_3s+1)}\qquad (T_1,T_2,T_3>0)$

3）$G(s)H(s)=\dfrac{K(T_as+1)}{(T_1s+1)(T_2s+1)(T_3s+1)}\qquad (T_a,T_1,T_2,T_3>0)$

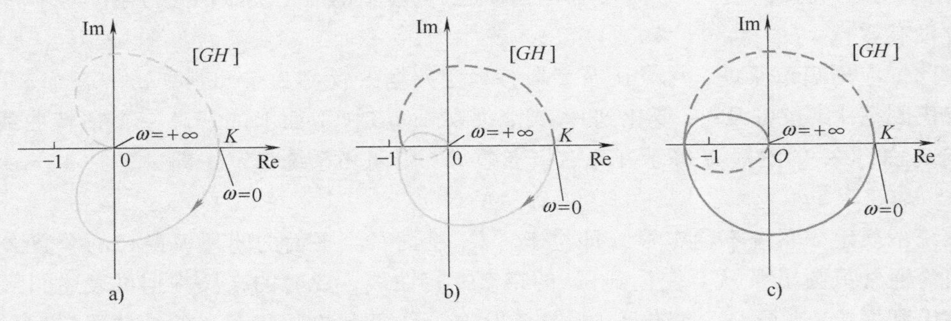

图 4-36　例 4-13 系统的奈奎斯特图

解： 根据奈氏判据，可做如下判断。

1）因为 $P=0$，又 $N=0$，所以 $N=P$，系统稳定。

2）因为 $P=0$，又 $N=0$，所以 $N=P$，系统稳定。

3）因为 $P=0$，又 $N=-2$，所以 $N\neq P$，系统不稳定。

例 4-14　判断如图 4-37 所示系统的稳定性。

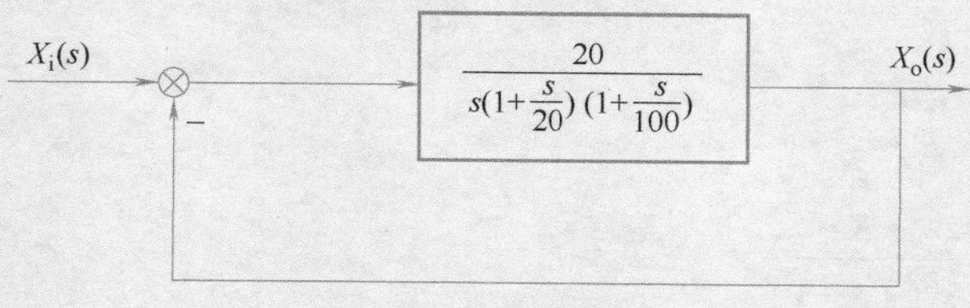

图 4-37　系统框图

解： 图 4-37 所示系统的开环传递函数为

$$G(s)H(s)=\frac{20}{s\left(1+\frac{s}{20}\right)\left(1+\frac{s}{100}\right)}$$

系统的奈奎斯特曲线如图 4-38a 所示。

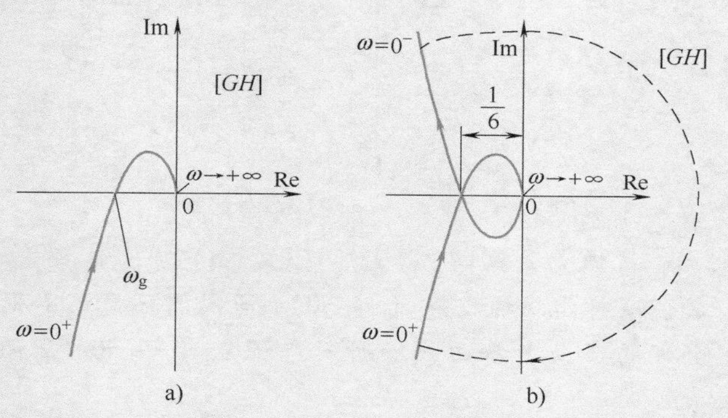

图 4-38　例 4-14 系统的奈奎斯特图

要确定奈奎斯特曲线是否包围点（-1,j0），需求得图形与负实轴交点处的频率为 ω_g 和交点的坐标，故将 $G(j\omega)\ H(j\omega)$ 写成实部、虚部的形式，即

$$G(j\omega)H(j\omega)=\frac{20}{j\omega\left(1+\frac{j\omega}{20}\right)\left(1+\frac{j\omega}{100}\right)}=\frac{-20\left[\frac{3\omega}{50}+j\left(1-\frac{\omega^2}{2000}\right)\right]}{\omega\left(1+\frac{\omega^2}{400}\right)\left(1+\frac{\omega^2}{10000}\right)}$$

令 $\mathrm{Im}[G(j\omega)H(j\omega)]=0$ 得

$$\omega_g=20\sqrt{5}\,\mathrm{rad}\cdot\mathrm{s}^{-1}$$

$$\mathrm{Re}[G(j\omega)H(j\omega)]=-\frac{1}{6}$$

由所给的开环传递函数可知，开环传递函数在［s］平面的右半平面无极点，即 $P=0$；又由图 4-38b 所示绘制的奈奎斯特图可知，完整的奈奎斯特曲线没有包围（-1,j0）点，即 $N=0$，故所给的闭环系统是稳定的，而且还可以看出交点 $\left(-\frac{1}{6},\ j0\right)$ 与（-1，j0）还有一段距离，所以稳定程度较好。

例 4-15 图 4-39a、b、c 所示奈奎斯特图对应的开环传递函数分别如下，判断各Ⅱ型系统的稳定性。

1) $G(s)H(s)=\dfrac{K}{s^2}$

2) $G(s)H(s)=\dfrac{K}{s^2(T_1s+1)}\qquad (T_1>0)$

3) $G(s)H(s)=\dfrac{K(T_as+1)}{s^2(T_1s+1)(T_2s+1)}\qquad (T_a,T_1,T_2>0)$

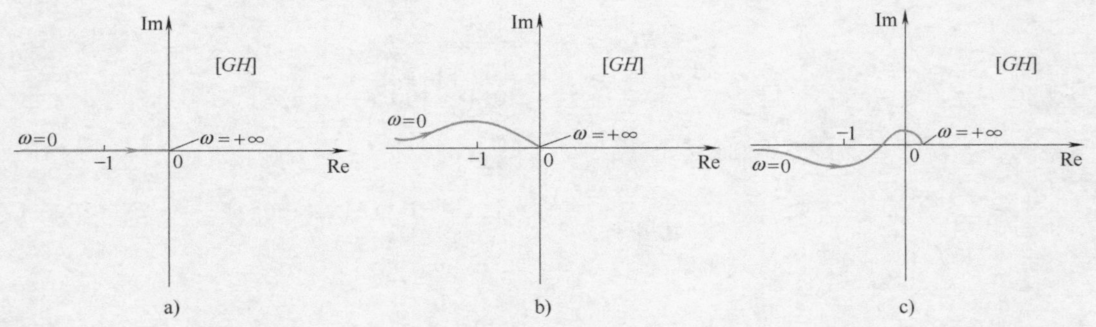

图 4-39 例 4-15 系统的奈奎斯特图

解：根据奈氏判据，可做如下判断。

1) 因为 $P=0$，奈奎斯特曲线通过点 $(-1,\mathrm{j}0)$；所以闭环系统不稳定。

2) 因为 $P=0$，全部的奈奎斯特曲线顺时针包围点 $(-1,\mathrm{j}0)$ 2 圈，即 $N=-2$，所以 $N\neq P$，系统不稳定。

3) 因为 $P=0$，全部的奈奎斯特曲线不包围点 $(-1,\mathrm{j}0)$，即 $N=0$，所以 $N=P$，系统稳定。

4.4.2 伯德稳定判据

伯德稳定判据又称为对数判据，是用系统开环传递函数的伯德图代替系统开环传递函数的奈奎斯特曲线（ω：$0\to+\infty$）来判断闭环系统的稳定性。

图 4-40 所示奈奎斯特图中的单位圆对应于图 4-41 所示伯德图中的 0dB 线，图 4-40 所示奈奎斯特图中的负实轴对应于图 4-41 所示伯德图中的 $-180°$ 线。图 4-40 所示奈奎斯特图中单位圆外部 $[A(\omega)>1]$ 的奈奎斯特曲线部分对应于图 4-41 所示伯德图中对数幅频特性曲线 $L(\omega)>0\mathrm{dB}$ 的部分。图 4-40 所示奈奎斯特图中单位圆上和单位圆内部 $[A(\omega)\leqslant1]$ 的奈奎斯特曲线部分对应于图 4-41 所示伯德图中 $L(\omega)\leqslant0\mathrm{dB}$ 的部分。在奈奎斯特图中，奈奎斯特曲线的一次“正穿越”(“⊕”表示）对应于伯德图中在 $L(\omega)>0\mathrm{dB}$ 的频率段内 $\varphi(\omega)$ 自下而上地穿越 $-180°$ 线一次（$N_+=1$）；一次“负穿越”（“⊖”表示）对应于伯德图中在 $L(\omega)>0\mathrm{dB}$ 的频率段内 $\varphi(\omega)$ 自上而下地穿越 $-180°$ 线一次（$N_-=1$）。伯德图中 $\varphi(\omega)$ 的总穿越次数 $N=N_+-N_-$。

根据上述奈奎斯特图与伯德图的对应关系，伯德稳定判据可描述为：假设开环传递函数在 $[s]$ 平面右半平面的极点数为 P_R，开环传递函数伯德图的穿越次数为 N，闭环系统在

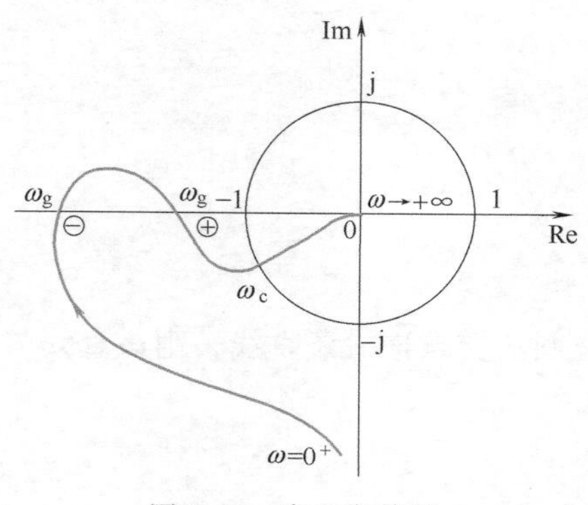

图 4-40　奈奎斯特图

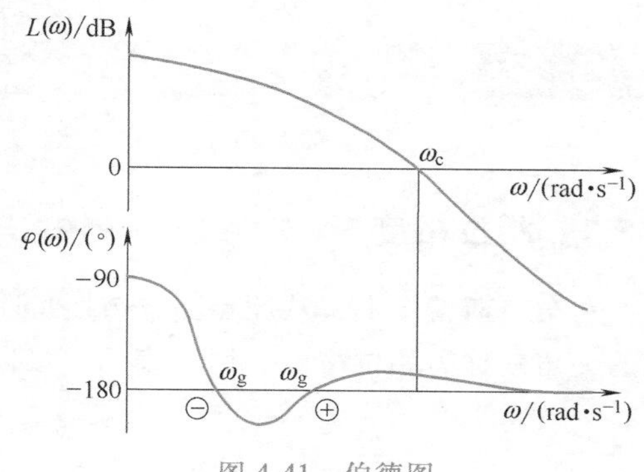

图 4-41　伯德图

[s] 平面右半平面的极点数为 Z_R，则系统满足 $Z_R=P_R-2N$。若 $Z_R>0$，则闭环系统不稳定；若 $Z_R=0$ 且 $\omega_c\neq\omega_g$，则闭环系统稳定；若 $Z_R=0$ 且 $\omega_c=\omega_g$，则闭环系统临界稳定。

如图 4-42a 所示系统，开环系统不稳定（$P_R=2$），在 $L(\omega)>0$ 的频率段内，$\varphi(\omega)$ 曲线的穿越次数 $N=N_+-N_-=1-2=-1$，$Z_R=P_R-2N=4$，故闭环系统不稳定，且不稳定根的个数为 4。

如图 4-42b 所示系统，开环系统不稳定（$P_R=2$），在 $L(\omega)>0$ 的频率段内，$\varphi(\omega)$ 曲线的穿越次数 $N=N_+-N_-=2-1=1$，$Z_R=P_R-2N=0$ 且 $\omega_c\neq\omega_g$，故闭环系统稳定。

如图 4-42c 所示系统，开环系统稳定（$P_R=0$），在 $L(\omega)>0$ 的频率段内，$\varphi(\omega)$ 曲线的穿越次数 $N=N_+-N_-=1-1=0$，$Z_R=P_R-2N=0$ 且 $\omega_c=\omega_g$，故闭环系统临界稳定。

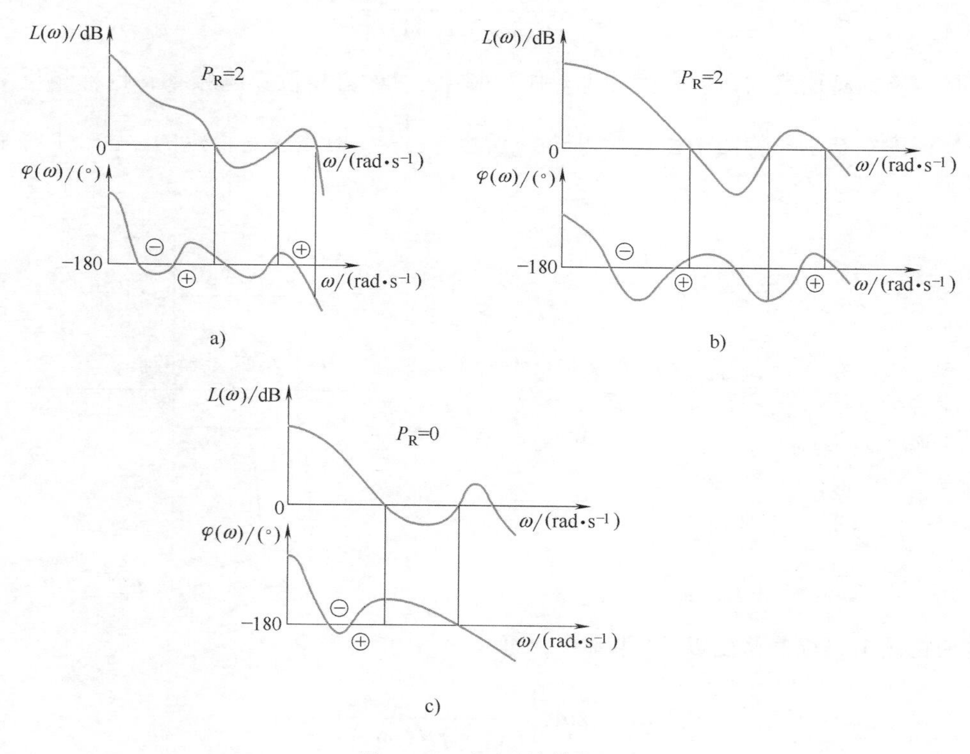

图 4-42　开环系统伯德图

4.5 相对稳定性

4.5.1 相位裕度

在奈奎斯特图上，从原点到奈奎斯特曲线与单位圆的交点连一条直线，则该直线与负实轴的夹角就称为相位裕度。用 γ 表示，可以表示为

$$\gamma=180°+\varphi(\omega_c) \tag{4-95}$$

式中，$\varphi(\omega_c)$ 为奈奎斯特曲线与单位圆交点频率 ω_c 上的相位角；ω_c 称为幅值穿越频率或剪切频率。

对于一般的负反馈系统来说，$\gamma>0$，系统稳定；$\gamma\leqslant 0$，系统不稳定。γ 越小，表示系统相对稳定性越差。一般取 $\gamma=30°\sim60°$。相位裕度在奈奎斯特图中的位置如图 4-43 所示。

4.5.2 幅值裕度

在奈奎斯特图上，奈奎斯特曲线与负实轴交点处幅值的倒数，称为幅值裕度，用 K_g 表示，可以表示为

$$K_g=\frac{1}{|G(j\omega_g)H(j\omega_g)|} \tag{4-96}$$

开环奈奎斯特曲线与负实轴的交点对应的频率 ω_g 称为相位穿越频率，也称相位交界频率。幅值裕度在奈奎斯特图中位置如图 4-44 所示，$\frac{1}{K_{g1}}<1$ 时系统是稳定的，$\frac{1}{K_{g2}}>1$ 时系统不稳定。

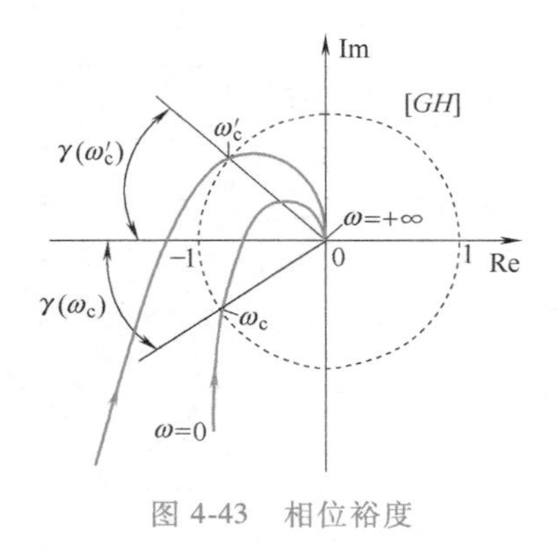

图 4-43 相位裕度

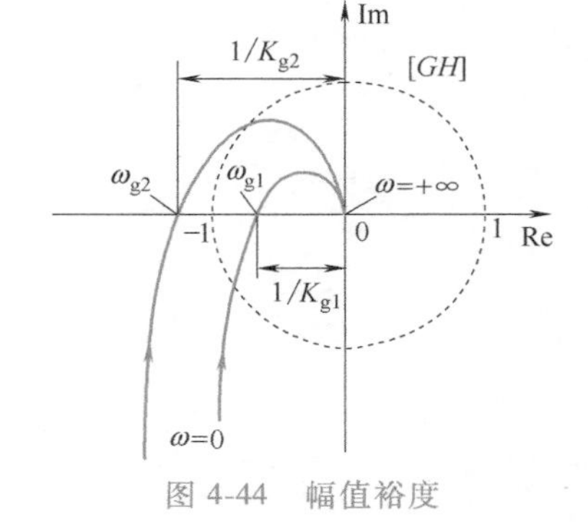

图 4-44 幅值裕度

在伯德图上，幅值裕度以 dB 为单位，可以表示为

$$K_g(\text{dB})=20\lg\left|\frac{1}{G(j\omega_g)H(j\omega_g)}\right|(\text{dB}) \tag{4-97}$$

若$|G(j\omega_g)H(j\omega_g)|<1$，则$K_g>1$，$K_g(dB)>0$，系统是稳定的；若$|G(j\omega_g)H(j\omega_g)|\geqslant 1$，则$K_g<1$，$K_g(dB)\leqslant 0$，系统不稳定。$K_g$（dB）一般取8~20dB为宜。

奈奎斯特图上的单位圆对应于伯德图上的0dB线。如图4-45a所示，幅频特性曲线穿越0dB时，对应于相频特性上的γ在$-180°$线以上，$\gamma>0$，相频特性和$-180°$线交点对应于幅频特性上的K_g（dB）在0dB线以下，即$K_g(dB)>0dB$，故系统是稳定的；图4-45b图则相反，$\gamma<0$，$K_g(dB)<0(dB)$，系统不稳定。

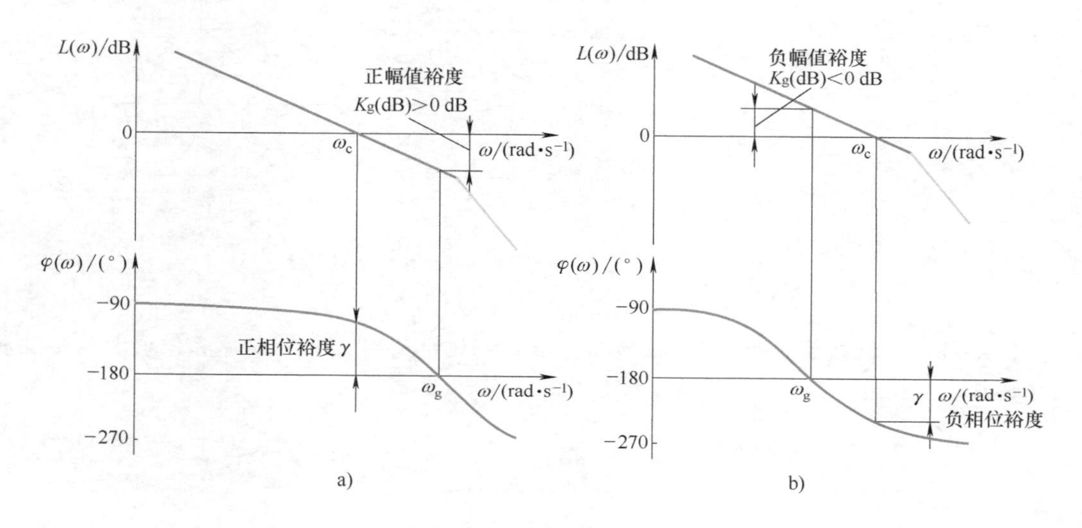

图4-45　伯德图上的相位裕度和幅值裕度

例4-16　设系统的开环传递函数为

$$G(s)H(s)=\frac{K}{s\left(\frac{s^2}{\omega_n^2}+\frac{2\xi_n}{\omega_n}s+1\right)}$$

试分析当阻尼比ξ很小时，该闭环系统的相对稳定性。

解： 当ξ很小时，开环传递函数$G(s)H(s)$的奈奎斯特图和伯德图分别表示如图4-46a、b所示，可以看出，系统的相位裕度γ虽较大，但幅值裕度K_g却太小。这是由于在ξ很小时，二阶振荡环节的幅频特性曲线峰值很高，也就是说$G(j\omega)H(j\omega)$的幅值穿越频率ω_c虽较低，相位裕度γ较大，但在频率ω_g附近，幅值裕度太小，曲线很靠近［GH］平面上的点（-1,j0）。所以如果仅以相位裕度γ来评价该系统的相对稳定性，就将得出系统稳定程度高的结论，而系统的实际稳定程度不是高，而是低。若同时根据相位裕度γ及幅值裕度K_g全面地评价系统的相对稳定性，就可以避免得出不合实际的结论。

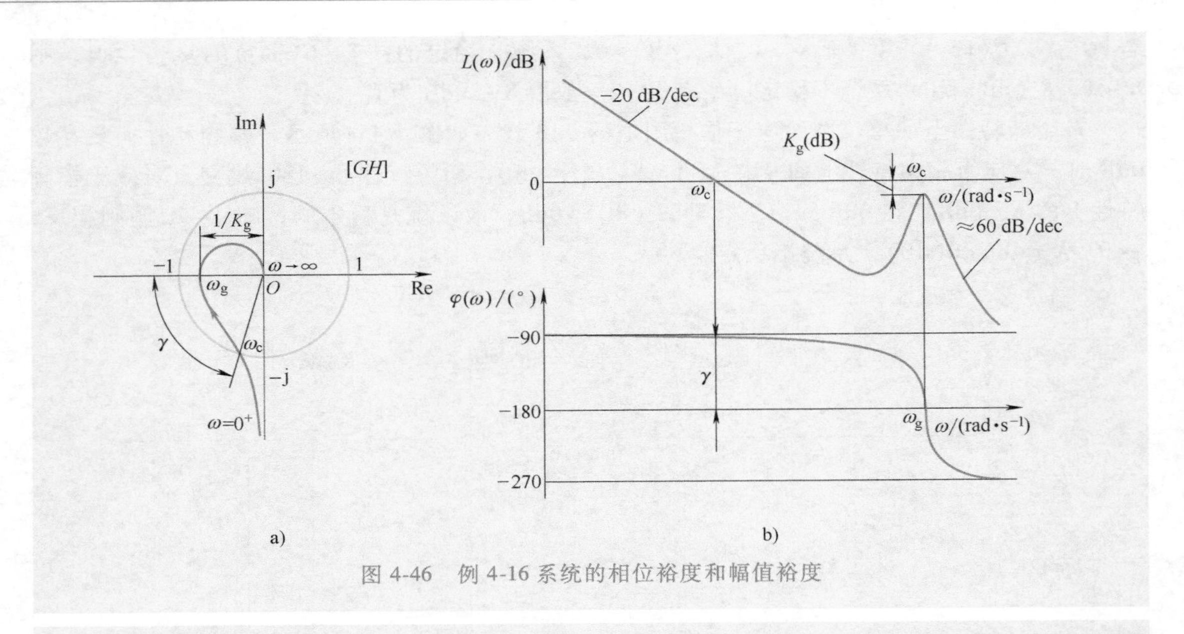

图 4-46 例 4-16 系统的相位裕度和幅值裕度

例 4-17 设控制系统如图 4-47a 所示。当 $K=10$ 和 $K=100$ 时，试求系统的相位裕度和幅值裕度。

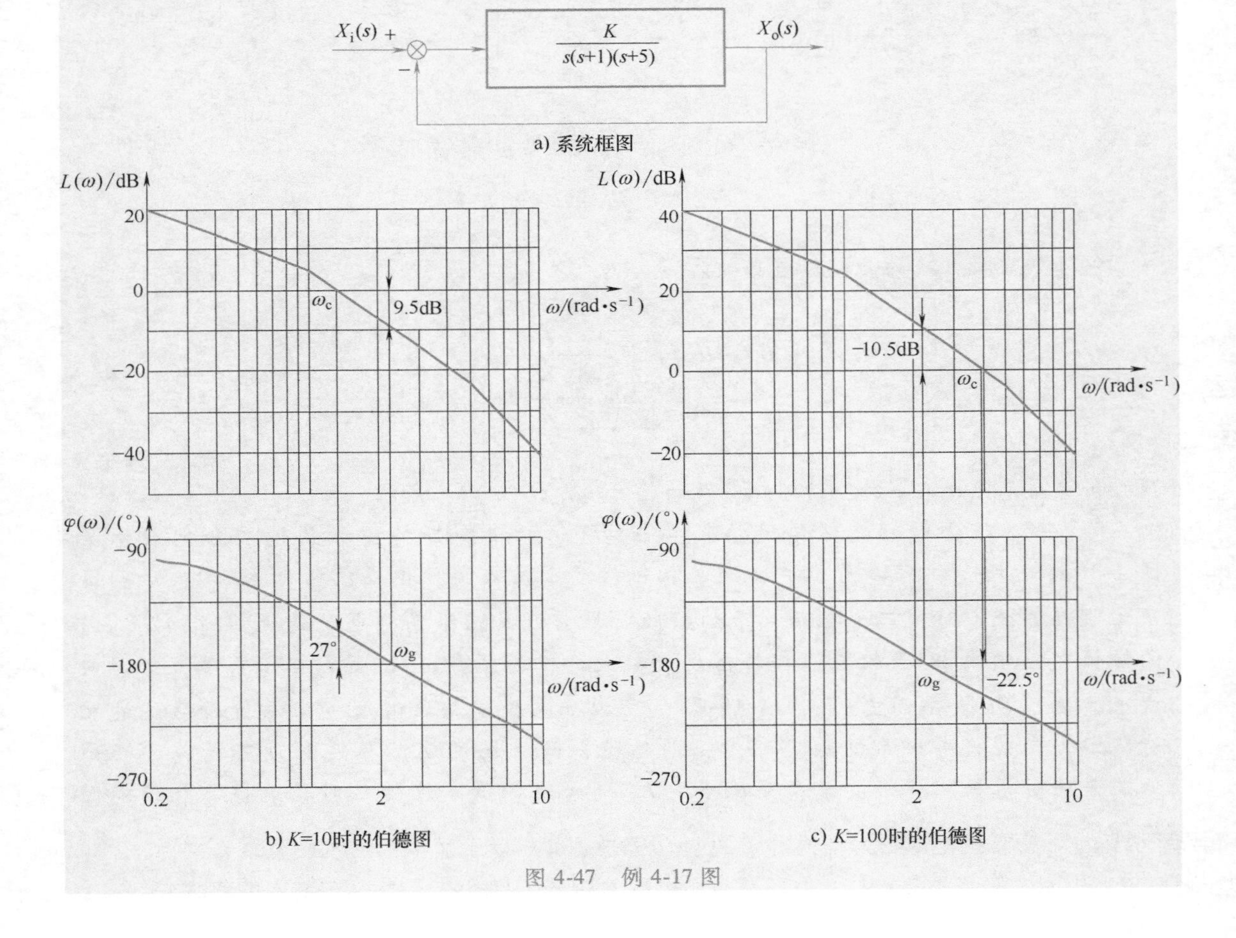

图 4-47 例 4-17 图

解：此开环系统为最小相位系统，$P=0$。

1）当 $K=10$ 时，有

$$G(j\omega)H(j\omega)=\frac{2}{j\omega(j\omega+1)(0.2j\omega+1)}$$

由伯德图的绘制方法，做出其伯德图，如图4-47b所示。

由对数幅频特性曲线的渐近线，在 $\omega_1=1$ 处，有

$$20\lg|G(j\omega_1)H(j\omega_1)|=2.84(\mathrm{dB})$$

穿过剪切频率 ω_c 的对数幅频特性曲线斜率为 $-40\mathrm{dB/dec}$，所以

$$40\lg\omega_c/\omega_1=40\lg\omega_c/1=2.84\mathrm{dB}$$

解得

$$\omega_c=1.178\mathrm{rad}\cdot\mathrm{s}^{-1}$$

$$\gamma=180°+\varphi(\omega_c)=180°+(-90°-\arctan1.178-\arctan0.2\times1.178)=27°$$

由

$$\angle G(j\omega_g)H(j\omega_g)=-180°$$

可以解出

$$\omega_g=\sqrt{5}\,\mathrm{rad}\cdot\mathrm{s}^{-1}$$

由此计算得

$$K_g\ (\mathrm{dB})=9.5\mathrm{dB}$$

因此，当 $K=10$ 时，系统的相位裕度 $\gamma=27°$，幅值裕度 K_g（dB）$=9.5$dB。该系统虽然稳定，且幅值裕度较大，但相位裕度 $\gamma<30°$，因而并不具有满意的相对稳定性。

2）当 $K=100$ 时，有

$$G(j\omega)H(j\omega)=\frac{20}{j\omega(j\omega+1)(0.2j\omega+1)}$$

做出其伯德图，如图4-47c所示。与 $K=10$ 时相比，系统的对数相频特性不变，对数幅频特性上移20dB（因为 K 增大了10倍）。由计算可得，$\omega_c=3.8\mathrm{rad}\cdot\mathrm{s}^{-1}$，此时，相位裕度 $\gamma=-22.5°$。另外可求得幅值裕度 K_g（dB）$=-10.5$dB，所以当 $K=100$ 时，系统闭环不稳定。

4.6 频域性能指标

4.6.1 闭环频率特性

反馈控制原理作为自动控制的基本原理被广泛地采用。反馈可不断监测系统的真实输出并与参考输入量进行比较，利用输出量与参考输入量的偏差来进行控制，使系统达到理想的要求。采用反馈控制的主要原因是由于加入反馈可使系统响应不易受外部干扰和内部参数变

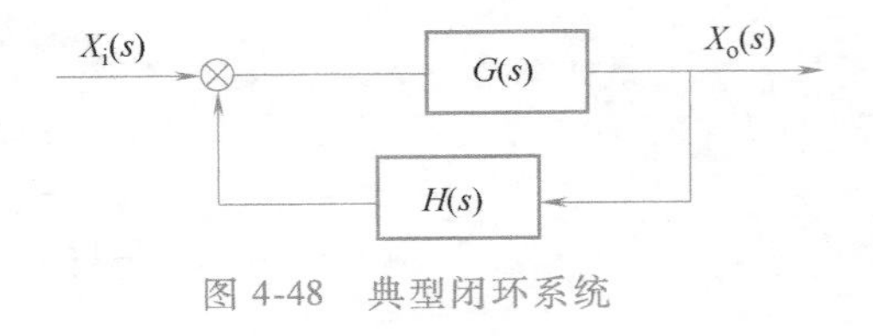

图 4-48 典型闭环系统

化的影响，从而保证系统性能的稳定和可靠。反馈控制系统又称为闭环控制系统，如图 4-48 所示，当 $H(s)=1$ 时，为单位反馈控制系统；当 $H(s)\neq 1$ 时，为非单位反馈控制系统。闭环传递函数 $G_B(s)$ 为

$$G_B(s)=\frac{X_i(s)}{X_o(s)}=\frac{G(s)}{1+G(s)H(s)} \tag{4-98}$$

则 $G_B(j\omega)$ 称作闭环频率特性。

4.6.2 频域性能指标

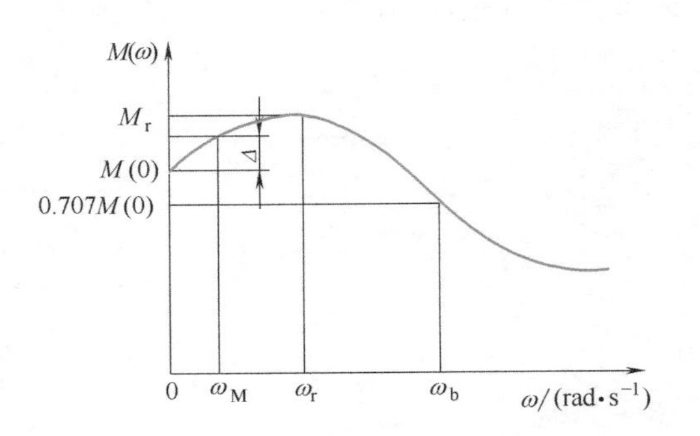

图 4-49 频率特性的特征

在时域分析的内容中，介绍了衡量系统过渡过程的一些时域性能指标，下面介绍在频域分析时要用到的一些有关频率的特征量或频域性能指标，如图 4-49 所示。

1. 零频幅值 $M(0)$

零频幅值 $M(0)$ 表示当频率 ω 接近于零时，闭环系统输出的幅值与输入的幅值之比。在频率极低时，对单位反馈系统而言，若输出幅值能完全准确地反映输入幅值，则 $M(0)=1$，即对于无差系统来说，闭环幅值特性的零频值 $M(0)=1$；而对于有差系统，$M(0)<1$，但 $M(0)$ 越接近于 1，有差系统的稳态误差越小。所以 $M(0)$ 与 1 相差的大小，反映了系统的稳态精度。

2. 复现频率 ω_M 与复现带宽 $0\sim\omega_M$

若事先规定一个 Δ 作为反映低频输入信号的允许误差，那么，ω_M 就是幅频特性值与 $M(0)$ 的差第一次达到 Δ 时的频率值，称为复现频率。当频率超过 ω_M，输出信号就不能“复现”输入，所以，$0\sim\omega_M$ 表征复现低频输入信号的频带宽度，称为复现带宽。

综合上述定义，$M(0)$、ω_M 及 Δ 都是用来表征闭环幅频特性低频段的形状的，所以，控制系统的稳态性能主要取决于闭环幅频特性在 $0\leqslant\omega\leqslant\omega_M$ 的低频段的形状。

3. 谐振频率 ω_r 及相对谐振峰值 M_r

幅频特性 $M(\omega)$ 出现最大值 M_{max} 时的频率称为谐振频率 ω_r。$\omega=\omega_r$ 时的幅值 $M(\omega_r)=M_{max}$ 与 $M(0)$ 之比$\dfrac{M_{max}}{M(0)}$称为谐振比或相对谐振峰值 M_r。

若取分贝值，则

$$20\lg M_r=20\lg M_{max}-20\lg M(0) \tag{4-99}$$

在 $M(0)=1$ 时，M_r 与 M_{max} 在数值上相同，系统的 M_r 反映了系统的相对稳定性。一般而言，M_r 值越大，则该系统阶跃瞬态响应的超调量 M_p 也越大，表明系统的阻尼小，相对稳态性差。对于二阶系统，由最大超调量 $M_p=e^{-\xi\pi/\sqrt{1-\xi^2}}$ 和谐振峰值 $M_r=1/(2\xi\sqrt{1-\xi^2})$ 可以看出，它们均随着阻尼比 ξ 的增大而减小。由此可见，M_r 越大的系统，相应的 M_p 也越

大，瞬态响应的相对稳定性越差。为了减弱系统的振荡性，同时使系统又具有一定的快速性，应当适当选取 M_r 值。如果 M_r 取值在 $1<M_r<1.4$ 范围内，相当于阻尼比 ξ 在 $0.4<\xi<0.7$ 范围内，这时二阶系统阶跃响应的超调量 $M_p<25\%$。

对于闭环传递函数为一个典型二阶振荡环节的系统，其频率特性为

$$\frac{X_i(j\omega)}{X_o(j\omega)}=\frac{\omega_n^2}{(j\omega)^2+2\xi\omega_n(j\omega)+\omega_n^2} \tag{4-100}$$

$$M(\omega)=\left|\frac{X_i(j\omega)}{X_o(j\omega)}\right|=\frac{1}{\sqrt{\left(1-\frac{\omega^2}{\omega_n^2}\right)^2+\left(2\xi\frac{\omega}{\omega_n}\right)^2}} \tag{4-101}$$

根据 $M(\omega)$ 表达式及系统参数 ξ 和 ω_n，可求解 M_r 和 ω_r。

令 $\frac{\omega}{\omega_n}=\Omega$，则

$$M(\Omega)=\frac{1}{\sqrt{(1-\Omega^2)^2+4\xi^2\Omega^2}} \tag{4-102}$$

当 $M(\Omega)$ 取最大值 M_r 时，应满足

$$\frac{dM(\Omega)}{d\Omega}=0 \tag{4-103}$$

求解可得

$$\Omega_r=\frac{\omega_r}{\omega_n}=\sqrt{1-2\xi^2} \tag{4-104}$$

代入式（4-101），可得

$$M_r=\frac{1}{2\xi\sqrt{1-\xi^2}} \tag{4-105}$$

由式（4-104），可得

$$\omega_r=\omega_n\sqrt{1-2\xi^2} \tag{4-106}$$

则在 $0<\xi\leqslant\frac{1}{\sqrt{2}}=0.707$ 范围内，系统会产生谐振峰值 M_r，而且 ξ 越小，M_r 越大；谐振频率 ω_r 与系统的有阻尼固有频率 ω_d、无阻尼固有频率 ω_n 之间的关系为

$$\omega_r<\omega_d=\omega_n\sqrt{1-\xi^2}<\omega_n \tag{4-107}$$

4. 截止频率 ω_b 和截止带宽 $0\sim\omega_b$

截止频率 ω_b 是指系统闭环特性的幅值下降到其零频率幅值以下 3dB 时的频率，亦即 $M(\omega)$ 由 $M(0)$ 下降到 $0.707M(0)$ 时的频率称为系统的截止频率 ω_b，用分贝值表示为

$$20\lg M(\omega_b)=20\lg M(0)-3=20\lg 0.707M(0) \tag{4-108}$$

频率范围 $0\sim\omega_b$ 称为系统的截止带宽或带宽，表征了系统响应的快速性，也反映了系统对噪声的滤波性能。超过 ω_b 后，系统输出信号就会急剧衰减，跟不上输入信号，形成系统响应的截止状态。

对于随动系统来说，系统的带宽表征系统允许工作的最高频率，若此带宽大，则系统的动态性能好。对于低通滤波器，希望带宽要小，即只允许频率较低的输入信号通过系统，而频率稍高的输入信号均被滤掉。因此，在确定系统带宽时，必须根据实际系统综合考虑来选择合适的频率范围。

例 4-18 已知一阶系统的传递函数为 $G(s)=\dfrac{1}{Ts+1}$，求该系统的 ω_b。

解：系统的频率特性为

$$G(j\omega)=\frac{1}{Tj\omega+1}$$

由

$$M(\omega)=\left|\frac{1}{Tj\omega+1}\right|$$

得

$$\frac{1}{\sqrt{1+\omega_b^2T^2}}=\frac{1}{\sqrt{2}}$$

故

$$\omega_b=\frac{1}{T}=\omega_T$$

一阶系统的截止频率 ω_b 等于系统的转折频率 ω_T，即等于系统时间常数的倒数。也说明频宽越大，系统时间常数 T 越小，响应速度越快。

4.7 项目四：垂直起降系统的频域设计

第 3 章已对垂直起降系统进行理论建模，确定了系统的传递函数，并通过使用系统辨识工具箱辨识系统传递函数，对数据进行处理，得到了垂直起降系统的数学模型，本节将从频域理论设计计算与对串联相位滞后校正后的系统仿真实验进行介绍。在满足时域的三个指标后，将对系统进行频域分析，计算系统的幅值裕度和相位裕度，根据指标对系统进行校正；最后根据设计的控制器，通过 Simulink 进行仿真试验，来验证设计的控制器是否合理。

4.7.1 项目内容和要求

1）根据要求的性能指标，应用 MATLAB 控制系统工具箱设计控制器。

2）对照理论设计数据对实际运行数据进行分析、解释。

3）撰写项目报告，并利用 PPT、照片、视频等多媒体手段重点讲解实践过程，训练沟通交流、使用现代工具的能力。

4.7.2 垂直起降系统的频域设计

1. 明确设计要求

本项目要求所设计的闭环系统单位阶跃响应满足下列性能指标。

1）准确性：稳态精度达到 95%。

2）稳定性：悬臂的响应不出现振荡，即超调量为0%。

3）快速性：上升时间小于0.5s。

4）相对稳定性：幅值裕度大于20dB，相位裕度大于40°。

2. 数学建模

在项目三中介绍了垂直起降系统的参数辨识方法，但需要注意的是由于每组同学所搭建的实验对象不同，因此每组所辨识出来的系统参数均具有其独特型。例如，本次项目中所辨识出来的系统传递函数为

$$G_{mp}(s)=\frac{\Theta(s)}{U(s)}=\frac{K\omega_n^2}{s^2+2\xi\omega_n s+\omega_n^2}=\frac{24}{s^2+1.4s+0.6}$$

3. 理论设计

首先用MATLAB绘制该系统开环伯德图，如图4-50所示。

校正前系统幅值裕度无穷大，相位裕度$\gamma=89.6°$，系统稳定，但是系统相位裕度过大，不符合要求。

为了满足相位裕度$55°\leqslant\gamma\leqslant60°$，需要增加相位滞后校正装置，该校正装置提供的最大滞后角取

$$\varphi_m=89.6°-55°+10.4°=45° \tag{4-109}$$

相位滞后校正装置的传递函数为

$$G_{c2}=\frac{Ts+1}{\beta Ts+1} \tag{4-110}$$

其频率特性为

$$G_{c2}(j\omega)=\frac{j\omega T+1}{j\beta\omega T+1} \tag{4-111}$$

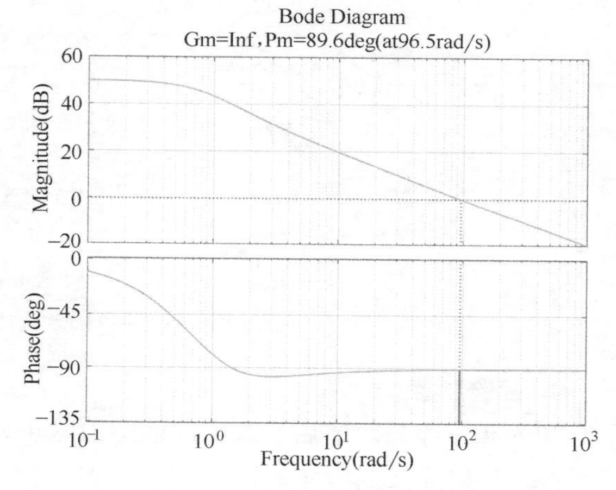

图4-50　校正前系统伯德图

其相频特性为

$$\varphi(\omega)=\arctan T\omega-\arctan\beta T\omega \tag{4-112}$$

相位滞后校正装置的转折频率分别为$\omega_1=\dfrac{1}{\beta T}$和$\omega_2=\dfrac{1}{T}$。利用$\dfrac{d\varphi}{d\omega}=0$，可以求出最大滞后相位的频率为

$$\omega_m=\frac{1}{T\sqrt{\beta}}=\sqrt{\omega_1\omega_2} \tag{4-113}$$

将式（4-113）代入式（4-112）可得最大滞后相位为

$$\varphi_m=\arctan\frac{\beta-1}{2\sqrt{\beta}}=45° \tag{4-114}$$

求出系数$\beta=5.8284$。

滞后环节在ω_m处的对数幅值为

$$20\lg\left|\frac{1+jT\omega_m}{1+j\beta T\omega_m}\right|=20\lg\left|\frac{1+\sqrt{\frac{1}{\beta}}j}{1+\sqrt{\beta}j}\right|=-7.6555(dB) \tag{4-115}$$

通过对数幅值在伯德图中找到其对应的频率 ω_m，则校正后的剪切频率 ω_c 为

$$\omega_c=\omega_m=232.85\text{rad}\cdot\text{s}^{-1}$$

由 $\omega_c=\omega_m=232.85\text{rad}\cdot\text{s}^{-1}$ 可以求出 $T=0.0018\text{s}$，$\beta T=0.0104\text{s}$。

所以，相位滞后校正环节的传递函数为

$$G_{c2}=\frac{Ts+1}{\beta Ts+1}=\frac{0.0018s+1}{0.0104s+1} \tag{4-116}$$

通过 MATLAB 绘制其伯德图，如图 4-51 所示。

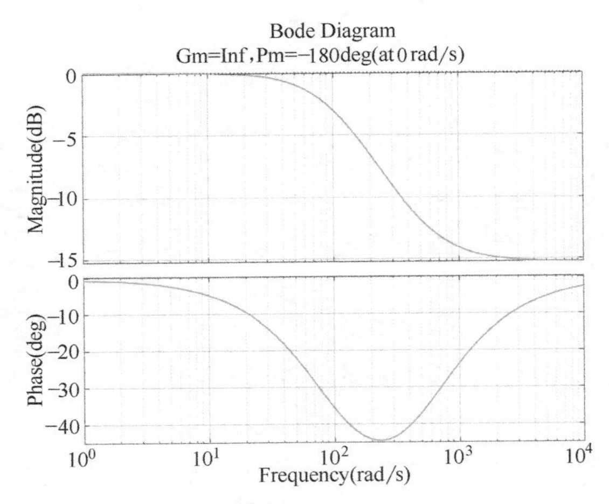

图 4-51 相位滞后校正环节的伯德图

4. 试验验证

加入相位滞后环节后，系统的框图如图 4-52 所示。

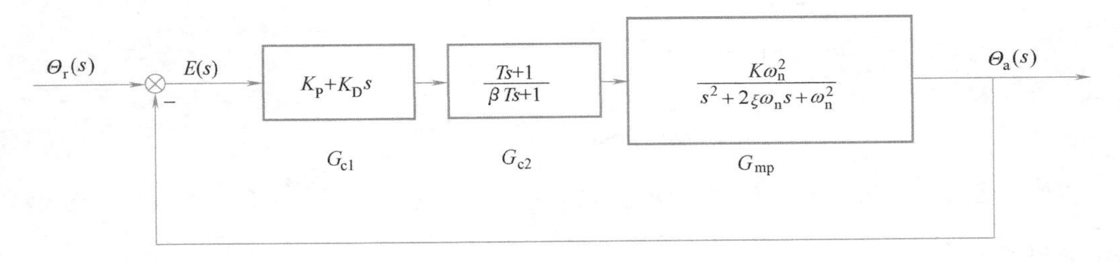

图 4-52 系统框图

此时系统的闭环传递函数为

$$G_B(s)=\frac{G_{c1}(s)G_{c2}(s)G_{mp}(s)}{1+G_{c1}(s)G_{c2}(s)G_{mp}(s)} \tag{4-117}$$

给系统值为 10（10°）的阶跃信号，使用 MATLAB 得到系统的阶跃响应曲线如图 4-53 所示。

系统的开环传递函数为

$$G(s)H(s)=G_{c1}(s)G_{c2}(s)G_{mp}(s) \tag{4-118}$$

通过系统开环传递函数，使用 MATLAB 绘制系统的伯德图如图 4-54 所示。加入相位滞后环节后，系统的幅值裕度无穷大，相位裕度减小为 58. 9°，满足要求。

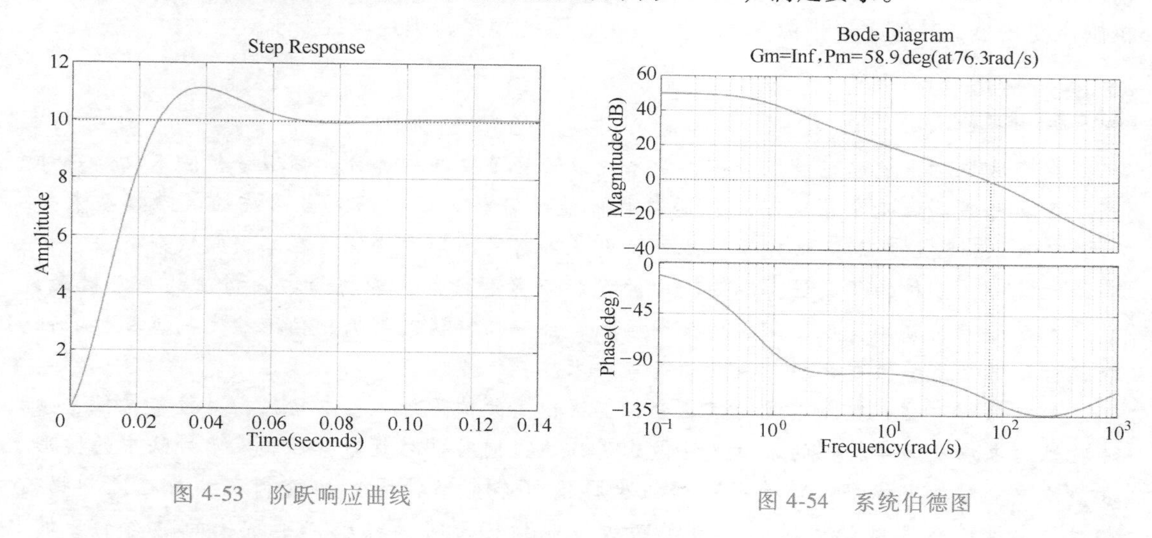

图 4-53　阶跃响应曲线

图 4-54　系统伯德图

通过使用 Simulink 对串联相位滞后校正后的系统进行仿真试验，Simulink 仿真图如图 4-55 所示。通过使用周期为 10s，幅值为 10 的方波信号作为输入，对系统进行仿真，其结果如图 4-56 所示。

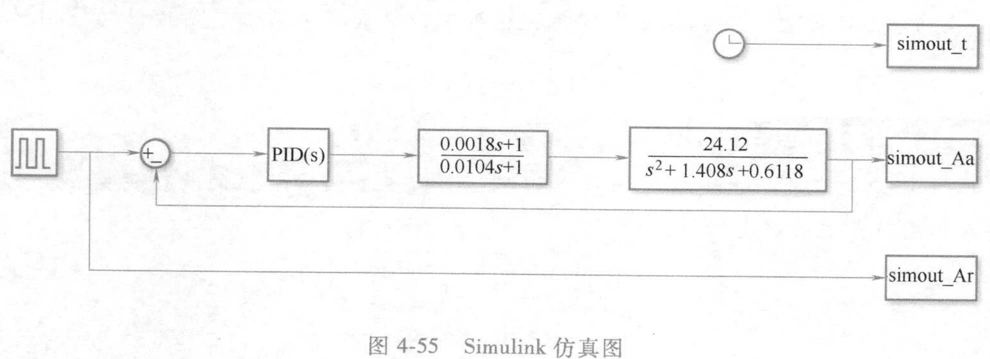

图 4-55　Simulink 仿真图

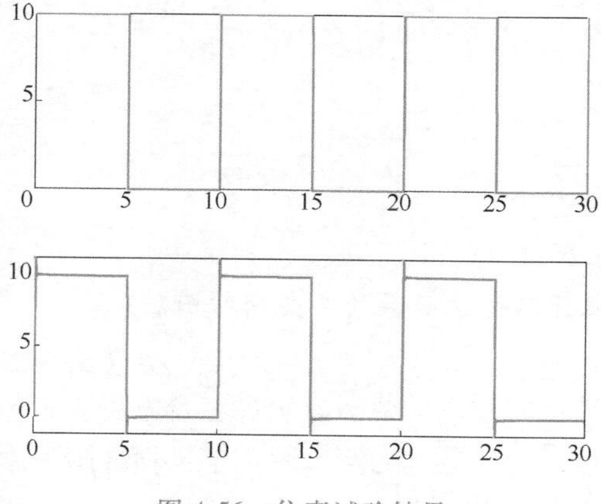

图 4-56　仿真试验结果

在加入相位滞后校正后，系统稳态误差为 0.031606°，小于 0.8°，满足设计要求；系统幅值裕度为无穷大，系统稳定，满足指标；系统的相位裕度为 58.9426°，与校正前相比，相位裕度减小，其值大于指标 55°，小于 60°，系统稳定，满足设计要求。

本章小结

在频域中对系统进行性能分析，是系统设计的重要组成部分。频域分析法不仅是一种通过开环传递函数研究系统闭环传递函数性能的分析方法，而且当系统的数学模型未知时，还可以通过试验的方法建立。此外，大量丰富的图形方法使得在采用频域分析法分析高阶系统时，分析的复杂性并不随阶次的增加而显著增加。理解频域分析法的基本概念，熟悉基本环节的频率特性，掌握伯德图绘制、奈奎斯特稳定判据、伯德稳定判据及频域性能指标是进行系统性能分析与设计的基本要求。

本章为解决垂直起降系统的频域分析，提出了频域设计的基本路径，对频率特性、频率特性的求法及频率特性的表示方法做出了描述；同时也对频率特性的表示方法中的图形表示法——对数坐标图（伯德图）和极坐标图（奈奎斯特图）的绘制及相关稳定判据、相对稳定性进行了解释；同时学习了频域性能指标，间接地表征了系统的瞬态响应的性能。

为了呈现垂直起降系统在满足时域的三个指标后对系统的频域分析，最后回归到项目的频域设计，计算了系统的幅值裕度和相位裕度，并根据指标对系统进行校正，也通过 Simulink 进行仿真试验，对结果进行了可视化处理，更直观地验证了所设计的控制器是否合理。

习题与项目思考

4-1　一单位负反馈系统框图如图 4-57 所示，试根据频率特性的物理意义，求下列信号输入作用时系统的稳态输出。

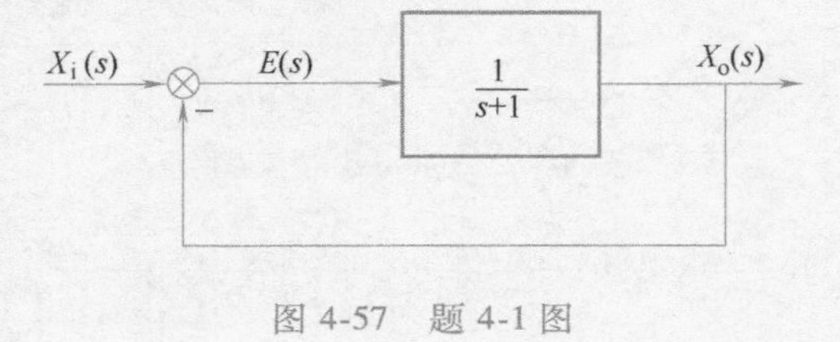

图 4-57　题 4-1 图

1）$r(t)=\sin 2t$

2）$r(t)=2\cos(2t-45°)$

3）$r(t)=\sin 2t+2\cos(2t-45°)$

4-2　试绘制下列系统开环传递函数的奈奎斯特图。

1）$G(s)H(s)=\dfrac{2}{(s+1)(2s+1)}$　　2）$G(s)H(s)=\dfrac{2}{s(s+1)}$

3）$G(s)H(s)=\dfrac{1}{s(0.1s+1)(0.5s+1)}$　　4）$G(s)H(s)=\dfrac{2}{s^2(s+1)(2s+1)}$

5) $G(s)H(s)=\dfrac{1}{1+0.1s+0.01s^2}$　　6) $G(s)H(s)=\dfrac{2}{s^2(s+1)(2s+1)}$

7) $G(s)H(s)=\dfrac{50(0.6s+1)}{s^2(4s+1)}$

4-3　试绘制下列系统开环传递函数的伯德图。

1) $G(s)H(s)=\dfrac{2}{2s+1}$　　2) $G(s)H(s)=\dfrac{10}{s}$

3) $G(s)H(s)=\dfrac{10}{(s+1)(2s+1)}$　　4) $G(s)=\dfrac{10}{s(0.04s+1)(0.4s+1)}$

5) $G(s)H(s)=\dfrac{2.5(s+10)}{s^2(0.2s+1)}$　　6) $G(s)H(s)=\dfrac{10}{s(s^2+4s+100)}$

7) $G(s)H(s)=\dfrac{1+0.2s}{1+0.05s}$　　8) $G(s)H(s)=\dfrac{0.05s+1}{1+0.2s}$

9) $G(s)=\dfrac{10}{s^2(s+2)}$　　10) $G(s)=\dfrac{10(0.5+s)}{s^2(2+s)}$

11) $G(s)=\dfrac{10(0.02s+1)}{s(s^2+4s+100)}$

4-4　绘制环节 $G(s)=\dfrac{1}{s-1}$ 的伯德图，并与惯性环节 $G(s)=\dfrac{1}{s+1}$ 的伯德图相比较。

4-5　最小相位系统的开环对数幅频特性的渐近线如图4-58所示，试确定系统的开环传递函数，并绘制系统相频特性的大致图形。

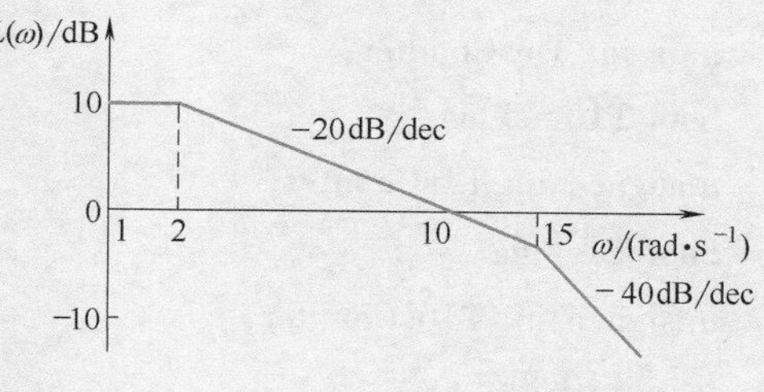

图4-58　题4-5图

4-6　已知单位反馈系统的开环传递函数为

$$G_K(s)=\frac{10}{s(0.05s+1)(0.1s+1)}$$

试计算闭环系统的 M_r 和 ω_r。

4-7　利用MATLAB/Simulink设计控制器，使垂直起降系统满足给定性能指标，进行仿真试验。

4-8　如果试验数据与理论仿真结果存在差异，请进行解释。

附录 垂直起降系统角度控制代码(PID控制规律)

```
//**********************************//
//位置式 PID 控制
//**********************************//
//Arduino 管脚定义
#define RpPin              A0             //比例系数调节电阻
#define RiPin              A1             //积分系数调节电阻
#define RdPin              A2             //微分系数调节电阻
#define angleSensorPin  A3             //角度传感器
#define outPwmPin          9              //电动机驱动引脚

//定时参数
long int TmsCounter;                      //ms 定时器计数
bool T10msFlag;                           //10ms 定时标志
unsigned int T1sCounter;                  //1s 定时器计数
bool T1sFlag;                             //1s 定时标志
unsigned int T10sCounter;                 //10s 定时器计数
bool T10sFlag;                            //10s 定时标志

//PID 参数
struct PID_STRUCT
{
  float kp;                               //比例系数
  float ki;                               //积分系数
  float kd;                               //微分系数
  float Tc;                               //控制周期,秒(s)
  float ek;                               //偏差 e(k)
  float ek1;                              //偏差 e(k-1)
  float ekSum;                            //误差累计
  float OP;                               //输出值
  float OPMin;                            //输出值下限
```

```
    float OPMax;                                //输出值上限
    float IeMin;                                //积分下限
    float IeMax;                                //积分上限
  };
  struct PID_STRUCT ACPID;                      //角度控制 PID

  //工作参数
  float angleH = 68;                            //水平位置的原始角度
  float angleSet =-40;                          //相对位置,-40°
  float Uw = 1.24;                              //工作点对应的电压

  //初始化
  void setup()
  {
    Serial.begin(57600);                        //串口速率,串口监视器等软件要与此处一致
    TCCR1B=(TCCR1B & 0b11111000) | 0x01;        //将第 9 脚的 PWM 波频率改为 31.3kHz
                                                //缺省 490 太低,修改 timer1 的配置

    ACPID.kp = 0.025;
    ACPID.ki = 0.096;
    ACPID.kd = 0.004;
    ACPID.Tc = 0.01;                            //10ms
    ACPID.ek=0;
    ACPID.ek1=0;
    ACPID.ekSum=0;
    ACPID.OP=Uw;
    ACPID.OPMin=0;                              //最小电压
    ACPID.OPMax=5;
    ACPID.IeMin=0;                              //积分下限
    ACPID.IeMax=5;                              //积分上限

    delay(3000);                                //延时 3s 开始运行
  }

  void loop()
  {
    //定时,最小 10ms,定时长度为 10ms 倍数
    if(millis()>TmsCounter)
```

```
{
  TmsCounter = TmsCounter + 10;
  T10msFlag = 1;                        //10ms 定时到

  //1s 定时
  T1sCounter++;
  if(T1sCounter >= 100)
  {
    T1sCounter = 0;
    T1sFlag = 1;                        //1s 定时到
  }

  //10s 定时
  T10sCounter++;
  if(T10sCounter >= 500)
  {
    T10sCounter = 0;
    T10sFlag = 1;                       //10s 定时到
  }
}

//1s 定时到
if(T1sFlag == 1)
{
  T1sFlag = 0;

  //控制系数每隔 1s 更新一次
  float RpAD = analogReadAvg(RpPin);    //绝对角度(数字值,AD 值),直接赋给浮
                                        //点型。读若干次取平均值,减小噪声
  ACPID.kp=RpAD/1023*0.03;              //Kp 范围为 0~0.03
  float RiAD = analogReadAvg(RiPin);    //绝对角度(数字值,AD 值),直接赋给浮
                                        //点型。读若干次取平均值,减小噪声
  ACPID.ki=RiAD/1023*0.20;              //Ki 范围为 0~0.20
  float RdAD = analogReadAvg(RdPin);    //绝对角度(数字值,AD 值),直接赋给浮
                                        //点型。读若干次取平均值,减小噪声
  ACPID.kd=RdAD/1023*0.01;              //Kd 范围为 0~0.01
}
```

```
//10s 定时到
if(T10sFlag == 1)
{
  T10sFlag = 0;

  //反复产生阶跃输入
  if(angleSet ==-40)
  {
    angleSet =-25;
  }
  else
  {
    angleSet =-40;
  }
}

//10ms 定时到
if(T10msFlag == 1)
{
  T10msFlag = 0;

  //读取实际角度
  float angleAD = analogReadAvg(angleSensorPin);        //绝对角度(数字值,AD 值),
                                                        //直接赋给浮点型。读若干次
                                                        //取平均值,减小噪声
  float angleAb = angleAD / 1023 * 360;                 //换算为绝对角度(模拟值)
  float angleRH = -angleAb + angleH ;                   //相对于水平位置(0 度)的角度

  //位置 PID 控制
  ACPID.ek = angleSet -angleRH;                         //角度误差=期望角度-实际
                                                        //角度
  WZPIDCal(&ACPID);
  float Um=Uw+ACPID.OP;                                 //电动机电压(模拟量)
  if(Um>5)
  {
    Um=5;
  }
  else if(Um<0)
```

```
    {
      Um=0;
    }
    int Umd = Um * 51;                  //Um/5 * 255; 电压转换到 0~255 范围
                                        //产生 PWM 输出
    analogWrite(outPwmPin, Umd);        //电动机控制

    //通过串口输出运行信息
    Serial.print(angleSet);
    Serial.print('\t');
    Serial.print(ACPID.kp * 1000);
    Serial.print('\t');
    Serial.print(ACPID.ki * 1000);
    Serial.print('\t');
    Serial.print(ACPID.kd * 1000);
    Serial.print('\t');
    Serial.println(angleRH);
  }
}

//**************************************************
//滤波,求平均值
//**************************************************
int analogReadAvg(int pin)
{
  int i, n = 6, v = 0;
  for(i = 0; i < n; i++)
  {
    v += analogRead(pin);
  }
  return v / n;
}

//**************************************************
//WZPIDCal( * p),位置 PID 计算
//**************************************************
void WZPIDCal(struct PID_STRUCT * p)
{
```

```
    float Pout,Iout,Dout;                              //P、I、D 控制量

    Pout = p->kp * p->ek;                              //P 控制量

    p->ekSum = p->ekSum + p->ek;                       //误差累计
    Iout = p->ki * p->Tc * p->ekSum;                   //I 控制量
    if(Iout > p->IeMax)                                //I 控制量限幅
    {
      Iout = p->IeMax;
    }
    if(Iout < p->IeMin)
    {
      Iout = p->IeMin;
    }

    Dout = p->kd * (p->ek - p->ek1)/ p->Tc;            //D 控制量

    p->OP = Pout + Iout + Dout;                        //总控制量
    if(p->OP < p->OPMin)                               //控制量限幅
    {
      p->OP = p->OPMin;
    }
    else if(p->OP > p->OPMax)
    {
      p->OP = p->OPMax;
    }

    p->ek1 = p->ek;                                    //更新偏差
}
```

参 考 文 献

[1] 孔祥东，姚成玉．控制工程基础［M］．4版．北京：机械工业出版社，2019.
[2] 杨叔子，杨克冲，吴波，等．机械工程控制基础［M］．8版．武汉：华中科技大学出版社，2023.
[3] 杨建玺，徐莉萍，等．控制工程基础［M］．北京：科学出版社，2008.
[4] 徐小力，陈秀平，朱骥北．机械控制工程基础［M］．北京：机械工业出版社，2020.
[5] 陈康宁．机械控制工程基础［M］．西安：西安交通大学出版社，2002.
[6] 王建平．控制工程基础［M］．西安：西安电子科技大学出版社，2008.
[7] DORF R C．现代控制系统：第8版［M］．谢红卫，等译．北京：高等教育出版社，2001.
[8] 刘豹，唐万生．现代控制理论［M］．3版．北京：机械工业出版社，2011.
[9] 廉自生．机械控制工程基础［M］．2版．北京：国防工业出版社，2016.
[10] 魏巍．MATLAB控制工程工具箱技术手册［M］．北京：国防工业出版社，2003.
[11] 徐立．控制工程基础［M］．杭州：浙江大学出版社，2007.
[12] 许贤良，王传礼．控制工程基础［M］．北京：国防工业出版社，2008.
[13] 王积伟，吴振顺．控制工程基础［M］．3版．北京：高等教育出版社，2019.
[14] 王建平．控制工程基础［M］．西安：西安电子科技大学出版社，2008.
[15] 韩致信．机械自动控制工程［M］．北京：科学出版社，2004.
[16] 董玉红，徐莉萍．机械工程控制基础［M］．2版．北京：机械工业出版社，2013.